水库群汛期运行水位动态控制技术

刘 攀 郭生练 等 著

科学出版社

北京

内 容 简 介

本书系统地介绍水库群汛期运行水位动态控制技术的理论、方法和研究进展，针对大量的应用研究实例，开展水库群汛期运行水位动态控制的关键技术研究。本书主要内容包括绪论、水库群防洪库容联合设计、基于库容分配比例系数的水库群防洪库容分配规则推导、单个水库入库流量反演、梯级水库水量平衡修正、预报调度集成的实时水位预报技术、基于两阶段的水库群实时防洪风险评估、基于风险分析的水库群汛期运行水位动态控制域推求、水库的防洪柔性调度区间推求、水库群汛期运行水位动态控制、水库汛限水位优化设计及防洪基金构建等。

本书可供水利、电力、交通、地理、气象、环保、国土资源等领域内的广大科技工作者、工程技术人员参考使用，也可作为高等院校高年级本科生和研究生的教学参考书。

图书在版编目（CIP）数据

水库群汛期运行水位动态控制技术/刘攀等著.—北京：科学出版社，2021.11
ISBN 978-7-03-070686-7

Ⅰ.① 水… Ⅱ.① 刘… Ⅲ.① 并联水库-汛限水位-动态控制-研究
Ⅳ.① TV697.1

中国版本图书馆 CIP 数据核字（2021）第 232263 号

责任编辑：何 念 张 湾/责任校对：高 嵘
责任印制：彭 超/封面设计：无极书装

科学出版社 出版
北京东黄城根北街 16 号
邮政编码：100717
http://www.sciencep.com
武汉精一佳印刷有限公司印刷
科学出版社发行 各地新华书店经销
*
开本：787×1092 1/16
2021 年 11 月第 一 版 印张：16
2021 年 11 月第一次印刷 字数：379 000
定价：198.00 元
（如有印装质量问题，我社负责调换）

前　言

　　社会经济的迅速发展为水资源的优化配置提供了重要机遇，也带来了巨大挑战。水利工程是实现水资源优化配置的重要载体。我国的水利水电事业在不断蓬勃发展，已形成规模庞大的水库群，亟须由工程建设到运行管理的关键转型。水库群功能众多，常常有来水情况复杂多变、各库预报水平不一、总体影响区域大等特点，其防洪和兴利的综合利用矛盾十分突出，而协调防洪与兴利矛盾的关键变量是水库的汛期运行水位。

　　随着预报信息精度的不断提高、预见期的不断延长，以及水库群调度理论和模型的不断完善，水库群汛期运行水位有着极大的研究空间，水库群综合利用的潜力还有待挖掘，以往静态的水位控制已不能完全满足实际需要。因此，不断深入探讨如何动态控制水库群汛期运行水位是十分必要的。作者与研究团队成员长期专注该领域的科学研究和实际运用，发表了数十篇论文，也参与了国内部分水库实际调度计划的编制，积累了一定的知识及经验。基于此，本书将介绍作者与研究团队近几年的研究成果，分别讨论汛限水位设计、水库水位预报、水库群风险评估和水位动态控制四部分内容。

　　本书首先在第1章讨论汛期运行水位在水库群联合调度中的重要意义，介绍国内外学者的研究工作和本书后续章节的主要内容。本书第一篇分别基于条件风险理论和分配比例系数探讨水库群汛限水位设计，包含第2~3章。第二篇介绍单个水库和梯级水库的流量反演与修正，还将介绍结合预报调度的实时水位预报技术，包含第4~6章。第三篇介绍采用数值和解析两种方法的两阶段水库群实时防洪风险评估，包含第7章。第四篇介绍基于风险分析的水库群汛期运行水位动态控制域推求、水库的防洪柔性调度区间推求、水库群汛期运行水位动态控制和水库汛限水位优化设计及防洪基金构建四部分内容，包含第8~11章。

　　全书由刘攀负责统稿，郭生练、张晓琦、巩钰、张晓菁、邓超、谢艾利、熊婉丽、刘睿旎参与了部分章节的撰写工作。西安理工大学黄强教授、大连理工大学周惠成教授、中山大学陈晓宏教授、北京师范大学徐宗学教授、天津大学冯平教授、河海大学钟平安教授、水利部长江水利委员会陈桂亚教高、南京水利科学研究院王银堂教高对本书相关工作的进一步完善也给予了许多帮助。谨向这些专家学者表示感谢！另外，作者指导的研究生徐欢为本书出版做了不少细致而烦琐的工作，在此一并表示感谢！

　　感谢国家重点研发计划课题"水库群汛期运行水位动态控制技术"（2016YFC0400907）对本书相关研究和出版的资助！

　　本书是在作者与研究团队研究成果的基础上，反复修改、提炼完成的。鉴于水库群情况复杂、调度难度大，加之时间仓促和作者水平有限，书中难免有不妥之处，恳请同行专家和读者朋友不吝指教，以便改正。

刘　攀

2021 年 5 月于武汉珞珈山

目　录

第二篇 水库水位预报

第 1 章

绪　论

1.1　引　言

　　水是人类生存、生产和生活中必不可少的宝贵的自然资源[1]，也是关系一个国家社会经济发展的战略性资源[2]，是综合国力的坚实组成部分，是国民经济的基础。《2019年中国水资源公报》数据显示[3]，中国的水资源总量为 2.90×10^{12} m³，地表水资源量为 2.80×10^{12} m³，地下水资源量为 $8\,191.5 \times 10^{8}$ m³。我国人均水资源量仅为 $2\,071$ m³，约为世界人均水资源量的四分之一。此外，受季风气候的影响，我国降水分布不均匀，导致我国水资源的季节分配和地区分布也不均匀[1]。因此，我国水资源的基本状况为人多水少，具有水资源时空分布不均的主要特征[2-3]。

　　自中华人民共和国成立以来，随着经济社会的不断发展，我国水资源管理体制经历着不断变革、调整和逐步完善的发展历程，初期主要开展以防洪、灌溉为核心目标的大规模水利枢纽的基础设施建设[2]。但随着 1988 年《中华人民共和国水法》的颁布实施，我国水资源管理逐步趋于法制化[4-5]，开始进行水资源可持续发展的探索。水库是水资源开发利用的主要工程措施[6-9]，我国总计建成了 98 795 座水库，水利枢纽开发总库容达到了 $9\,035 \times 10^{8}$ m³[10]。随着水库的大量修建完成，水库在我国国民经济和社会发展中扮演着不可或缺的角色；而水库调度是实现水库正常运行，从而达到重新分配水资源时空分布目标的关键管理手段[11-14]。水库调度理论与方法的研究是水文学及水资源专业领域的经典课题，且随着流域内水库维度的增加，以及新时期水资源管理面临着越来越复杂的国民需求，迫切需要系统性地开展复杂水库群系统联合调度运行研究[15-17]。水库群联合调度研究的目的是将流域多个水库构成的复杂水库群系统视为整体研究对象，统筹考虑各水库之间的水文、水力联系，充分发挥各水库子系统间的协调补偿作用，从而达到水库群系统综合效益最大化的目标。

　　汛限水位是水库汛期允许兴利蓄水的上限水位，也是汛期水库防洪调度时的起调水位。防洪与兴利效益的权衡问题始终是水库调度的关键课题，而这两者围绕的关键参数就是汛限水位。汛期运行水位是水库汛期实际运行的水位，属于实时调度的范畴，可以临时高于汛限水位，也可以长期低于汛限水位，但必须保证在洪水来临前降低到汛限水位以下，即不降低水库的原定防洪标准。

　　水库群联合调度中，各水库汛期运行水位（或防洪库容）如何优化分配是重点、难点问题[18]。根据是否利用径流预报信息，水库群汛期运行水位（或防洪库容）的优化分配研究可划分为静态的规划设计层面与动态的调度运行层面。在静态的规划设计层面，水库群系统防洪库容联合设计是核心问题，其旨在研究水库群系统最小总防洪库容的设计及各水库防洪库容组合的可行方案；在动态的调度运行层面，水库群系统长中短期库容联合分配规则和实时阶段汛期运行水位动态控制的研究是亟待解决的两个问题。如何从水库群系统的角度出发提炼水库群防洪库容分配规则，以及如何利用各水库预见期精度和长度均不匹配的径流预报信息在汛期开展水库群实时预报调度研究是实现水库群系统动态调控的关键。

因此，本书将围绕水库群联合调度研究中的汛期运行水位这一关键参数，开展水库群汛期运行水位联合设计运行及风险控制研究，旨在进一步完善水库群汛期运行水位静态规划设计与动态调控的研究方法，从而剖析复杂水库群系统中各水库之间防洪库容的关联影响及各水库防洪库容对水库群系统的贡献，最终达到提高水库群系统联合调度综合效益的目标。

1.2 水库群汛期运行水位联合设计运行及风险控制研究进展

本书主要开展水库群汛期运行水位联合设计运行及风险控制研究。针对本书的研究内容，主要从水库群汛限水位联合设计研究、水库群汛限水位分配规则研究、水库群汛期运行水位动态控制及风险评估研究三个方面论述国内外相关研究进展。

1.2.1 水库群汛限水位联合设计研究

水库汛限水位（对应于水库防洪库容）是水库调度的重要特征参数之一，其基本定义为水库在汛期允许兴利蓄水的上限水位[19-20]，是协调水库防洪与兴利效益目标的关键[11, 17, 21-23]。但传统的水库汛限水位（防洪库容）采用单库分散设计方式确定，较少考虑水库群层面的防洪库容整体规划设计与优化分配。因此，开展水库群联合调度研究所面临的核心问题之一是水库群防洪库容的联合设计研究。

目前，我国大多数单库的防洪库容（汛限水位）通过对年最大设计洪水开展调洪演算试算得来，且仅考虑单库自身的防洪任务。单库的防洪库容与防洪（或兴利）效益之间呈单调关联性，即水库的防洪库容越大，防洪效益越大（汛期的兴利效益越小）；但在水库群系统中，由于水库之间存在着复杂的水文、水力联系，仅变动水库群系统中某一个水库的防洪库容（汛限水位），并不能直接明确系统整体的防洪（或兴利）效益会如何随之响应。水库群防洪库容联合设计研究的目的并不是对水库群系统中单个水库的防洪库容特征值进行重新设计，而是在不降低整个流域水库群系统防洪标准的前提下，从流域水库群系统的角度出发，考虑各水库之间的水文、水力联系，对水库原防洪库容进行极限风险模拟，推求最小安全防洪库容（最高安全汛限水位），从而实现整个流域水库群系统防洪库容的优化[24]。

水库群防洪库容联合设计研究侧重于从流域水库群系统防洪的角度开展水库群防洪库容可行区间的研究，是实现水库群联合防洪调度的基本前提和安全边界。目前开展水库群防洪库容联合设计研究的主要思路大体可以分为三个方面[25-27]：①风险分析方法；②库容补偿方法；③大系统聚合-分解方法。

风险分析方法可以考虑流域水库群系统复杂的洪水遭遇情况所引起的多重不确定性，通过衡量水库群系统的风险指标来优化水库群防洪库容组合方案。冯平等[28]基于风险分析方法的研究思路，考虑了岗南水库和黄壁庄水库的联合调度，探讨分析了岗南水库提高自身汛限水位的可能性和合理性。吴泽宁等[29]以黄河中游四梯级水库（三门峡水库、小浪底水库、陆浑水库和故县水库）为研究对象，初拟 8 种汛限水位组合方案，采用蒙特卡罗方法，同时考虑设计洪水典型选择、洪水预报误差和水库调度滞时不确定性构建风险指标，最终通过比较各方案的风险指标选取合理的汛限水位设计方案。谭乔凤等[30]采用 Copula 函数建立上游和区间来水的联合概率密度函数来表征设计洪水的不确定性，同时考虑梯级水库群库容补偿建立潘口-黄龙滩梯级水库群汛限水位联合设计模型。顿晓晗等[31]基于历史实测径流系列，推求了水库群系统联合调度情景下三峡水库的防洪库容频率曲线，并将其应用于各水库防洪库容的优化。

库容补偿方法的基本思想是，通过考虑水库群系统中上、下游水库之间的水力联系，构建梯级水库群间的汛限水位协调关系，并将其纳入水库群防洪库容联合设计研究中。李茵等[32]通过分析上游观音阁水库的富余防洪库容，依据库容补偿原理实现了下游葠窝水库汛限水位的提高。郭生练等[33]在清江梯级水库群不降低主汛期预留的总防洪库容的前提下，构建水库群联合设计与运用模型，推求梯级水库群系统中水布垭水库、隔河岩水库的允许坝前最高水位，从而得到水布垭水库、隔河岩水库汛限水位组合的寻优区间。钟平安等[34]以梯级水库中公共防洪任务所需的总防洪库容为切入点，结合库容补偿原理建立上、下水库有富余防洪库容情形下的防洪库容置换模型，剖析上、下水库汛限水位抬升幅度之间的关系。何海祥等[35]通过耦合梯级水库群中的预泄能力和库容补偿能力的相互约束作用，建立预泄能力-库容补偿能力双约束模型。张验科等[36]考虑了梯级水库系统中上游水库为下游水库预留的防洪库容具有重叠使用的空间，对上游水库的汛限水位进行了优化。

大系统聚合-分解方法是将复杂的流域水库群系统整体视为一个聚合水库，从而概化考虑水库群系统总防洪库容的确定；然后通过一定的库容分配原则将所推求的水库群总防洪库容分解到各个水库[37]。申敏等[38]基于系统分析方法，以漳泽水库群为研究对象，构建以水库群动用总防洪库容加权总和最小为目标函数的水库群优化模型，从而提高漳泽水库的汛限水位。陈炯宏等[39]借鉴大系统分解协调理论思想，将整个清江梯级水库群系统视为一个聚合水库，通过预蓄预泄法确定聚合水库需预留的最小防洪库容，然后根据水库间的水力联系协调分解各水库的防洪库容，从而得到水布垭水库、隔河岩水库的汛限水位联合运用寻优区间。李安强等[40]运用大系统分解协调原理，分析下游防洪区域对溪洛渡水库、向家坝水库预留防洪库容的需求。

1.2.2　水库群汛限水位分配规则研究

水库调度运行规则是依据水库长系列来水资料，综合考虑水库的设计任务及其自身的运行约束条件，指导水库出流及水库水位变化过程的有效工具；水库调度运行最优策略可使水库系统达到兴利效益最大化或者防洪调度安全等调度目标[6, 7, 41]。目前，单库系统的调度运行规则的提取方法基本已成体系且调度运行规则易于获取[42-43]。但针对水库群系统，由于其涉及相邻水库间水力联系的建立，需要考虑系统中各水库串、并联形式复杂等多个问题因素，水库群系统联合调度运行规则的提取过程更为复杂，是目前仍需积极探讨的热点问题之一[44-47]。水库群防洪库容分配规则研究的目的是以系统整体的防洪效益、兴利效益或综合效益最大化为目标，寻求指导水库群系统中各水库防洪库容优化合理分配的策略[48-49]。目前，关于水库群防洪库容分配规则的提取主要有两种方法：①数值模拟优化方法[50-52]；②解析式方法[49, 53-54]。

数值模拟优化方法的主要思路是建立优化调度模型，以兴利效益最大或防洪损失最小为目标函数，以调度过程中的出库流量（或水库水位）轨迹或调度函数/调度图涉及的参数为决策变量，进行调度模型模拟，或者结合优化算法求解调度模型，从而提取满足调度目标的库容优化分配规则[55-61]。钟平安等[62]通过考虑水库群系统中各水库自身防洪控制点的重要性程度及调度模式这两方面的差异构建了并联水库群联合调度库容分配模型，以防洪断面的最大过流量最小为目标函数，采用分步迭代求解的思路逐时段推求各水库库容的变化过程。刘攀等[63]基于聚合–分解原理，在聚合模块中寻求水库群系统的总出力与聚合水库可能出力之间的关联，通过判别水库群总出力是否为保证出力来开展决策分解，以此构建水库群的联合优化调度图，采用非支配排序遗传算法 II（non-dominated sorting genetic algorithm-II，NSGA-II）进行优化求解。何小聪等[64]以长江中上游三座水库为研究对象，提出了等比例蓄水的水库群联合防洪调度策略，并采用线性优化方法求解、确定调度运行策略中的待定参数值。Zhang 等[65]针对长江中上游大规模混联水库群系统，将三峡水库的防洪库容根据其调度规则划分为三个比例区间，然后约束其他水库的防洪库容使用比例，使其尽量与三峡水库在同一个比例区间内，并采用 10 场典型洪水进行验证，结果表明该联合调度运行策略可在保证下游防洪安全的前提下避免水库过早拦洪。罗成鑫等[66]以水库群系统下游防洪控制点洪峰流量最小为目标函数，构建水库群系统防洪优化调度模型，采用动态规划–逐次优化算法（dynamic programming-progressive optimization algorithm，DP-POA）求解最优库容分配过程。徐雨妮等[67]以金沙江梯级水库群为例，构建了梯级水库群发电调度合作博弈模型，用于指导水库群系统联合调度决策，并采用改进后的水循环算法对模型进行求解。

解析式方法是一种基于理论分析、数学推导的水库群库容分配规则。这种方法的基本思路是，建立一个指标用于指导水库群系统中各水库的蓄放水次序，以达到最大限度地提高水库群兴利效益或降低水库群防洪损失的目标，通常针对单一目标建立[68-71]。按水库群调度运行策略的目标功能来划分，水库群库容分配规则可分为防洪、发电等库容分配规则[72-74]。对于单一防洪目标，Marien[75]针对具有下游共同防洪对象的水库群系统推导出保证下游防洪对象安全的各水库最少拦洪量条件；而后，Kelman 等[76]将 Marien[75]推导的条件应用于巴西水库群系统。Wei 等[77]提出了一种平衡水位指标（balanced water level index，BWLI），用于指导并联水库群系统中各水库库容的分配。Hui 等[78]基于 Dhakal 等[79]简化的洪水过程线建立具有共同下游防洪任务的并联系统的防洪库容与最大削峰洪量的数学关系式，并应用该数学关系式优化水库群系统防洪库容的分配问题。针对单一发电目标，Lund 等[80]提出一种水力发电规则，其目标函数为在水库群系统总防洪库容给定的前提下，水库群系统在研究时段内发电量最大，指标 V_i 用于衡量水库群系统中第

i 个水库单位库容变化所引起的发电水头增量,并将各个水库按照 V_i 进行从大到小的排序,由此进行库容变化决策;但是,水力发电规则解析式调度规则在推导过程中并未考虑由库容变化引起的弃水量的变化。Jiang 等[69]针对梯级水库群系统提出一种判别系数法(discriminant coefficient method,DCM),DCM 的主要参数有水库群系统总出力和总需求,并由这两个参数的关系判别库容的变化过程。

1.2.3　水库群汛期运行水位动态控制及风险评估研究

随着水文预报精度的提高,综合利用降水、洪水预报等信息探究水库实时调度迅速成为研究热点[81-82]。水库汛期运行水位动态控制研究的目的是综合考虑水库的当前状态及未来预见期内的实时预报信息,对未来调度时段内水库库容变化或泄流量提供决策建议,从而在确保水库系统防洪安全的前提下挖掘潜在的兴利效益[83-88]。

针对单库系统,水库汛期运行水位动态控制方法的研究基本已成体系,研究方法大致可划分为预报调度方式研究、预泄能力约束法、综合信息推理模式法、防洪风险调度模型法等[89]。下面对上述几种方法的研究思想做简要介绍和文献举例。预报调度方式研究侧重于考虑预报信息的利用,将预报降水、洪水等信息作为制订调度规则时遭遇洪水量级的判别指标[90-93]。曹永强等[94]提出了以累计净雨总量为控制指标的防洪预报调度方式,发现合理的预报调度方式能有效平衡防洪与兴利的矛盾。预泄能力约束法的研究思路是,通过考虑来水预见期内水库自身的泄流能力将汛期运行水位进行适当上浮,并留有一定余地,以确保在洪水起涨前能将水库水位降至原设计汛限水位值[95-97]。王本德等[98]利用 24 h 的短期降水预报信息,开展丰满水库预蓄预泄方式的实时调度研究。综合信息推理模式法是指兼顾实测的确定性信息(如水库汛期实际起调水位)、随机的统计信息(如历史同期不同量级发生的统计概率)和水文预报信息(如未来 48 h、72 h 降水预报信息)等建立推理模式,构成"大前提",然后结合实时调度时刻的上述综合信息(记为"小前提"),对未来水库出流进行决策[99-100]。防洪风险调度模型法是将水库的防洪标准视为一个可接受的风险率指标,通过建立实时优化调度模型控制风险,使之低于这个可接受的风险率指标;刘攀等[101]构建了由实时调度中可接受风险子模型、实时防洪风险分析子模型、调度期后续调度控制子模型和实时控制调度子模型四个模块组成的水库系统实时优化调度模型,可在不降低防洪标准的前提下显著提高水库的兴利效益。

针对水库群系统的汛期运行水位动态控制问题,已有不少学者开展了相关的研究工作并取得了一些成果。但由于水库之间存在着水文、水力等不容忽视的客观联系,目前关于水库群系统的实时优化调度研究仍存在着较大的探讨空间。张改红[102]将优化调度思想与调度方式规划设计相结合,提出了梯级水库群联合防洪预报调度方式的设计方法。周如瑞[103]针对并联水库群开展了考虑预报误差的水库群联合防洪预报调度方式优化研究。李玮等[104]提出了一种基于预报及库容补偿的梯级水库汛期运行水位动态控制逐次渐进补偿调度模型。陈炯宏等[39]基于聚合-分解思想确立梯级水库的汛限水位寻优区间,在此基础上构建以有效预见期内兴利效益最大为目标函数的水库群实时调度模型。周研来等[105]在陈炯宏等[39]研究思路的基础上考虑入库径流的长期变化规律，通过耦合长期和短期优化调度进一步完善聚合水库系统的分解原则。曲寿飞等[106]利用信息论原理对大量的水库当前水位、调度时段、预报流量级别等信息进行分析统计，并应用决策树方法实现水库群的实时调控。周建中等[107]基于防洪库容风险频率曲线构建水库群联合实时防洪调度决策模型。

水库实时调度能结合有效的水文预报信息，对水库在实时运行层面权衡防洪与兴利效益具有指导意义。然而，水文预报信息的利用面临着不可规避的不确定性问题，预报误差的客观存在促使学者在探究水库实时防洪调度方法的同时也需要关注风险分析问题[108-110]。防洪风险是指发生由洪水造成的损失与伤害的可能性[111-112]。目前，针对水库防洪风险的研究主要侧重于防洪风险因素的识别、防洪风险分析及评估方法两个方面。其中，防洪风险因素主要考虑水力、水文及工程结构等方面的不确定性，具体包含设计洪水过程的不确定性、洪水预报误差的不确定性、水库调度滞时的不确定性、水位-库容关系和水库泄量误差的不确定性等[113-117]。水库实时调度范畴中，主要考虑洪水预报误差的不确定性引起的调度风险，或者在此基础上考虑纳入其他不确定性的组合因素识别及风险评估分析研究。

根据是否需要推求风险事件显式的概率分布，防洪风险分析及评估方法大致划分为两类：解析分析法和数值随机模拟法[118-119]。解析分析法通常是基于可能引起防洪风险的不确定性因素的概率密度函数进行风险分析，又可具体包含频率分析法、均值一次二阶矩（mean-value first-order second-moment，MFOSM）方法、改进的一次二阶矩（advanced first-order second-moment，AFOSM）方法等[120-124]。钟平安等[125]考虑洪量预报误差和调度期内水库最高控制水位两方面因素分析了水库实时调度中的决策风险。闫宝伟等[126]推导了洪水过程相对预报误差的标准差与确定性系数之间的数学关系式，基于水库调洪演算的随机微分方程提出了一种考虑洪水过程不确定性的水库防洪调度风险分析方法。周如瑞等[127]考虑洪水预报误差特性，依据贝叶斯定理构建了可推求汛期运行水位动态控制域上限的风险分析方法。

数值随机模拟法又称蒙特卡罗方法，该方法的基本思路是，通过随机模拟方法生成大量的随机序列，并对随机序列开展相关的统计计算工作，从而结合相关统计指标进行风险分析[128-130]。丁大发等[131]采用蒙特卡罗模拟技术耦合设计洪水过程、洪水预报误差和水库调度决策三个方面的不确定性构建了一个水库防洪调度多因素组合风险评估模型。冯平等[132]建立了考虑洪水预报误差的入库径流随机模拟方法，并发现洪水预报精度这一因素对水库实时调度阶段风险评估的影响较为关键。陈璐等[133]在鞅模型的基础上应用Copula函数建立了刻画水文预报不确定性的演化模型，然后采用随机模拟方法进行水库实时调度风险分析。

对于复杂水库群系统，由于不确定性因素的高维度和非线性联合概率密度函数很难直接获取，直接采用解析分析法进行水库群系统风险分析是困难的[134-135]。因此，目前水库群系统的风险分析侧重于以数值随机模拟法切入。Chen等[136]首先建立了几种典型水库子系统的风险计算模块，然后依据聚合-分解思想构建整个复杂水库群系统的风险分析方法。Chen 等[137]提出了一种基于动态贝叶斯网络的水库群实时防洪调度模型，该模型包含随机模拟模块、动态贝叶斯网络模块和风险决策模块。

1.2.4　存在的问题

基于文献的调研发现，国内外学者对水库群防洪库容联合设计、水库群防洪库容分配规则和水库群汛期运行水位动态控制三方面已经开展了相关研究，并且取得了丰富的研究成果，但仍存在一些有待继续探讨的问题，主要体现在以下五个方面。

（1）水库群防洪库容联合设计研究目前侧重于构建水库群系统中各水库的水力联系，且在不降低流域水库群防洪标准的前提下，基于传统工程风险率的思想推求水库群系统的最小总防洪库容、防洪库容最优组合方案或防洪库容可行组合区间。但传统工程风险率方法未考虑潜在的防洪损失后果，且其在非一致性径流条件下存在是否适用的问题。

（2）水库群防洪库容分配规则研究主要分为数值模拟优化方法和解析式方法；已有的解析式方法存在指导水库群系统中各水库蓄放水次序的单一性问题，未能定量考虑各水库同步蓄放水的库容分配情形。

（3）水位预报中连续使用调洪演算方程，之前的库容误差会不断积累，使水位误差越来越大。此外，传统的洪水预报方法大多是单个预见期的水文预报，主要基于实测降水和流量资料对洪水进行预报，受制于落地雨的时效性。

（4）水库群风险分析的研究在串、并联结构复杂的水库群系统层面较少，且由于水库群系统具有高维度、非线性特征，目前的水库群实时优化调度风险评估方法以计算量大的数值随机模拟法为主。

（5）水库汛期运行水位动态控制仅关注预见期以内径流不确定性所带来的风险，未能考虑各水库预见期长度和精度不匹配的问题，也未考虑预见期以外调度期以内时段的风险率评估。

1.3　本书的主要内容

水库群联合调度的最终目标是统筹考虑水库群系统中各水库间的复杂水力联系，使整体效益大于单库效益的简单叠加。在本书中，重点围绕水库群汛期运行水位联合设计、运行及风险控制开展研究工作。各章节的核心要点描述如下。

第一篇——汛限水位设计，包括水库群防洪库容联合设计和基于库容分配比例系数的水库群防洪库容分配规则推导两部分。将经济学中的条件风险价值概念引入水库防洪损失评价范畴，构建防洪损失条件风险价值评价指标并推导其在非一致性径流条件下的表达式；构建能量方程，用于描述单库系统的发电量与库容变化量之间的关系，将能量方程由单库系统拓展到水库群系统，并用于表征水库群系统的总发电量与水库群系统总库容变化量及各水库间库容分配比例系数之间的关系。

第二篇——水库水位预报，包括单个水库入库流量反演、梯级水库水量平衡修正和预报调度集成的实时水位预报技术三部分。集合卡尔曼滤波（ensemble Kalman filter，EnKF）通过同化水库水位观测值，有效地更新入库流量，较水量平衡法与滑动平均法更加准确合理；对机组流量的修正实则是对机组出力曲线的修正，改变的是机组综合出力系数 k；考虑多预见期的目标函数可以最小化多预见期的预报误差，提高多预见期的预报精度。

第三篇——水库群风险评估，包括采用数值方法基于两阶段的水库群实时防洪风险评估和采用解析方法基于两阶段的水库群实时防洪风险评估。将未来调度期划分为预见期以内和预见期以外，预见期以内通过统计得到多组预报径流情景的失事概率，预见期以外的失事概率则利用历史设计洪水信息进行调洪演算推求得来。这样既评估了预见期以内由径流预报不确定性引起的风险，又考虑了预见期末因水位过高而难以应对的预见期以外的洪水风险。最后，采用蒙特卡罗方法验证了两阶段风险率计算方法的有效性和准确性。

第四篇——水位动态控制，包括基于风险分析的水库群汛期运行水位动态控制域推求、水库的防洪柔性调度区间推求、水库群汛期运行水位动态控制和水库汛限水位优化设计及防洪基金构建四部分。聚合-分解方法考虑了梯级水库调度过程中的槽蓄量，即槽蓄水库，槽蓄量的加入可在梯级水库预泄调度过程中更精准地评估梯级水库的防洪风险；以优化区间最劣防洪效益最大化、优化区间宽度最大为目标函数建立多目标优化模型，可保证在区间内调度、符合约束条件的可行解的防洪效益一定优于给定的防洪效益阈值；根据所构建的基于两阶段风险分析的实时优化调度模型，可求解得出水库群系统的库容动态最优决策过程，且该优化调度模型可在不增加汛期防洪风险的基础上提高水库群系统的发电效益；构建了流域防洪基金运行机制，针对水库汛限水位调整中责权利不对等和蓄滞洪区运行管理存在的问题，以水库、蓄滞洪区、国家三方为主体，将水库调度模块、蓄滞洪区运行模块整合成防洪基金模型。

参 考 文 献

[1] 刘昌明, 陈志恺. 中国水资源现状评价和供需发展趋势分析[M]. 北京: 中国水利水电出版社, 2001.

[2] 侯西勇, 王毅. 水资源管理与生态文明建设[J]. 中国科学院院刊, 2013, 28(2): 255-263.

[3] 中华人民共和国水利部. 2019 年中国水资源公报[R]. 北京: 中华人民共和国水利部, 2020.

[4] 车小磊. 水资源管理 强力支撑可持续发展[J]. 中国水利, 2019(19): 62-63.

[5] 钱正英, 张光斗. 中国可持续发展水资源战略研究综合报告及各专题报告[M]. 北京: 中国水利水电出版社, 2001.

[6] LIU P, GUO S, XIONG L, et al. Deriving reservoir refill operating rules by using the proposed DPNS model[J]. Water resources management, 2006, 20(3): 337-357.

[7] YEH W W. Reservoir management and operations models: a state-of-the-art review[J]. Water resources research, 1985, 21(12): 1797-1818.

[8] ZHANG X, LIU P, XU C, et al. Conditional value-at-risk for nonstationary streamflow and its application

for derivation of the adaptive reservoir flood limited water level[J]. Journal of water resources planning and management, 2018, 144(3): 1-11.

[9] LIU P, CAI X, GUO S. Deriving multiple near-optimal solutions to deterministic reservoir operation problems[J]. Water resources research, 2011, 47(8): 1-20.

[10] 周丽伟. 水库群防洪库容高效利用相关问题研究[D]. 武汉: 华中科技大学, 2019.

[11] LI X, GUO S, LIU P, et al. Dynamic control of flood limited water level for reservoir operation by considering inflow uncertainty[J]. Journal of hydrology, 2010, 391(1/2): 124-132.

[12] LIU P, GUO S, XU X, et al. Derivation of aggregation-based joint operating rule curves for cascade hydropower reservoirs[J]. Water resources management, 2011, 25(13): 3177-3200.

[13] WU Y, CHEN J. Estimating irrigation water demand using an improved method and optimizing reservoir operation for water supply and hydropower generation: a case study of the Xinfengjiang reservoir in southern China[J]. Agricultural water management, 2013, 116: 110-121.

[14] ZHANG X, LIU P, XU C, et al. Derivation of hydropower rules for multireservoir systems and its application for optimal reservoir storage allocation[J]. Journal of water resources planning and management, 2019, 145(5): 1-10.

[15] 梅亚东. 水库调度研究的若干进展[J]. 湖北水力发电, 2008(1): 47-50.

[16] 赵铜铁钢. 考虑水文预报不确定性的水库优化调度研究[D]. 北京: 清华大学, 2013.

[17] ZHOU Y, GUO S, LIU P, et al. Joint operation and dynamic control of flood limiting water levels for mixed cascade reservoir systems[J]. Journal of hydrology, 2014, 519: 248-257.

[18] 郑守仁. 水库群防洪库容联合运用、科学调度是发挥防洪兴利综合效益的关键[N]. 科技日报, 2018-05-22.

[19] 中华人民共和国水利部. 水利工程水利计算规范: SL 104—2015[S]. 北京: 中国水利水电出版社, 2002.

[20] 刘攀. 水库洪水资源化调度关键技术研究[D]. 武汉: 武汉大学, 2005.

[21] YUN R, SINGH V P. Multiple duration limited water level and dynamic limited water level for flood control, with implications on water supply[J]. Journal of hydrology, 2008, 354(1/2/3/4): 160-170.

[22] LIU P, LI L, GUO S, et al. Optimal design of seasonal flood limited water levels and its application for the Three Gorges Reservoir[J]. Journal of hydrology, 2015, 527: 1045-1053.

[23] OUYANG S, ZHOU J, LI C, et al. Optimal design for flood limit water level of cascade reservoirs[J]. Water resources management, 2015, 29(2): 445-457.

[24] 王浩, 王旭, 雷晓辉, 等. 梯级水库群联合调度关键技术发展历程与展望[J]. 水利学报, 2019, 50(1): 25-37.

[25] 陈桂亚. 长江流域水库群联合调度关键技术研究[J]. 中国水利, 2017(14): 11-13.

[26] 郭生练, 陈炯宏, 刘攀, 等. 水库群联合优化调度研究进展与展望[J]. 水科学进展, 2010, 21(4): 496-503.

[27] 丁伟, 周惠成. 水库汛限水位动态控制研究进展与发展趋势[J]. 中国防汛抗旱, 2018, 28(6): 6-10.

[28] 冯平, 陈根福, 卢永兰, 等. 水库联合调度下超汛限蓄水的风险效益分析[J]. 水力发电学报,

1995(2): 8-16.

[29] 吴泽宁, 胡彩虹, 王宝玉, 等. 黄河中下游水库汛限水位与防洪体系风险分析[J]. 水利学报, 2006(6): 641-648.

[30] 谭乔凤, 雷晓辉, 王浩, 等. 考虑梯级水库库容补偿和设计洪水不确定性的汛限水位动态控制域研究[J]. 工程科学与技术, 2017, 49(1): 60-69.

[31] 顿晓晗, 周建中, 张勇传, 等. 水库实时防洪风险计算及库群防洪库容分配互用性分析[J]. 水利学报, 2019, 50(2): 209-217.

[32] 李菡, 彭勇, 彭兆亮, 等. 基于库容补偿分析确定葠窝水库汛限水位研究[J]. 南水北调与水利科技, 2011, 9(3): 39-42.

[33] 郭生练, 陈炯宏, 栗飞, 等. 清江梯级水库汛限水位联合设计与运用[J]. 水力发电学报, 2012, 31(4): 6-11.

[34] 钟平安, 孔艳, 王旭丹, 等. 梯级水库汛限水位动态控制域计算方法研究[J]. 水力发电学报, 2014, 33(5): 36-43.

[35] 何海祥, 顾圣平, 邵雪杰, 等. 梯级水库汛限水位动态控制域计算模型[J]. 三峡大学学报(自然科学版), 2017, 39(2): 6-9.

[36] 张验科, 张佳新, 俞洪杰, 等. 考虑动态洪水预见期的水库运行水位动态控制[J]. 水力发电学报, 2019, 38(9): 64-72.

[37] 陈西臻, 刘攀, 何素明, 等. 基于聚合－分解的并联水库群防洪优化调度研究[J]. 水资源研究, 2015, 4(1): 23-31.

[38] 申敏, 延耀兴. 漳泽水库库群防洪实时优化调度模型研究[J]. 科技情报开发与经济, 2003(4): 111-113.

[39] 陈炯宏, 郭生练, 刘攀, 等. 梯级水库汛限水位联合运用和动态控制研究[J]. 水力发电学报, 2012, 31(6): 55-61.

[40] 李安强, 张建云, 仲志余, 等. 长江流域上游控制性水库群联合防洪调度研究[J]. 水利学报, 2013, 44(1): 59-66.

[41] ZHOU Y, GUO S, LIU P, et al. Derivation of water and power operating rules for multi-reservoirs[J]. Hydrological sciences journal, 2015, 61(2): 359-370.

[42] OLIVEIRA R, LOUCKS D P. Operating rules for multireservoir systems[J]. Water resources research, 1997, 33(4): 839-852.

[43] SIGVALDASON O T. A simulation model for operating a multipurpose multireservoir system[J]. Water resources research, 1976, 12(2): 263-278.

[44] ASHRAFI S M, DARIANE A B. Coupled operating rules for optimal operation of multi-reservoir systems[J]. Water resources management, 2017, 31(14): 4505-4520.

[45] LABADIE J W. Optimal operation of multi-reservoir systems: state-of-the-art review[J]. Journal of water resources planning and management, 2004, 130(2): 93-111.

[46] OSTADRAHIMI L, MARIÑO M A, AFSHAR A. Multi-reservoir operation rules: multi-swarm PSO-based optimization approach[J]. Water resources management, 2012, 26(2): 407-427.

[47] ZHOU Y, GUO S, CHANG F, et al. Methodology that improves water utilization and hydropower generation without increasing flood risk in mega cascade reservoirs[J]. Energy, 2018, 143: 785-796.

[48] 惠六一. 水库群防洪调度防洪库容优化分配模型研究与应用[D]. 武汉: 华中科技大学, 2017.

[49] LUND J R, GUZMAN J. Derived operating rules for reservoirs in series or in parallel[J]. Journal of water resources planning and management, 1999, 125(3): 143-153.

[50] ARVANITIDITS N, ROSING J. Composite representation of a multireservoir hydroelectric power system[J]. IEEE transactions on power apparatus and systems, 1970, 89(2): 319-326.

[51] LERMA N, PAREDES-ARQUIOLA J, ANDREU J, et al. Development of operating rules for a complex multi-reservoir system by coupling genetic algorithms and network optimization[J]. Hydrological sciences journal, 2013, 58(4): 797-812.

[52] TEJADA-GUIBERT J A, JOHNSON S A, STEDINGER J R. The value of hydrologic information in stochastic dynamic programming models of a multireservoir system[J]. Water resources research, 1995, 31(10): 2571-2579.

[53] JOHNSON S A, STEDINGER J R, STASCHUS K. Heuristic operating policies for reservoir system simulation[J]. Water resources research, 1991, 27(5): 673-685.

[54] FU X, LI A, WANG H. Allocation of flood control capacity for a multireservoir system located at the Yangtze River basin[J]. Water resources management, 2014, 28(13): 4823-4834.

[55] AFZALI R, MOUSAVI S J, GHAHERI A. Reliability-based simulation-optimization model for multireservoir hydropower systems operations: Khersan experience[J]. Journal of water resources planning and management, 2008, 134(1): 24-33.

[56] CHANDRAMOULI V, RAMAN H. Multireservoir modeling with dynamic programming and neural networks[J]. Journal of water resources planning and management, 2001, 127(2): 89-98.

[57] GUO X, HU T, WU C, et al. Multi-objective optimization of the proposed multi-reservoir operating policy using improved NSPSO[J]. Water resources management, 2013, 27(7): 2137-2153.

[58] HADDAD O B, AFSHAR A, MARIÑO M A. Honey-bee mating optimization (HBMO) algorithm in deriving optimal operation rules for reservoirs[J]. Journal of hydroinformatics, 2008, 10(3): 257-264.

[59] LI L, LIU P, RHEINHEIMER D E, et al. Identifying explicit formulation of operating rules for multi-reservoir systems using genetic programming[J]. Water resources management, 2014, 28(6): 1545-1565.

[60] MING B, LIU P, GUO S, et al. Optimizing utility-scale photovoltaic power generation for integration into a hydropower reservoir by incorporating long- and short-term operational decisions[J]. Applied energy, 2017, 204: 432-445.

[61] WANG Y, YOSHITANI J, FUKAMI K. Stochastic multiobjective optimization of reservoirs in parallel[J]. Hydrological processes, 2005, 19(18): 3551-3567.

[62] 钟平安, 李兴学, 张初旺, 等. 并联水库群防洪联合调度库容分配模型研究与应用[J]. 长江科学院院报, 2003(6): 51-54.

[63] 刘攀, 郭生练, 郭富强, 等. 清江梯级水库群联合优化调度图研究[J]. 华中科技大学学报(自然科学

版), 2008(7): 63-66.

[64] 何小聪, 丁毅, 李书飞. 基于等比例蓄水的长江中上游三座水库群联合防洪调度策略[J]. 水电能源科学, 2013, 31(4): 38-41.

[65] ZHANG S, KANG L, HE X. Equal proportion flood retention strategy for the leading multireservoir system in upper Yangtze River[C]//International Conference on Water Resources and Environment. Beijing: CRC Press, 2016.

[66] 罗成鑫, 周建中, 袁柳. 流域水库群联合防洪优化调度通用模型研究[J]. 水力发电学报, 2018, 37(10): 39-47.

[67] 徐雨妮, 付湘. 水库群系统发电调度的合作博弈研究[J]. 人民长江, 2019, 50(6): 211-218.

[68] DRAPER A J, LUND J R. Optimal hedging and carryover storage value[J]. Journal of water resources planning and management, 2004, 130(1): 83-87.

[69] JIANG Z, LI A, JI C, et al. Research and application of key technologies in drawing energy storage operation chart by discriminant coefficient method[J]. Energy, 2016, 114: 774-786.

[70] ZENG X, HU T, XIONG L, et al. Derivation of operation rules for reservoirs in parallel with joint water demand[J]. Water resources research, 2015, 51(12): 9539-9563.

[71] LUND J R. Derived power production and energy drawdown rules for reservoirs[J]. Journal of water resources planning and management, 2000, 126(2): 108-111.

[72] CLARK E J. New York control curves[J]. Journal American water works association, 1950, 42(9): 823-827.

[73] SHEER D. Dan Sheer's reservoir operating guidelines[D]. New York: Cornell University, 1986.

[74] NALBANTIS I, KOUTSOYIANNIS D. A parametric rule for planning and management of multiple-reservoir systems[J]. Water resources research, 1997, 33(9): 2165-2177.

[75] MARIEN J L. Controllability conditions for reservoir flood control systems with applications[J]. Water resources research, 1984, 20(11): 1477-1488.

[76] KELMAN J, DAMAZIO J M, MARIËN J L, et al. The determination of flood control volumes in a multireservoir system[J]. Water resources research, 1989, 25(3): 337-344.

[77] WEI C, HSU N. Multireservoir real-time operations for flood control using balanced water level index method[J]. Journal of environmental management, 2008, 88(4): 1624-1639.

[78] HUI R, LUND J R. Flood storage allocation rules for parallel reservoirs[J]. Journal of water resources planning and management, 2015, 141(5): 1-13.

[79] DHAKAL N, FANG X, THOMPSON D B, et al. Modified rational unit hydrograph method and applications[J]. Proceedings of the institution of civil engineers-water management, 2014, 167(7): 381-393.

[80] LUND J R, FERREIRA I. Operating rule optimization for Missouri River reservoir system[J]. Journal of water resources planning and management, 1996, 122(4): 287-295.

[81] MESBAH S M, KERACHIAN R, NIKOO M R. Developing real time operating rules for trading discharge permits in rivers: application of Bayesian networks[J]. Environmental modelling & software,

2009, 24(2): 238-246.

[82] DIAO Y, WANG B. Scheme optimum selection for dynamic control of reservoir limited water level[J]. Science China technological sciences, 2011, 54(10): 2605-2610.

[83] HUANG K, YE L, CHEN L, et al. Risk analysis of flood control reservoir operation considering multiple uncertainties[J]. Journal of hydrology, 2018, 565: 672-684.

[84] 曹永强. 汛限水位动态控制方法研究及其风险分析[D]. 大连: 大连理工大学, 2003.

[85] 董四辉. 水库防洪预报调度及灾情评价理论研究与应用[D]. 大连: 大连理工大学, 2006.

[86] 胡宇丰. 黄龙滩水库洪水预报调度研究[D]. 南京: 河海大学, 2006.

[87] 钟平安. 流域实时防洪调度关键技术研究与应用[D]. 南京: 河海大学, 2006.

[88] PLATE E J. Flood risk and flood management[J]. Journal of hydrology, 2002, 267(1): 2-11.

[89] 王本德, 周惠成, 张改红. 水库汛限水位动态控制方法研究发展现状[J]. 南水北调与水利科技, 2007(3): 43-46.

[90] 李旭光, 王本德. 基于洪水预报调度方式的汛限水位设计方法探讨[J]. 水力发电学报, 2009, 28(3): 52-56.

[91] 张静. 水库防洪分类预报调度方式研究及风险分析[D]. 大连: 大连理工大学, 2008.

[92] 翟宜峰, 侯召成, 曹永强. 水库防洪分类预报调度设计方法研究[J]. 水力发电学报, 2006(2): 74-77.

[93] 周惠成, 董四辉, 邓成林, 等. 基于随机水文过程的防洪调度风险分析[J]. 水利学报, 2006(2): 227-232.

[94] 曹永强, 殷峻暹, 胡和平. 水库防洪预报调度关键问题研究及其应用[J]. 水利学报, 2005(1): 51-55.

[95] 李旭光. 水库汛限水位控制若干重要问题研究及应用[D]. 大连: 大连理工大学, 2008.

[96] 王本德, 周惠成, 李敏. 水库汛限水位动态控制理论与方法及其应用[M]. 北京: 中国水利水电出版社, 2006.

[97] 陈桂亚, 郭生练. 水库汛期中小洪水动态调度方法与实践[J]. 水力发电学报, 2012, 31(4): 22-27.

[98] 王本德, 周惠成, 程春田, 等. 可利用丰满气象台短期降雨预报时效分析[J]. 水利管理技术, 1994(4): 41-46.

[99] 张丽娟, 许海军, 方文莉, 等. 水库汛限水位动态控制综合信息模糊推理模式法及其应用[J]. 东北水利水电, 2005(9): 34-35.

[100] 周惠成, 朱永英, 王本德, 等. 水库汛限水位动态控制的模糊推理方法研究与应用[J]. 水力发电, 2007(7): 9-12.

[101] 刘攀, 郭生练, 王才君, 等. 水库汛限水位实时动态控制模型研究[J]. 水力发电, 2005, 31(1): 8-11.

[102] 张改红. 基于防洪预报调度的水库汛限水位设计与控制研究[D]. 大连: 大连理工大学, 2008.

[103] 周如瑞. 并联水库群防洪预报调度方式及其风险分析研究[D]. 大连: 大连理工大学, 2017.

[104] 李玮, 郭生练, 刘攀, 等. 梯级水库汛限水位动态控制模型研究及运用[J]. 水力发电学报, 2008(2): 22-28.

[105] 周研来, 郭生练, 段唯鑫, 等. 梯级水库汛限水位动态控制[J]. 水力发电学报, 2015, 34(2): 23-30.

[106] 曲寿飞, 阎林, 王国利. 水库群汛限水位实时动态控制关键问题的解决方法[J]. 水电能源科学, 2015, 33(12): 55-58.

[107] 周建中, 顿晓晗, 张勇传. 基于库容风险频率曲线的水库群联合防洪调度研究[J]. 水利学报, 2019, 50: 1-8.

[108] ZHU F, ZHONG P, SUN Y, et al. Real-time optimal flood control decision making and risk propagation under multiple uncertainties[J]. Water resources research, 2017, 53(12): 10635-10654.

[109] BECKER L, YEH W W. Optimization of real time operation of a multiple-reservoir system[J]. Water resources research, 1974, 10(6): 1107-1112.

[110] YAZDI J, TORSHIZI A D, ZAHRAIE B. Risk based optimal design of detention dams considering uncertain inflows[J]. Stochastic environmental research and risk assessment, 2016, 30(5): 1457-1471.

[111] APEL H, THIEKEN A H, MERZ B, et al. Flood risk assessment and associated uncertainty[J]. Natural hazards and earth system sciences, 2004, 4(2): 295-308.

[112] 纪昌明, 梅亚东. 洪灾风险分析[M]. 武汉: 湖北科学技术出版社, 2000.

[113] CHEN J, ZHONG P, XU B, et al. Risk analysis for real-time flood control operation of a reservoir[J]. Journal of water resources planning and management, 2015, 141(8): 1-10.

[114] WU S, YANG J, TUNG Y. Risk analysis for flood-control structure under consideration of uncertainties in design flood[J]. Natural hazards, 2011, 58(1): 117-140.

[115] 侯召成, 翟宜峰, 殷峻暹. 水库防洪预报调度风险分析研究[J]. 中国水利水电科学研究院学报, 2005, 3(1): 16-21.

[116] 刁艳芳, 王本德. 基于不同风险源组合的水库防洪预报调度方式风险分析[J]. 中国科学(技术科学), 2010, 40(10): 1140-1147.

[117] 董前进, 曹广晶, 王先甲, 等. 水库汛限水位动态控制风险分析研究进展[J]. 水利水电科技进展, 2009, 29(3): 85-89.

[118] ZHANG X, LIU P, XU C, et al. Real-time reservoir flood control operation for cascade reservoirs using a two-stage flood risk analysis method[J]. Journal of hydrology, 2019, 577: 123954.

[119] PENG Y, CHEN K, YAN H, et al. Improving flood-risk analysis for confluence flooding control downstream using Copula Monte Carlo method[J]. Journal of hydrologic engineering, 2017, 22(8): 4017018.

[120] YAN B, GUO S, CHEN L. Estimation of reservoir flood control operation risks with considering inflow forecasting errors[J]. Stochastic environmental research and risk assessment, 2014, 28(2): 359-368.

[121] 黄强, 苗隆德, 王增发. 水库调度中的风险分析及决策方法[J]. 西安理工大学学报, 1999(4): 6-10.

[122] 王栋, 朱元甡. 防洪系统风险分析的研究评述[J]. 水文, 2003(2): 15-20.

[123] 张文雅. 基于改进人工蜂群算法的水库群防洪优化调度及风险分析研究[D]. 武汉: 华中科技大学, 2017.

[124] 蔡文君. 梯级水库洪灾风险分析理论方法研究[D]. 大连: 大连理工大学, 2015.

[125] 钟平安, 曾京. 水库实时防洪调度风险分析研究[J]. 水力发电, 2008(2): 8-9.

[126] 闫宝伟, 郭生练. 考虑洪水过程预报误差的水库防洪调度风险分析[J]. 水利学报, 2012, 43(7): 803-807.

[127] 周如瑞, 卢迪, 王本德, 等. 基于贝叶斯定理与洪水预报误差抬高水库汛限水位的风险分析[J]. 农

业工程学报, 2016, 32(3): 135-141.

[128] DIAO Y, WANG B. Risk analysis of flood control operation mode with forecast information based on a combination of risk sources[J]. Science China technological sciences, 2010, 53(7): 1949-1956.

[129] KUO J T, HSU N S, CHU W S, et al. Real-time operation of Tanshui River reservoirs[J]. Journal of water resources planning and management, 1990, 116(3): 349-361.

[130] 杜宇. 水库群联合防洪调度风险分析与多属性风险决策研究[D]. 武汉: 华中科技大学, 2018.

[131] 丁大发, 吴泽宁, 贺顺德, 等. 基于汛限水位选择的水库防洪调度风险分析[J]. 水利水电技术, 2005(3): 58-61.

[132] 冯平, 徐向广, 温天福, 等. 考虑洪水预报误差的水库防洪控制调度的风险分析[J]. 水力发电学报, 2009, 28(3): 47-51.

[133] 陈璐, 卢韦伟, 周建中, 等. 水文预报不确定性对水库防洪调度的影响分析[J]. 水利学报, 2016, 47(1): 77-84.

[134] WEI C, HSU N. Optimal tree-based release rules for real-time flood control operations on a multipurpose multireservoir system[J]. Journal of hydrology, 2009, 365(3): 213-224.

[135] OUARDA T B M J, LABADIE J W. Chance-constrained optimal control for multireservoir system optimization and risk analysis[J]. Stochastic environmental research and risk assessment, 2001, 15(3): 185-204.

[136] CHEN J, ZHONG P, ZHANG Y, et al. A decomposition-integration risk analysis method for real-time operation of a complex flood control system[J]. Water resources research, 2017, 53(3): 2490-2506.

[137] CHEN J, ZHONG P, AN R, et al. Risk analysis for real-time flood control operation of a multi-reservoir system using a dynamic Bayesian network[J]. Environmental modelling & software, 2019, 111: 409-420.

第一篇

汛限水位设计

第 2 章

水库群防洪库容联合设计

2.1 引　言

随着流域复杂水库群系统的建立，开展水库群防洪库容联合设计研究是实现水库群系统整体效益大于各单库效益简单叠加的关键技术手段[1]，是实现水库群联合调度的基本前提和防洪安全边界。目前水库群防洪库容联合设计研究的目的在于在不降低整个流域水库群系统防洪标准的前提下，考虑各水库之间水文、水力联系，推求水库群系统的最小总防洪库容、各水库防洪库容的最优组合方案或各水库防洪库容的可行性组合区间；所采用的主要研究方法可分为风险分析方法、库容补偿方法和大系统聚合-分解方法三大类[2-4]。水库群防洪标准的衡量通常是选用某种设计频率对应的流域设计洪水过程进行调洪演算，判别水库水位或泄量是否超过允许的阈值[5-6]，或者将水库群系统开展联合设计推求出的预留总防洪库容是否小于现状设计条件下的总防洪库容作为判别标准。

条件风险价值是经济学范畴中的经典风险工具，它广泛应用于金融领域的投资决策和投资组合管理问题[7-9]，并且已有不少学者将其应用于水资源管理问题[10-11]。Webby等[12]以堪培拉的 Burley Griffin 湖为研究对象，在降水预报信息给定的情形下采用条件风险价值权衡环境流量和洪水风险多目标问题。Yamout 等[13]将条件风险价值应用于供水分配问题，并与传统的期望值方案进行对比，可发现期望值方案低估了成本。Piantadosi 等[8]在随机动态规划中耦合条件风险价值指标，用于指导城市雨水管理的策略制订。Shao 等[14]提出了一种基于条件风险价值的两阶段随机规划模型，将其应用于由一个水库和三个用水竞争者构成的复杂系统的水资源分配问题。Soltani 等[9]构建了基于条件风险价值的目标函数，用于求解河流系统中规划农业用水需求和回流的水资源分配问题。但目前已有研究还未将条件风险价值概念引入水库防洪调度范畴中。

本章针对水库群防洪库容联合设计开展如下研究：①将经济学中的条件风险价值指标引入水库防洪风险评价范畴，以单库系统为基础，构建各年水库防洪损失条件风险价值评价指标，并推导 n 年水库防洪损失条件风险价值的计算公式（见 2.2 节）；②以变化环境下适应性防洪调度范畴中非一致性径流条件下的汛限水位（防洪库容）优化设计为例，对所提出的基于条件风险价值的防洪损失评价方法的适用性进行验证（见 2.3 节）；③将所提出的防洪损失条件风险价值评价指标根据定义由单库系统拓展到复杂的水库群系统，以汉江流域水库群系统为例开展实例研究，将水库群系统现状设计防洪库容方案所对应的防洪损失条件风险价值评价指标作为约束上限值，进行水库群防洪库容联合设计研究，推求水库群系统防洪库容组合的可行区间，并剖析各水库防洪库容对水库群系统总防洪库容设计的影响（见 2.4～2.6 节）。本章的技术路线图如图 2.1 所示。

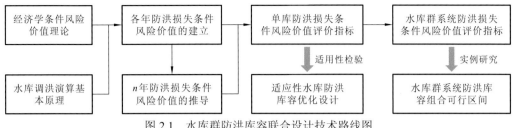

图 2.1　水库群防洪库容联合设计技术路线图

2.2　单库系统防洪损失条件风险价值评价指标的计算方法

2.2.1　洪水风险率计算

洪水风险率是用于衡量防洪标准最常用的传统方法。但受气候变化和人类活动的影响，水文径流系列的非一致性假设存在探讨空间[15-17]。需要说明的是，非一致性并非本章研究的侧重点，但在防洪损失评价指标构建过程中针对一致性和非一致性径流条件的公式推导进行了区分，即基于条件风险价值的防洪损失评价指标既适用于一致性径流条件，又适用于非一致性径流条件。

假设 Q_p 为径流系列的设计洪峰值，而实际径流洪峰值 Q_i 是一个随机变量，p_i 为发生 Q_i 超过 Q_p 事件的概率。在一致性径流条件下，对于第 i 年，超过概率 p_i 是常数 P。假设水利工程的生命周期是 n 年[18]，该工程面临来水超过设计洪水的事件发生在工程生命周期 n 年之内的风险，则该工程的洪水风险率 R 为[19-20]

$$R = P\{i \leqslant n\} = p \sum_{i=1}^{n} (1-p)^{i-1} = 1-(1-p)^n \qquad (2.1)$$

在非一致性径流条件下，超过概率 p_i 会随时间变化。因此，该工程的洪水风险率 R 为[21-23]

$$R = P\{i \leqslant n\} = p_1 + p_2(1-p_1) + \cdots + p_n(1-p_1)(1-p_2)\cdots(1-p_{n-1})$$
$$= \sum_{i=1}^{n} p_i \prod_{t=1}^{i-1} (1-p_t) \qquad (2.2)$$

2.2.2　各年防洪损失条件风险价值评价指标的建立

1. 风险价值和条件风险价值的基本定义

风险价值（VaR_α）和条件风险价值（$CVaR_\alpha$）均是财务风险测量工具，也可应用于水资源相关领域[8]，并提供损失值。VaR_α 定义为某一段时间内，在给定的置信水平 α 条件下的最大损失[24-25]，VaR_α 可以通过一个随机变量的累积分布函数（cumulative distribution function，CDF）推导得来，它的表达式为

$$\text{VaR}_\alpha = \min[L(x,\theta)\,|\,\varphi(x,\theta) \geqslant \alpha] \qquad (2.3)$$

式中：x 为决策变量；θ 为随机变量；$L(\cdot)$ 为损失函数；$\varphi(\cdot)$ 为 CDF；α 为置信水平，取值范围为 $0 \sim 1$。

VaR_α 并未考虑超过阈值（置信水平 α 条件下的最大损失）时会发生的损失，且无法区分尾部风险的大小[26]；CVaR_α 则是 VaR_α 的一种改进形式。CVaR_α 的含义是在一定的置信水平上，损失超过 VaR_α 的潜在价值，即评估超额损失的平均水平[13, 25]：

$$\text{CVaR}_\alpha = E[L(x,\theta)\,|\,L(x,\theta) \geqslant \text{VaR}_\alpha] \quad \text{或} \quad \text{CVaR}_\alpha = E[L(x,\theta)\,|\,\varphi(x,\theta) \geqslant \alpha] \qquad (2.4)$$

式中：$E(\cdot)$ 为期望。

为了进一步诠释 VaR_α 和 CVaR_α 的物理含义，本节给出一个计算案例进行对比说明。期望防洪损失（expected flood damage，EFD）是在国际洪水风险分析领域的标准评价指标[27]，本节将 EFD 的计算结果作为对比方案。如图 2.2 所示，黑虚线为假定的概率分布函数（probability distribution function，PDF），黑实线为相应的 CDF（需要说明的是，此处给定曲线的损失值无实际量纲意义），根据给定的 PDF 和 CDF 曲线信息按照相应的定义计算 EFD 值 EV、风险价值 VaR_α 和条件风险价值 CVaR_α，并将结果标记在图 2.2 中。若给定置信水平 $\alpha = 0.95$，$\text{VaR}_{0.95}$ 表征的含义是防洪损失超过 7.4 的概率是 5%，关注的是相应于某个置信水平的防洪损失阈值；而 $\text{CVaR}_{0.95}$ 表征的含义是评估超过 $\text{VaR}_{0.95}$ 的曲线尾部部分的期望，更关注超过某个防洪损失阈值以外的所有可能的潜在风险损失，且计算结果为 $\text{CVaR}_{0.95} = 8.1$。而 EFD 方法所计算的 $\text{EV} = \int L(x,\theta)f[L(x,\theta)]\mathrm{d}L = 5.1$，小于风险价值 VaR_α 和条件风险价值 CVaR_α 对防洪损失的评估值，且缺乏对不同置信水平的响应。

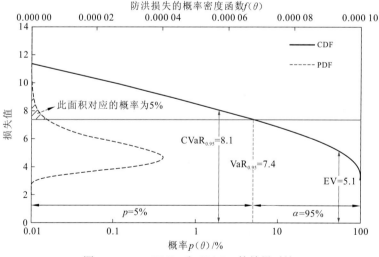

图 2.2 EV、VaR_α 和 CVaR_α 的结果对比

2. 损失函数的构建

损失函数是条件风险价值指标建立的核心，本节通过考虑水库下游防洪控制点需多余承担的洪量来构建水库防洪损失函数 $L(x,\theta)$，从而将经济学中的条件风险价值理念引

入水库防洪评价领域。选取水库防洪库容（或汛限水位）为决策变量 x，入库洪水量级为随机变量 θ，损失函数可表达为

$$L(x,\theta)=c\cdot w_f(x,\theta) \tag{2.5}$$

式中：$w_f(\cdot)$ 为下游防洪控制点需分担的多余洪量，$10^8\ \mathrm{m}^3$；c 为下游防洪控制点承受多余洪量 $w_f(\cdot)$ 所需的单位成本，元/m³。

需要说明的是，本节中的 $w_f(\cdot)$ 是通过简化考虑下游防洪控制点所需分担的洪量计算得来的，即假定超过下游防洪控制点允许安全泄量 Q_Y（Q_Y 是用下游防洪控制点反推至水库出库控制断面的流量值）标准的部分洪量值为所推求的 $w_f(\cdot)$，如图 2.3 所示。构建多个水库汛限水位值方案和多种设计频率下的洪水过程方案，即可建立损失函数 $L(x,\theta)$ 与决策变量 x 和随机变量 θ 之间的联系。

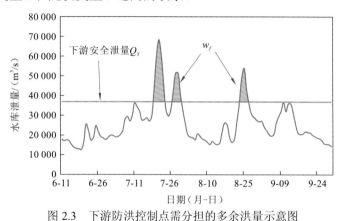

图 2.3　下游防洪控制点需分担的多余洪量示意图

3. 各年防洪损失值 CVaR_α

根据条件风险价值的基本定义，以及损失函数的构建思路，可计算置信水平 α 下的条件风险价值 CVaR_α，故水库每年的防洪损失值的计算式为

$$\mathrm{CVaR}_\alpha=E[L(x,\theta)\,|\,L(x,\theta)\geqslant \mathrm{VaR}_\alpha]=\dfrac{\int_{F_\alpha}^{\max}L(x,\theta)f[L(x,\theta)]\mathrm{d}L}{1-\alpha} \tag{2.6}$$

式中：x 为决策变量防洪库容（或汛限水位）；θ 为随机变量入库洪水量级；$E(\cdot)$ 为期望；F_α 为相应于置信水平 α 的风险价值；max 为损失函数的最大值；$f(\cdot)$ 为防洪损失的概率密度函数。

假设防洪损失发生在第 i 年的洪水风险率为 R，则置信水平 α 和洪水风险率 R 满足关系式 $\alpha+R=1$。当损失函数 $L(x,\theta)$ 的形式确定，并且给定置信水平 α 时，防洪损失的条件风险价值 CVaR_α 为确定值。

2.2.3　n 年的防洪损失条件风险价值推导

若将 n 年的工程生命周期视为整体，当 n 年的损失函数形式确定，并且给定置信水

平 α 时，n 年的防洪损失条件风险价值 CVaR_α^n 为确定值。n 年内防洪损失发生的概率为 R，则不发生的概率为 $1-R$，n 年防洪损失的期望值为

$$R \cdot \text{CVaR}_\alpha^n + (1-R) \cdot 0 = R \cdot \text{CVaR}_\alpha^n \tag{2.7}$$

式中：R 为防洪损失事件在 n 年内至少发生一次的概率，一致性径流条件下的累计洪水风险率计算式为式（2.1），非一致性径流条件下的累计洪水风险率计算式为式（2.2）。

每年防洪损失是否发生是独立事件（但不限定各年的防洪损失事件的发生是否服从相同的分布），n 年的防洪损失的期望值也可以通过枚举 n 年内防洪损失事件可能发生的组合形式得到，推导的关系式如下：

$$
\begin{aligned}
R \cdot \text{CVaR}_\alpha^n =\ & \text{CVaR}_{\alpha 1} p_1 (1-p_2) \cdots (1-p_n) + \text{CVaR}_{\alpha 2} p_2 (1-p_1)(1-p_3)\cdots(1-p_n) \\
& + \cdots + \text{CVaR}_{\alpha n} p_n (1-p_1)\cdots(1-p_{n-1}) \\
& + (\text{CVaR}_{\alpha 1} + \text{CVaR}_{\alpha 2}) p_1 p_2 (1-p_3)\cdots(1-p_n) \\
& + \cdots + (\text{CVaR}_{\alpha 1} + \text{CVaR}_{\alpha n}) p_1 p_n (1-p_2)\cdots(1-p_{n-1}) \\
& + \cdots + (\text{CVaR}_{\alpha 1} + \text{CVaR}_{\alpha 2} + \cdots + \text{CVaR}_{\alpha n}) p_1 p_2 \cdots p_n \\
& + 0 \times (1-p_1)(1-p_2)\cdots(1-p_n)
\end{aligned}
\tag{2.8}
$$

式中：$\text{CVaR}_{\alpha i}$ 为第 i 年防洪损失事件的条件风险价值，可根据式（2.6）计算得来，且置信水平 $\alpha i = 1 - p_i$。

以 $\text{CVaR}_{\alpha 1}$ 为例简化式（2.8），$\text{CVaR}_{\alpha 1}$ 的系数如式（2.9）所示：

$$
\begin{aligned}
B1 =\ & p_1(1-p_2)\cdots(1-p_n) + p_1 p_2 (1-p_3)\cdots(1-p_n) + \cdots + p_1 p_n (1-p_2)\cdots(1-p_{n-1}) \\
& + p_1 p_2 p_3 (1-p_4)\cdots(1-p_n) + \cdots + p_1 p_2 p_n (1-p_3)\cdots(1-p_{n-1}) + \cdots + p_1 p_2 \cdots p_n
\end{aligned}
\tag{2.9}
$$

$B1$ 中包含 $p_1 p_2 \cdots p_n$ 项的所有组合形式列举在表 2.1 中，$p_1 p_2 \cdots p_n$ 项的系数可以提炼为

$$B1_n = C_{n-1}^{n-1}(-1)^{n-1} + C_{n-1}^{n-2}(-1)^{n-2} + C_{n-1}^{n-3}(-1)^{n-3} + \cdots + C_{n-1}^1 (-1)^1 + C_{n-1}^0 (-1)^0 \tag{2.10}$$

表 2.1　系数 $B1$ 中包含 $p_1 p_2 \cdots p_n$ 项的所有组合形式

$p_1 p_2 \cdots p_n$	组合数	$p_1 p_2 \cdots p_n$ 项的系数
$p_1(1-p_2)\cdots(1-p_n)$	C_{n-1}^{n-1}	$(-1)^{n-1}$
$p_1 p_k (1-p_2)\cdots(1-p_i)\cdots(1-p_n)$　$(2 \leqslant i \leqslant n, k \neq i)$	C_{n-1}^{n-2}	$(-1)^{n-2}$
$p_1 p_j p_k (1-p_2)\cdots(1-p_i)\cdots(1-p_n)$　$(2 \leqslant i \leqslant n, j < k, j \neq i, k \neq i)$	C_{n-1}^{n-3}	$(-1)^{n-3}$
$\vdots$	$\vdots$	$\vdots$
$p_1 p_2 \cdots p_k \cdots p_n (1-p_i)(1-p_j)$　$(2 \leqslant i < j \leqslant n, k \neq i, k \neq j)$	C_{n-1}^2	$(-1)^2$
$p_1 p_2 \cdots p_k \cdots p_n (1-p_i)$　$(2 \leqslant i \leqslant n, k \neq i)$	C_{n-1}^1	$(-1)^1$
$p_1 p_2 \cdots p_n$	C_{n-1}^0	$(-1)^0$

当 n 是偶数时，$p_1 p_2 \cdots p_n$ 项的系数可简化为

$$B1_n = C_{n-1}^0[(-1)^{n-1}+(-1)^0] + C_{n-1}^1[(-1)^{n-2}+(-1)^1] + \cdots + C_{n-1}^{\frac{n}{2}}[(-1)^{\frac{n}{2}-1}+(-1)^{\frac{n}{2}}] = 0 \quad (2.11)$$

当 n 是奇数时，$p_1 p_2 \cdots p_n$ 项的系数可简化为

$$\begin{aligned}
B1_n &= C_{n-1}^0(-1)^0 + C_{n-1}^2(-1)^2 + \cdots + C_{n-1}^{n-1}(-1)^{n-1} \\
&\quad + C_{n-1}^1(-1)^1 + C_{n-1}^3(-1)^3 + \cdots + C_{n-1}^{n-2}(-1)^{n-2} \\
&= C_{n-1}^0 + C_{n-1}^2 + \cdots + C_{n-1}^{n-1} - (C_{n-1}^1 + C_{n-1}^3 + \cdots + C_{n-1}^{n-2}) = 0
\end{aligned} \quad (2.12)$$

综上所述，无论 n 取奇数还是偶数，$p_1 p_2 \cdots p_n$ 项的系数为零。

综上，$\mathrm{CVaR}_{\alpha 1}$ 的系数 $B1$ 可开展如式（2.13）所示的变形过程。

$$\begin{aligned}
B1 &= p_1 - \sum_{i=2}^n p_1 p_i + \sum_{2 \le i < j \le n} p_1 p_i p_j + \cdots + (-1)^{n-1} p_1 p_2 \cdots p_n \\
&\quad + p_1 p_2 - \sum_{i=3}^n p_1 p_2 p_i + \sum_{3 \le i < j \le n} p_1 p_2 p_i p_j + \cdots + (-1)^{n-2} p_1 p_2 \cdots p_n + \cdots \\
&\quad + p_1 p_n - \sum_{i=2}^{n-1} p_1 p_n p_i + \sum_{2 \le i < j \le n-1} p_1 p_n p_i p_j + \cdots + (-1)^{n-2} p_1 p_2 \cdots p_n \\
&\quad + p_1 p_2 p_3 - \sum_{i=4}^n p_1 p_2 p_3 p_i + \sum_{4 \le i < j \le n} p_1 p_2 p_3 p_i p_j + \cdots + (-1)^{n-3} p_1 p_2 \cdots p_n + \cdots \\
&\quad + p_1 p_2 p_n - \sum_{i=3}^{n-1} p_1 p_2 p_n p_i + \sum_{3 \le i < j \le n-1} p_1 p_2 p_n p_i p_j + \cdots + (-1)^{n-3} p_1 p_2 \cdots p_n + \cdots \\
&\quad + p_1 p_2 \cdots p_n \\
&= p_1
\end{aligned} \quad (2.13)$$

因此，$\mathrm{CVaR}_{\alpha 1}$ 的系数 $B1$ 可简化为 $B1 = p_1$，同理可简化 $\mathrm{CVaR}_{\alpha i}$（$i=1,2,\cdots,n$）的系数为 p_i，则式（2.8）可简化为如下关系式：

$$\mathrm{CVaR}_{\alpha}^n = \frac{p_1 \cdot \mathrm{CVaR}_{\alpha 1} + p_2 \cdot \mathrm{CVaR}_{\alpha 2} + \cdots + p_n \cdot \mathrm{CVaR}_{\alpha n}}{R} \quad (2.14)$$

式中：$\alpha = 1 - R$，且在一致性假设前提下洪水风险率 R 的值由式（2.1）计算所得，而在非一致性假设前提下洪水风险率 R 的值由式（2.2）计算所得。

针对式（2.14）的含义可进行如下理解：每年是否发生防洪损失是独立事件，而第 i 年的防洪损失的期望为 $p_i \mathrm{CVaR}_{\alpha i}$[服从伯努利分布，其期望计算式为 $p_i \cdot \mathrm{CVaR}_{\alpha i} + (1-p_i) \cdot 0$，发生防洪损失的概率为 p_i，损失值为 $\mathrm{CVaR}_{\alpha i}$，不发生防洪损失的概率为 $1-p_i$，损失值为 0]。因此，式（2.14）等号右边分子部分的含义可以理解为各年防洪损失期望的累计值。

在一致性径流条件下，各年的来水过程超过同一量级的设计洪水的概率均相同，即 $p_1 = p_2 = \cdots = p_n = p$，而且各年条件风险价值的置信水平 αi 和设计频率 p_i 的关系满足 $\alpha i + p_i = 1$，因此，水库各年的防洪损失函数的分布形式相同，即各年的防洪损失条件风险价值相同，$\mathrm{CVaR}_{\alpha 1} = \mathrm{CVaR}_{\alpha 2} = \cdots = \mathrm{CVaR}_{\alpha n} = \beta_\alpha$，式（2.14）可以简化为

$$CVaR_\alpha^n = \frac{np}{1-(1-p)^n}\beta_\alpha \tag{2.15}$$

式中：$\alpha=(1-p)^n$。

当工程生命周期 n 年等于重现期 T_R 时，$CVaR_\alpha^n$ 可变换为

$$CVaR_\alpha^n = \frac{1}{1-\left(1-\dfrac{1}{T_R}\right)^{T_R}}\beta_{\alpha^*} \tag{2.16}$$

式中：$\alpha^*=1-p$；$\alpha=\left(1-\dfrac{1}{T_R}\right)^T$。

2.3 单库系统防洪损失条件风险价值评价指标的适用性验证

由基于条件风险价值的防洪损失评价指标的构建过程可知，该评价指标既适用于一致性径流条件，又适用于非一致性径流条件，各年的防洪损失 $CVaR_\alpha$ 和 n 年防洪损失 $CVaR_\alpha^n$ 的计算式均具备通用性。本节以变化环境下适应性防洪调度范畴中非一致性径流条件下的汛限水位优化设计[28-31]为例，对所提出的防洪损失条件风险价值评价指标的适用性进行验证。具体来说，若将条件风险价值 $CVaR_\alpha$ 应用于水库特征水位的设计应有三个步骤：①构建损失函数；②选择合适的置信水平 α 和可接受的条件风险价值；③试算法验证多组水位特征值的设置是否合理。

2.3.1 研究方法

为了验证本章提出的防洪损失条件风险价值评价指标的适用性，本小节建立了三个对比方案：方案 A 为一致性径流条件下的基本方案，n 年的防洪损失条件风险价值直接由根据常规防洪调度规则的调洪演算推求得来；方案 B1 为非一致性径流条件下，以传统洪水风险率为约束条件的适应性水库汛限水位优化方案；方案 B2 为非一致性径流条件下，以 n 年的防洪损失 $CVaR_\alpha^n$ 和传统洪水风险率为约束条件的适应性水库汛限水位优化方案。

方案 A 即水库现状条件下的汛限水位方案，将其多年平均汛期发电量及防洪损失条件风险价值（记为 β_α^n）作为方案 B1 和方案 B2 的对比值。方案 B1 和方案 B2 适应性水库汛限水位优化模型的目标函数为水库汛期多年平均发电量最大：

$$\max \overline{E}(x_1,x_2,\cdots,x_n)=\frac{1}{n}\sum_{j=1}^{n}E(x_j) \tag{2.17}$$

式中：x_j 为第 j 年的汛限水位（$j=1,2,\cdots,n$），为适应性水库汛限水位优化模型的决策变量；$E(x_j)=\sum_{i=1}^{m}N_i(x_j)/m$，为第 j 年水库汛限水位为 x_j 时的汛期发电量，m 为水库实测

径流资料的长度，N_i 为第 i 年的汛期发电量 $(i=1,2,\cdots,m)$。

适应性水库汛限水位优化模型的约束条件为式（2.18）～式（2.22）。方案 B1 将传统的累计洪水风险率作为防洪约束，即约束条件为式（2.18）、式（2.20）～式（2.22）；方案 B2 将 n 年时段内的防洪损失条件风险价值 CVaR_α^n 和累计洪水风险率作为防洪约束，即约束条件为式（2.18）～式（2.22）。

（1）累计洪水风险率：

$$R_j^{\mathrm{ns}}(x_1,x_2,\cdots,x_j) \leqslant R_j^{\mathrm{s}}(x_1^*,x_2^*,\cdots,x_j^*) \tag{2.18}$$

式中：$R_j^{\mathrm{s}}(\cdot)$ 为一致性径流条件下第 j 年的累计洪水风险率，每年的汛限水位均选取水库现状汛限水位设计值，即 $x_1^*=x_2^*=\cdots=x_j^*=x_0$；$R_j^{\mathrm{ns}}(\cdot)$ 为非一致性径流条件下第 j 年的累计洪水风险率。

（2）条件风险价值：

$$\mathrm{CVaR}_\alpha^n(x_1,x_2,\cdots,x_n) \leqslant \beta_\alpha^n(x_1^*,x_2^*,\cdots,x_n^*) \tag{2.19}$$

式中：$\beta_\alpha^n(\cdot)$ 为 n 年时段内一致性径流条件下的防洪损失条件风险价值，每年的汛限水位均选取水库现状汛限水位设计值，即 $x_1^*=x_2^*=\cdots=x_n^*=x_0$；$\mathrm{CVaR}_\alpha^n(\cdot)$ 为 n 年时段内非一致性径流条件下的防洪损失条件风险价值。

（3）水量平衡方程：

$$V_{t+1} = V_t + (Q_t - q_t)\Delta t \tag{2.20}$$

式中：Δt 为计算时间步长；Q_t 和 q_t 分别为水库在 Δt 时段的入库流量和出库流量；V_t 为 Δt 时段初始时刻库容。

（4）水库库容约束：

$$V_{\min} \leqslant V_t \leqslant V_{\max} \tag{2.21}$$

式中：$V_{\min}$ 和 $V_{\max}$ 分别为水库在汛期的最小、最大库容。

（5）水库泄流能力约束：

$$q_t \leqslant q_{\max}(Z_t) \tag{2.22}$$

式中：$q_{\max}(Z_t)$ 为水库水位为 Z_t 时的最大下泄流量。

2.3.2　数据资料

1. 三峡水库

三峡水库的多年平均流量为 14300 m³/s[32-33]，选取为本小节的研究对象。三峡水库是一个具有防洪、发电、航运等多项综合效益的大型水利水电工程[34]。由于三峡水库的调度方式本身较为复杂，本次研究为了侧重于考虑径流变化对水库汛限水位等防洪特征参数的影响，依据的简化防洪调度规则如下[35-37]。

（1）若发生不超过 100 年一遇的洪水，水库出流按 53900 m³/s 控泄。

（2）若发生大于 100 年一遇但小于等于 1 000 年一遇洪水，起初仍按 53 900 m³/s 控泄；但当坝前水位超 1 000 年一遇洪水位 175.00 m 时，按规则（3）进行调度。

（3）当水库蓄洪超过 175.00 m 时，按全部泄流能力泄洪，但应控制泄量不大于最大入库流量，以免人为增大洪灾。

下游蓄滞洪区是一项重要的防洪工程措施，它可以通过分担一部分的洪量与上游水库库容进行配合，从而达到下游防洪控制点的防洪目标[38]。由于长江中下游洪水量级与河道的泄洪能力不匹配，下游设置荆江地区、城陵矶附近区、武汉附近区和湖口附近区四大片蓄滞洪区，总面积为 1.18×10^4 km²，可耕地面积为 54.84×10^8 m²，人口数量为 612 万，有效蓄洪能力为 633×10^8 m³。

2. 非一致性条件下径流情景生成

目前，非一致性径流情景生成主要有三种方法：①情景假设（如直接假设径流的统计参数符合某种变化形式）[5,39-40]；②基于历史径流情景统计[41-44]；③大气环流模型[22,45-46]。本章中的径流情景方案仅作为输入条件，并非探讨侧重点，因此选用基于历史径流情景统计方法生成径流情景。针对三峡水库 1882～2010 年共计 129 年的日径流系列，将每连续 30 年的径流资料组成一个长系列，并计算统计参数值（均值、变差系数 C_V 和偏差系数 C_S）。依次滑动平均计算各组统计参数值，最后进行线性拟合并延长统计参数与时间的关系[47-49]。

由图 2.4 可知，非一致性径流条件下，洪峰流量的均值随时间的变化呈递减的趋势；但是 C_V 和 C_S 随时间的变化不明显，在显著性水平为 5% 的条件下，C_V 和 C_S 与时间的相关性系数分别为 0.000 2 和 0.000 7，则可认为 C_V 和 C_S 与时间不相关。类似地，最大 3 日洪量、最大 7 日洪量、最大 15 日洪量和最大 30 日洪量的统计参数也有同样的结论；而统计参数均值随时间变化的线性关系式如表 2.2 所示。表 2.2 中统计参数均值与时间的变化关系式来源于对实测径流系列 1882～2010 年的统计拟合，表中统计参数均值与时间的变化关系式用于预测三峡水库 2020～2039 年的统计参数均值。虽然线性拟合关系是不准确的，但是可以为非一致性径流条件下适应性水库汛限水位优化问题提供一个非一致性条件下的径流假设情景，作为方案 B1 和方案 B2 中适应性水库汛限水位优化模型的输入，方案 B1 和方案 B2 的输入条件保持一致，从而可以有效对比防洪损失评价指标 CVaR_α 与传统洪水风险率的差异。

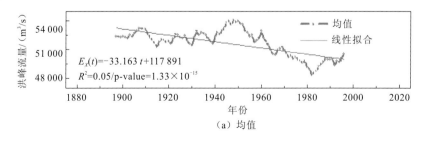

（a）均值

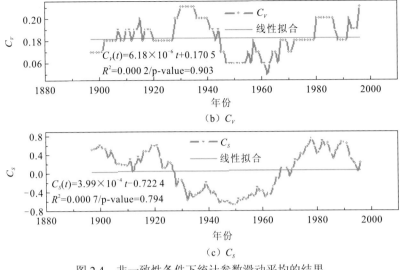

（b）C_V

（c）C_s

图 2.4　非一致性条件下统计参数滑动平均的结果

p-value 为假定值

表 2.2　非一致性条件下统计参数均值与时间的线性关系

统计参数	线性关系
洪峰流量/（m³/s）	$E_X(t) = -33.163\,t + 117\,891$，$C_V = 0.21$，$C_S/C_V = 4.0$
最大 3 日洪量/（10^8 m³）	$E_X(t) = -0.080\,t + 283.1$，$C_V = 0.21$，$C_S/C_V = 4.0$
最大 7 日洪量/（10^8 m³）	$E_X(t) = -0.211\,t + 695.1$，$C_V = 0.19$，$C_S/C_V = 3.5$
最大 15 日洪量/（10^8 m³）	$E_X(t) = -0.482\,t + 1\,484.0$，$C_V = 0.19$，$C_S/C_V = 3.0$
最大 30 日洪量/（10^8 m³）	$E_X(t) = -0.905\,t + 2\,745.3$，$C_V = 0.18$，$C_S/C_V = 3.0$

2.3.3　结果分析

1. 方案 A 现状汛限水位方案

1）汛期多年发电量

研究对象三峡水库的原设计汛限水位为 145.00 m，选取实测系列 1882～2010 年共计 129 年的径流资料，按照三峡水库汛期常规发电调度进行计算，可推求原设计汛限水位 145.00 m 对应的多年平均汛期发电量，为 410.80×10^8 kW·h。

2）一致性径流条件下的 CVaR_α

依据式（2.6）可计算三峡水库各年的防洪损失值 CVaR_α，式中损失函数的建立可以通过选取适当组数的入库来水设计频率和汛限水位实现，则各年防洪损失函数 $L(x,\theta)$ 的表达式为

$$L(x,\theta) = c \cdot w_f(x,\theta) \tag{2.23}$$

式中：$w_f(\cdot)$ 为下游防洪控制点需要承担的多余洪量；c 为下游防洪控制点承受多余洪量

$w_f(\cdot)$ 所需的单位成本，元/m³。需要说明的是，由于防洪损失单价的确定目前仍存在研究探讨的价值，所以本章的所有实例研究中均进行简化处理，直接假设各年的防洪损失单价为相同的常数值。

决策变量汛限水位 x 从 140.00 m 到 155.00 m 以 0.10 m 的增幅变化，随机变量入库洪水量级 θ 分别为对应于 0.01%、0.02%、0.05%、0.1%、0.2%、0.5%、1%、2%、5%、10% 和 20% 共计 11 种设计频率 $p(\theta)$ 的设计洪水过程。因此，下游防洪控制点需要承担的多余洪量 w_f 和汛限水位（或入库洪水量级）之间的关系如图 2.5 所示。由图 2.5 可知，从深蓝色过渡到黄色，下游防洪控制点需要承担的多余洪量逐渐增加。随着水库汛限水位的抬高，洪水量级的增加，图 2.5 中 w_f 的值也增加。

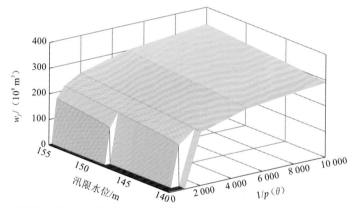

图 2.5　下游防洪控制点需要承担的多余洪量与汛限水位（或入库洪水量级）的关系

防洪损失评价指标 CVaR_α 越大，潜在发生的防洪损失越大。一致性径流条件下，防洪损失 CVaR_α 与汛限水位及置信水平 α 的关系如图 2.6 所示。在选取相同的来水设计频率（或置信水平 α）的条件下，防洪损失 CVaR_α 随着汛限水位的增加而逐步增大，且 CVaR_α 与汛限水位的变化呈单调不递减的关系。当汛限水位相同时，来水量级越大，防洪损失 CVaR_α 越大。因此，汛限水位越大、入库来水量级越大，面临的可能发生的潜在防洪损失越大，这与常理认知相符合，证明了防洪损失评价指标 CVaR_α 构建的合理性。

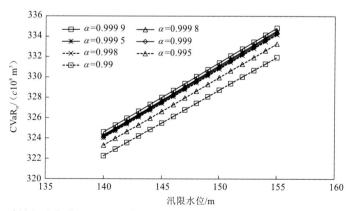

图 2.6　一致性径流条件下 CVaR_α 与汛限水位（或入库洪水量级）及置信水平 α 的关系

在三峡水库现状汛限水位方案下，汛限水位取为 145.00 m；对选取的多个典型年的 100 年一遇、1000 年一遇和 10 000 年一遇设计洪水过程进行水库常规防洪调度调洪演算，由结果可知 1000 年一遇设计洪水调洪演算过程的水库水位是否超过 175.00 m 为汛限水位调整最主要的约束条件，因此选取来水设计频率 0.1% 对应的各年 $CVaR_{\alpha}$ 作为与方案 B1 和方案 B2 对比的主要指标。以 2020~2039 年这一时间段为研究对象，这 20 年所对应的累计洪水风险率为 2%，则在置信水平 α 为 0.98 的条件下，这 20 年对应的总的防洪损失条件风险价值（用 β_{α}^{n} 表示）等于 $330.60c\times10^{8}\ \mathrm{m^{3}}$[式（2.15）]。

2. 方案 B1 现状汛限水位方案

方案 B1 为非一致性径流条件下，以传统洪水风险率为约束条件的适应性水库汛限水位优化方案。非一致性径流条件下，防洪损失 $CVaR_{\alpha}$ 的构建形式相同，仅是径流情景的输入不同。图 2.7 为方案 B1 的汛限水位优化结果，实心点代表的是非一致性径流条件下的汛限水位（相邻 5 年的汛限水位取为相同值），叉号点代表的是一致性径流条件下的汛限水位，虚线代表非一致性径流条件下的累计洪水风险率，实线代表一致性径流条件下的累计洪水风险率。由图 2.7 可知，当三峡水库的非一致性径流情景呈递减趋势时，水库可在不增加累计洪水风险率的前提下，将汛限水位向上抬升一定的幅度。按照方案 B1 中汛限水位的优化方案进行常规发电调度，水库的汛期多年平均发电量为 $436.62\times10^{8}\ \mathrm{kW\cdot h}$，相比于原汛限水位方案能提高 6.29%。方案 B1 中防洪损失 $CVaR_{\alpha}^{n}$ 的计算式为式（2.14），则在置信水平 α 取 0.98 的条件下，水库在 2020~2039 年总的可能发生的防洪损失 $CVaR_{\alpha}^{n}$ 等于 $331.30c\times10^{8}\ \mathrm{m^{3}}$。

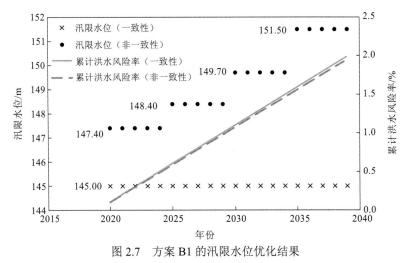

图 2.7　方案 B1 的汛限水位优化结果

3. 方案 B2 现状汛限水位方案

相比于方案 B1，方案 B2 将防洪损失评价指标 $CVaR_{\alpha}^{n}$ 新增为适应性汛限水位优化模型的约束条件，但方案 B2 中非一致性条件下的径流情景输入与方案 B1 相同。因此，在方案 B2 中，汛限水位的优化不仅需要满足传统的累计洪水风险率的约束，还要满足基于条件风险价值的防洪损失评价指标的约束；并且，将方案 A 中防洪损失条件风险价值 β_α^n 作为方案 B2 中防洪损失 $CVaR_\alpha^n$ 的约束上限值。

　　图 2.8 为方案 B2 的汛限水位优化结果，实心点代表的是非一致性径流条件下的汛限水位（相邻 5 年的汛限水位取为相同值），叉号点代表的是一致性径流条件下的汛限水位，虚线代表非一致性径流条件下的防洪损失 $CVaR_\alpha^n$，实线代表一致性径流条件下的防洪损失条件风险价值 β_α^n。由图 2.8 可知，当三峡水库的非一致性径流情景呈递减趋势时，水库可在不超过一致性径流条件下条件风险价值 β_α^n 约束的前提下，将汛限水位向上抬升一定的幅度。按照方案 B2 中汛限水位的优化方案进行常规发电调度，水库的汛期多年平均发电量为 $430.98 \times 10^8\,\mathrm{kW \cdot h}$，相比于原汛限水位方案能提高 4.91%。方案 B2 中防洪损失 $CVaR_\alpha^n$ 的计算式为式（2.14），为了使非一致性径流条件下和一致性径流条件下的防洪损失 $CVaR_\alpha^n$ 具有可比性，方案 A 和方案 B2 中的置信水平均取相同值。对于 2020 年，n 取为 1，置信水平 $\alpha = 1 - R_1 = 1 - (1 - p_1) = p_1$，则 $CVaR_\alpha^1 = p_1 \cdot CVaR_{\alpha 1} / R_1$；对于 2021 年，$n$ 取为 2，$\alpha = 1 - R_2 = 1 - (1 - p_1)(1 - p_2)$，则 $CVaR_\alpha^2 = (p_1 \cdot CVaR_{\alpha 1} + p_2 \cdot CVaR_{\alpha 2}) / R_2$。在置信水平 α 取 0.98 的条件下，水库在 2020～2039 年总的可能发生的防洪损失 $CVaR_\alpha^n$ 等于 $330.50c \times 10^8\,\mathrm{m}^3$。

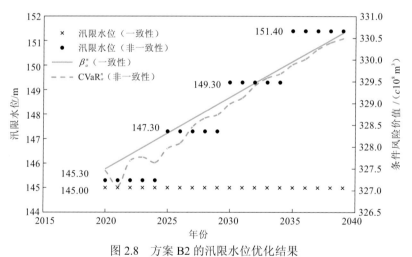

图 2.8　方案 B2 的汛限水位优化结果

4. 方案比较

　　方案 A 为一致性径流条件下的基本方案，汛限水位为三峡水库原汛限水位设计值 145.00 m，该方案中的洪水风险率和防洪损失 $CVaR_\alpha^n$ 作为方案 B1 和方案 B2 的对比值；方案 B1 为非一致性径流条件下，以传统累计洪水风险率为约束条件的适应性水库汛限水位优化方案；方案 B2 为非一致性径流条件下，以 n 年的防洪损失 $CVaR_\alpha^n$ 和传统累计洪水风险率为约束条件的适应性水库汛限水位优化方案。将方案 B1 和方案 B2 与方案 A 对比可知，在非一致性径流条件下，水库汛限水位存在一定的可调整空间。以三峡水库为例，非一致性径流条件下，三峡水库来水的统计参数均值呈递减的趋势，水库汛限水位存在一定的抬升空间，从而能提高汛期多年平均发电量。

表 2.3、图 2.9 和图 2.10 为三种方案下的结果对比。由表 2.3 可知，相比于方案 A，方案 B1 和方案 B2 中的汛限水位均有一定幅度的抬升，且方案 B2 中汛限水位的抬升幅度小于方案 B1。因此，在方案 B1 和方案 B2 中，汛期多年平均发电量分别为 $436.62 \times 10^8 \text{kW·h}$ 和 $430.98 \times 10^8 \text{kW·h}$，相比于现状汛限水位方案，汛期多年平均发电量的增幅分别为 6.29% 和 4.91%。

表 2.3　三种方案的汛限水位优化结果及发电量对比

时段	汛限水位/m			汛期多年平均发电量/（10^8 kW·h）		
	方案 A	方案 B1	方案 B2	方案 A	方案 B1	方案 B2
2020～2024 年	145.00	147.40	145.30			
2025～2029 年	145.00	148.40	147.30	410.80	436.62	430.98
2030～2034 年	145.00	149.70	149.30		（增幅为 6.29%）	（增幅为 4.91%）
2035～2039 年	145.00	151.50	151.40			

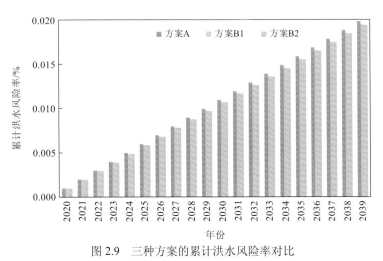

图 2.9　三种方案的累计洪水风险率对比

图 2.9 为三种方案下累计洪水风险率的对比。方案 B1 和方案 B2 在 2020～2039 年的累计洪水风险率均不超过方案 A，且方案 B2 中累计洪水风险率比方案 B1 要小。一致性径流条件下，设每年的洪水风险率为 0.1%，则水库 2020～2039 年共计 20 年的累计洪水风险率可计算为 1.98%，方案 B1 和方案 B2 在优化后的汛限水位方案下累计洪水风险率分别为 1.94%、1.939%。

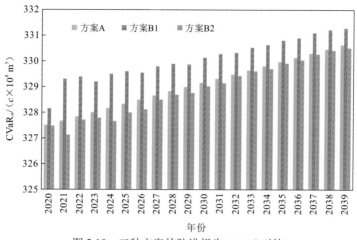

图 2.10   三种方案的防洪损失 CVaR_α^n 对比

图 2.10 为三种方案下防洪损失 CVaR_α^n 的对比。对比方案 A，方案 B1 的防洪损失 CVaR_α^n 比方案 A 中的条件风险价值 β_α^n 大，方案 B2 的防洪损失 CVaR_α^n 比方案 A 中的条件风险价值 β_α^n 小。一致性径流条件下，若取置信水平为 0.98，则水库在 2020～2039 年共计 20 年的总的可能发生的防洪损失 β_α^n 等于 330.6$c\times10^8\,\mathrm{m}^3$，而方案 B1 和方案 B2 中水库在 2020～2039 年共计 20 年的总的可能发生的防洪损失 CVaR_α^n 分别等于 331.30$c\times10^8\,\mathrm{m}^3$ 和 330.50$c\times10^8\,\mathrm{m}^3$。

因此，方案 B1 中优化的汛限水位虽然比方案 B2 抬升幅度大，且汛期多年平均发电量增幅更大，但是方案 B1 不满足防洪损失评价指标 CVaR_α^n 的约束。

2.4 水库群系统防洪损失条件风险价值评价指标的计算方法

在单库系统防洪损失条件风险价值评价指标计算方法的基础上，将该指标拓展应用到水库群系统中。以水库群系统中的水库下游防洪控制点为研究对象，分别建立相应的防洪损失条件风险价值评价指标；若下游防洪控制点 k 对应的上游水库个数为 n，则其防洪损失条件风险价值的计算式为

$$\mathrm{CVaR}_{k,\alpha} = \frac{\int_{F_{k,\alpha}}^{\max_k} L_k(x_1,x_2,\cdots,x_n,\theta_k)f_k[L_k(x_1,x_2,\cdots,x_n,\theta_k)]\mathrm{d}L_k}{1-\alpha} \qquad (2.24)$$

式中：x_i 为第 i 个水库的防洪库容（或汛限水位）；θ_k 为水库群系统对应的流域洪水量级；$L_k(\cdot)$ 为防洪控制点的损失函数；$F_{k,\alpha}$ 为相应于置信水平 α 的防洪损失阈值；$\max_k$ 为防洪控制点 k 的防洪损失函数的最大值；$f_k(\cdot)$ 为防洪控制点 k 的防洪损失概率密度函数。

因此，针对水库群系统中不同的防洪控制点 k 可分别推求其相应的防洪损失条件风险价值 $\mathrm{CVaR}_{k,\alpha}$，并将水库群系统划分为不同防洪控制点对应的子系统；在每个子系统层面，以各水库现状设计防洪库容对应的防洪损失条件风险价值为约束上限，可推求子

系统中各水库允许的最小防洪库容。从水库群系统层面，若以现状的水库防洪库容（或汛限水位）组合方案计算得到的条件风险价值为约束上限，可识别水库群系统中不同水库防洪库容组合方案的可行性，从而开展基于条件风险价值的防洪损失评价指标的水库群防洪库容可行区间研究。

需要说明的是，依据《水利水电工程设计洪水计算规范》（SL 44—2006）推求水库群系统设计洪水过程的研究方法主要有地区组成法、频率组合法和随机模拟法[50]。由于本章研究内容的侧重点在于提出基于条件风险价值的防洪损失评价指标，且重点关注流域水库群系统中防洪控制点的防洪安全，所以本章中水库群系统中的设计洪水过程采用典型年地区组成法进行推求；该方法思路清晰、直观，且具有计算简便的特点，常适用于分区较多且组成较为复杂的情形，是计算梯级水库设计洪水最常用的方法[51-52]。典型年地区组成法的基本思想是，从对防洪不利的角度出发，从实测洪水序列中挑选一个或几个具有代表性的洪水典型年，将设计断面的设计洪量视为核心控制参数，根据典型年各分区与该设计断面之间的洪量比例关系推求各分区的洪量值[53]。

2.5　安康-丹江口两库系统案例

本节以安康-丹江口两库系统为例，针对一个简单的两库系统开展基于条件风险价值的防洪损失评价指标的水库群防洪库容可行区间研究。该两库系统有两个防洪控制点，分别为安康市和皇庄站。将安康水库及其下游防洪控制点安康市构成一个单库子系统，围绕该防洪控制点构建防洪损失条件风险价值 $\mathrm{CVaR}_{\mathrm{AK},\alpha}$，可推求安康水库防洪库容的可行区间。而皇庄站是整个安康-丹江口两库系统的流域防洪控制站点，围绕该站点构建防洪损失条件风险价值，可剖析水库群系统层面的安康水库防洪库容、丹江口水库防洪库容，以及该两库系统的防洪库容组合方案对整个系统的防洪损失 $\mathrm{CVaR}_{\mathrm{HZ},\alpha}$ 的影响规律。综合安康水库下游防洪控制点安康市和水库群系统下游皇庄站的防洪标准，选取置信水平为 0.99 和 0.999 的两种情形计算防洪损失条件风险价值评价指标。考虑到安康-丹江口两库系统夏汛期和秋汛期的水库特征参数是独立分开设计的，且在同设计频率条件下夏汛期的设计洪水量级相比秋汛期设计洪水量级更大，故本章仅以夏汛期为研究时段进行实例分析。

2.5.1　安康水库防洪库容可行区间结果

根据式（2.6）可得安康水库及其下游防洪控制点安康市子系统的防洪损失条件风险价值评价指标。决策变量安康水库夏汛期汛限水位 x_{AK} 从 305.00 m 到 330.00 m 以 0.50 m 的增幅变化，随机变量入库洪水量级 θ_{AK} 分别为对应于 0.01%、0.1%、1%、5%、10% 和 20% 共计 6 种设计频率的设计洪水过程，典型年选取为 1957 年、1978 年、1981 年、1983

年、1989 年和 2010 年。因此，下游防洪控制点安康市需要承担的多余洪量 $w_{AK,f}$ 和汛限水位（或入库洪水量级）之间的关系如图 2.11 所示。由图 2.11 可知，从浅紫色过渡到黄色，下游防洪控制点需要分担的多余洪量逐渐增加。随着水库汛限水位的抬高，洪水量级的增加，图 2.11 中 $w_{AK,f}$ 的值也增加。

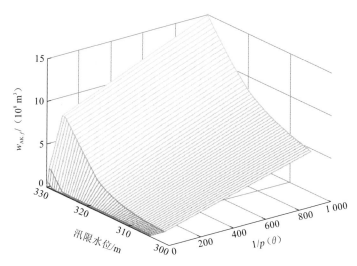

图 2.11　下游防洪控制点安康市需要承担的多余洪量与
安康水库汛限水位（或入库洪水量级）的关系

由 2.3 节中针对防洪损失评价指标 $CVaR_\alpha$ 与水库汛限水位及入库洪水量级关系的合理性分析可知，在选取相同的来水设计频率（或置信水平 α）的条件下，防洪损失 $CVaR_\alpha$ 随汛限水位的增加呈单调不递减的关系；当汛限水位相同时，来水量级越大，防洪损失 $CVaR_\alpha$ 越大。若以安康水库夏汛期现状汛限水位（或夏汛期防洪库容）方案所对应的防洪损失条件风险价值 $CVaR_{AK,\alpha}$ 为约束上限值（$CVaR_{AK,0.99} = 13.78c \times 10^8 \, m^3$，$CVaR_{AK,0.999} = 14.08c \times 10^8 \, m^3$），安康水库允许的夏汛期汛限水位不应超过现状设计方案的 325.00 m（相应的防洪库容为 $3.60 \times 10^8 \, m^3$）。因此，在不降低现状防洪标准的前提下，以安康水库夏汛期现状防洪库容所对应的防洪损失条件风险价值为约束上限可推求安康水库夏汛期允许的最小防洪库容，为 $3.60 \times 10^8 \, m^3$。

2.5.2　安康-丹江口两库系统总防洪库容可行区间结果

若以水库群系统下游防洪控制点皇庄站为研究对象，根据式（2.24）可得整个安康-丹江口两库系统的防洪损失条件风险价值评价指标。但考虑到水库群系统中安康水库和丹江口水库的防洪库容存在多种组合方案，本小节拟定三个情景分别剖析安康水库、丹江口水库对整个水库群系统防洪损失条件风险价值的影响。①情景 2.1：丹江口水库夏汛期防洪库容固定为现状设计方案的 $110.00 \times 10^8 \, m^3$（相应的夏汛期汛限水位为

160.00 m），仅变动安康水库夏汛期防洪库容，探究安康水库防洪库容与水库群系统总的防洪损失条件风险价值的关系。②情景2.2：安康水库夏汛期防洪库容固定为现状设计方案的 3.60×10^8 m³（相应的夏汛期汛限水位为325.00 m），仅变动丹江口水库夏汛期防洪库容，探究丹江口水库防洪库容与水库群系统总的防洪损失条件风险价值的关系，并推求丹江口水库允许的防洪库容可行区间。③情景2.3：固定水库群系统的夏汛期总防洪库容，通过变动安康水库和丹江口水库的防洪库容组合方案，剖析安康-丹江口两库系统夏汛期防洪库容可行区间的特征。为统一考虑，随机变量入库洪水量级 θ 同样选为分别对应于0.01%、0.1%、1%、5%、10%和20%共计6种设计频率的设计洪水过程，水库群系统的典型年选取为1957年、1978年、1980年、1981年、1983年、1989年和2010年。

1. 水库群现状设计防洪库容方案下的防洪损失条件风险价值

安康水库夏汛期防洪库容为 3.60×10^8 m³，对应的夏汛期汛限水位为325.00 m；丹江口水库夏汛期防洪库容为 110.00×10^8 m³，对应的夏汛期汛限水位为160.00 m。因此，安康-丹江口两库系统在现状设计防洪库容方案下的防洪损失条件风险价值由式（2.24）计算得到：当置信水平选取为 $\alpha = 0.99$ 时，$\mathrm{CVaR}_{\mathrm{HZ},0.99} = 64.79c \times 10^8$ m³；当置信水平选取为 $\alpha = 0.999$ 时，$\mathrm{CVaR}_{\mathrm{HZ},0.999} = 64.81c \times 10^8$ m³。并且，这两个指标值可作为后续三个情景讨论时的防洪损失条件风险价值的约束条件，即变动水库群防洪库容组合方案所对应的防洪损失 $\mathrm{CVaR}_{\mathrm{HZ},\alpha}$ 不能超过现状设计防洪库容方案所对应的条件风险价值。

由式（2.24）可知，安康-丹江口两库系统构建的损失函数为安康水库防洪库容、丹江口水库防洪库容和水库群系统来水量级三个变量的表达式，此处选取两个切面的计算结果进行展示。

（1）当安康水库夏汛期汛限水位固定为现状设计方案的325.00 m时，安康-丹江口两库系统下游防洪控制点皇庄站需要分担的多余洪量 $w_{\mathrm{HZ},f}$ 与丹江口水库夏汛期汛限水位的关系如图2.12所示。在不同来水量级的情景下（为避免图中曲线过多，此处仅选取设计频率0.1%、1%、5%进行展示），$w_{\mathrm{HZ},f}$ 与丹江口水库汛限水位的关系均呈现相同的变化规律。当丹江口水库汛限水位较小时，$w_{\mathrm{HZ},f}$ 也很小，且为某一常数值，这一阶段说明水库群系统自身具备一定的防洪调节能力（水库群系统防洪库容较大），上游水库群可遵循调度规则将入库洪水量进行合理的调节而不额外增加下游防洪控制点的防洪风险；但当丹江口水库汛限水位逐步增大到某一值之后，$w_{\mathrm{HZ},f}$ 开始随着丹江口水库汛限水位的提升急剧增加。丹江口水库现状设计方案下防洪库容对应的汛限水位为160.00 m，在图2.12中所对应的 $w_{\mathrm{HZ},f}$ 可取到相同来水量级系列中的最小值，因此，在其他条件（安康水库夏汛期防洪库容、来水量级）相同的前提下，丹江口水库现状设计方案下的夏汛期防洪库容对应的防洪损失条件风险价值为最小值。

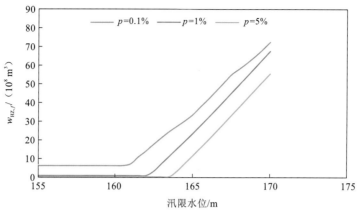

图 2.12　下游防洪控制点皇庄站需要分担的多余洪量
与丹江口水库夏汛期汛限水位的关系

（2）当丹江口水库夏汛期汛限水位固定为现状设计方案的 160.00 m 时，安康-丹江口两库系统下游防洪控制点皇庄站需要分担的多余洪量 $w_{HZ,f}$ 与安康水库夏汛期汛限水位的关系如图 2.13 所示。在不同来水量级的情景下，$w_{HZ,f}$ 与安康水库汛限水位的关系均呈现类似的变化规律。当安康水库汛限水位较小时，$w_{HZ,f}$ 很小，且为某一常数值，这一阶段说明水库群系统自身具备一定的防洪调节能力，上游水库群可遵循调度规则将入库洪水量进行合理的调节而不额外增加下游防洪控制点的防洪风险；但当安康水库汛限水位逐步增大到某一值之后，$w_{HZ,f}$ 开始随着安康水库汛限水位的抬升迅速增大。此外，安康水库的库容量级在整个水库群系统中所占的比重较小且丹江口水库处于其下游，故当来水量级在 100 年一遇以下时，安康水库汛限水位的变动对于水库群系统下游防洪控制点皇庄站需要分担的多余洪量 $w_{HZ,f}$ 的影响并不显著。安康水库夏汛期现状设计汛限水位为 325.00 m，在图 2.13 中所对应的 $w_{HZ,f}$ 可取到相同来水量级系列中的最小值，因此，在其他条件（丹江口水库夏汛期防洪库容、来水量级）相同的前提下，安康水库夏汛期现状设计防洪库容对应的防洪损失条件风险价值为最小值。

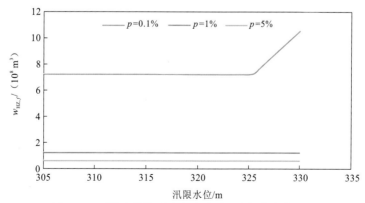

图 2.13　下游防洪控制点皇庄站需要分担的多余洪量
与安康水库夏汛期汛限水位的关系

2. 仅变动安康水库防洪库容方案（情景 2.1）

情景 2.1 的设定为，在固定丹江口水库夏汛期防洪库容为现状设计方案 110.00×10^8 m³（相应于夏汛期汛限水位 160.00 m）的基础上，以 0.50×10^8 m³ 的变幅在 $0.10 \times 10^8 \sim 13.60 \times 10^8$ m³ 变动安康水库夏汛期防洪库容，从而分析安康水库的防洪库容对安康-丹江口两库系统的防洪损失条件风险价值 $\mathrm{CVaR}_{\mathrm{HZ},\alpha}$ 的驱动影响效果。需要说明的是，不同于 2.5.1 小节中以防洪控制点安康市为研究对象建立的安康水库子系统的防洪损失指标仅考虑安康水库对其下游安康市的防洪损失条件风险价值的影响，本小节侧重考虑安康水库防洪库容对整个两库系统的防洪损失 $\mathrm{CVaR}_{\mathrm{HZ},\alpha}$ 的贡献。

图 2.14 和表 2.4 为固定丹江口水库防洪库容，仅变动安康水库防洪库容方案的计算结果（情景 2.1）。结合图 2.14 和表 2.4 可知，当安康水库夏汛期防洪库容在 $0.10 \times 10^8 \sim 3.60 \times 10^8$ m³ 变动时，安康-丹江口两库系统的防洪损失 $\mathrm{CVaR}_{\mathrm{HZ},\alpha}$ 呈逐渐减小的趋势；而且 $\mathrm{CVaR}_{\mathrm{HZ},\alpha}$ 在安康水库夏汛期防洪库容为 $3.60 \times 10^8 \sim 13.60 \times 10^8$ m³ 时趋于一个稳定值，且根据表 2.4 可知，该稳定值恰好等于安康-丹江口两库系统现状设计防洪库容方案所推求的防洪损失条件风险价值。若以不超过现状设计防洪库容方案所对应的防洪损失条件风险价值评价指标为约束条件，则在安康-丹江口两库系统中安康水库夏汛期的最小防洪库容应为 3.60×10^8 m³，即表 2.4 中加粗行。

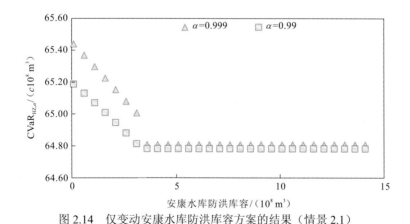

图 2.14　仅变动安康水库防洪库容方案的结果（情景 2.1）

表 2.4　仅变动安康水库防洪库容方案的防洪损失 $\mathrm{CVaR}_{\mathrm{HZ},\alpha}$ 的计算结果

安康水库防洪库容	$\mathrm{CVaR}_{\mathrm{HZ},\alpha}$ / ($c \times 10^8$ m³)		安康水库防洪库容	$\mathrm{CVaR}_{\mathrm{HZ},\alpha}$ / ($c \times 10^8$ m³)	
/ (10^8 m³)	$\alpha=0.999$	$\alpha=0.99$	/ (10^8 m³)	$\alpha=0.999$	$\alpha=0.99$
0.10	65.44	65.19	1.60	65.23	65.01
0.60	65.37	65.13	2.10	65.16	64.95
1.10	65.30	65.08	2.60	65.09	64.88

续表

安康水库防洪库容 / (10^8 m³)	CVaR$_{HZ,\alpha}$ / ($c \times 10^8$ m³)		安康水库防洪库容 / (10^8 m³)	CVaR$_{HZ,\alpha}$ / ($c \times 10^8$ m³)	
	α=0.999	α=0.99		α=0.999	α=0.99
3.10	65.01	64.82	8.60	64.81	64.79
3.60	**64.81**	**64.79**	9.10	64.81	64.79
4.10	64.81	64.79	9.60	64.81	64.79
4.60	64.81	64.79	10.10	64.81	64.79
5.10	64.81	64.79	10.60	64.81	64.79
5.60	64.81	64.79	11.10	64.81	64.79
6.10	64.81	64.79	11.60	64.81	64.79
6.60	64.81	64.79	12.10	64.81	64.79
7.10	64.81	64.79	12.60	64.81	64.79
7.60	64.81	64.79	13.10	64.81	64.79
8.10	64.81	64.79	13.60	64.81	64.79

3. 仅变动丹江口水库防洪库容方案（情景 2.2）

情景 2.2 的设定为，在固定安康水库夏汛期防洪库容为现状设计方案 3.60×10^8 m³（相应于夏汛期汛限水位 325.00 m）的基础上，以 5.00×10^8 m³ 的变幅在 $40.00 \times 10^8 \sim 140.00 \times 10^8$ m³ 变动丹江口水库夏汛期防洪库容，从而分析丹江口水库的防洪库容对安康-丹江口两库系统的防洪损失条件风险价值 CVaR$_{HZ,\alpha}$ 的驱动影响效果。

图 2.15 为固定安康水库防洪库容，仅变动丹江口水库防洪库容方案的计算结果（情景 2.2）。由图 2.15 可知，当丹江口水库夏汛期防洪库容在 $40.00 \times 10^8 \sim 110.00 \times 10^8$ m³ 变动时，安康-丹江口两库系统的防洪损失 CVaR$_{HZ,\alpha}$ 呈逐渐减小的趋势；而且 CVaR$_{HZ,\alpha}$ 在丹江口水库夏汛期防洪库容为 $110.00 \times 10^8 \sim 140.00 \times 10^8$ m³ 时趋于一个稳定值，且该稳定值恰好等于安康-丹江口两库系统夏汛期现状设计防洪库容方案所推求的防洪损失条件风险价值。类似于对情景 2.1 结果的分析，若以不超过现状设计防洪库容方案所对应的防洪损失条件风险价值评价指标为约束条件，则在安康-丹江口两库系统中丹江口水库夏汛期的最小防洪库容应在 $105.00 \times 10^8 \sim 110.00 \times 10^8$ m³ 的区间取得。

为了进一步明确丹江口水库夏汛期的最小防洪库容，对丹江口水库夏汛期防洪库容在 $105.00 \times 10^8 \sim 110.00 \times 10^8$ m³ 以更小的变幅进行试算。具体计算结果如下：①以 1.00×10^8 m³ 的变幅进行计算，将丹江口水库夏汛期最小防洪库容的范围缩小到 $105.00 \times 10^8 \sim 106.00 \times 10^8$ m³；②以 0.10×10^8 m³ 的变幅进行计算，将丹江口水库夏汛期最小防洪库

容的范围缩小到 $105.80 \times 10^8 \sim 105.90 \times 10^8 \ \mathrm{m^3}$；③以 $0.01 \times 10^8 \ \mathrm{m^3}$ 的变幅进行计算，明确丹江口水库夏汛期最小防洪库容应为 $105.90 \times 10^8 \ \mathrm{m^3}$。因此，为确保水库群系统的防洪损失 $CVaR_{HZ,\alpha}$ 不增加，丹江口水库夏汛期允许的最小防洪库容为 $105.90 \times 10^8 \ \mathrm{m^3}$（相应的夏汛期汛限水位为 160.50 m）。

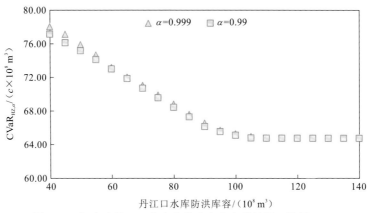

图 2.15　仅变动丹江口水库防洪库容方案的结果（情景 2.2）

4. 固定水库群系统总防洪库容方案（情景 2.3）

情景 2.3 的设定为，固定安康-丹江口两库系统的夏汛期总防洪库容，通过变动安康水库和丹江口水库的防洪库容组合方案，剖析安康-丹江口两库系统夏汛期防洪库容可行区间的特征。其中，安康水库夏汛期现状防洪库容为 $3.60 \times 10^8 \ \mathrm{m^3}$，丹江口水库夏汛期现状防洪库容为 $110.00 \times 10^8 \ \mathrm{m^3}$，则水库群夏汛期总防洪库容应固定为 $113.60 \times 10^8 \ \mathrm{m^3}$。本小节采用的具体计算方案为，固定水库群夏汛期总防洪库容，使安康水库夏汛期防洪库容以 $0.50 \times 10^8 \ \mathrm{m^3}$ 的变幅在 $0.10 \times 10^8 \sim 14.10 \times 10^8 \ \mathrm{m^3}$ 变化，而丹江口水库的夏汛期防洪库容则随着安康水库夏汛期防洪库容的变动而调整，得到如图 2.16（a）和表 2.5 所示的计算结果。如表 2.5 所示，固定安康-丹江口两库系统夏汛期总防洪库容，将安康水库夏汛期防洪库容依次从 $0.10 \times 10^8 \ \mathrm{m^3}$ 逐渐增加至 $14.10 \times 10^8 \ \mathrm{m^3}$，丹江口水库夏汛期防洪库容随之变化的防洪库容组合方案按顺序依次编号为 $1 \sim 29$ 号方案。如图 2.16（a）所示，安康-丹江口两库系统的夏汛期防洪损失 $CVaR_{HZ,\alpha}$ 在 $1 \sim 8$ 号方案呈逐渐减小的趋势，在 $8 \sim 16$ 号方案为稳定常数值，在 $16 \sim 29$ 号方案又呈逐渐增大的趋势。因此，在水库群系统总防洪库容固定为某一常数值的前提下，若水库群系统中水库的防洪库容组合方案不同，对应的水库群系统的防洪损失 $CVaR_{HZ,\alpha}$ 并不是固定不变的常数值，而是一个随着防洪库容组合方案变动的值。结合图 2.16（a）和表 2.5 的计算结果可知，防洪库容组合方案在编号 $8 \sim 16$ 中所计算的防洪损失 $CVaR_{HZ,\alpha}$ 等于水库群系统夏汛期现状防洪库容方案所对应的防洪损失条件风险价值，即编号 $8 \sim 16$ 的防洪库容组合方案是满足不额外增加水库群系统潜在防洪损失的可行性方案，如表 2.5 中加粗行所示。

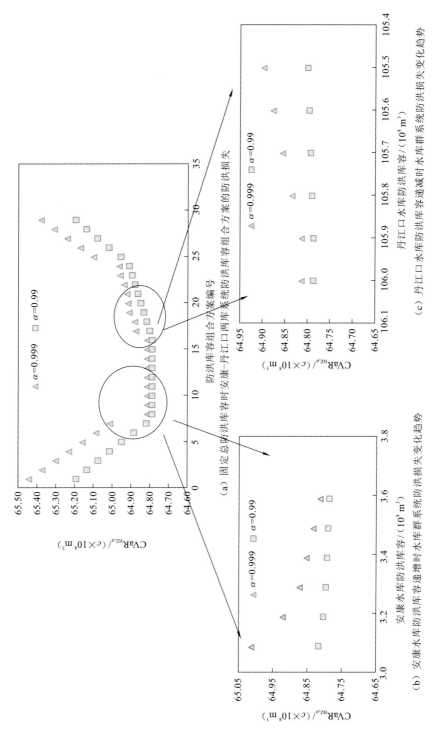

图 2.16　固定水库群系统总防洪库容方案的结果（情景 2.3）

表 2.5 固定水库群系统总防洪库容方案的防洪损失 $CVaR_{HZ,\alpha}$ 的计算结果

组合方案编号	安康水库防洪库容 / $(10^8\ m^3)$	丹江口水库防洪库容 / $(10^8\ m^3)$	水库群防洪库容 / $(10^8\ m^3)$	$CVaR_{HZ,\alpha}$ / $(c\times10^8\ m^3)$ $\alpha=0.999$	$\alpha=0.99$
1	0.10	113.50	113.6	65.44	65.19
2	0.60	113.00	113.6	65.37	65.13
3	1.10	112.50	113.6	65.30	65.08
4	1.60	112.00	113.6	65.23	65.01
5	2.10	111.50	113.6	65.16	64.95
6	2.60	111.00	113.6	65.09	64.88
7	3.10	110.50	113.6	65.01	64.82
8	**3.60**	**110.00**	**113.6**	**64.81**	**64.79**
9	**4.10**	**109.50**	**113.6**	**64.81**	**64.79**
10	**4.60**	**109.00**	**113.6**	**64.81**	**64.79**
11	**5.10**	**108.50**	**113.6**	**64.81**	**64.79**
12	**5.60**	**108.00**	**113.6**	**64.81**	**64.79**
13	**6.10**	**107.50**	**113.6**	**64.81**	**64.79**
14	**6.60**	**107.00**	**113.6**	**64.81**	**64.79**
15	**7.10**	**106.50**	**113.6**	**64.81**	**64.79**
16	**7.60**	**106.00**	**113.6**	**64.81**	**64.79**
17	8.10	105.50	113.6	64.87	64.80
18	8.60	105.00	113.6	64.88	64.82
19	9.10	104.50	113.6	64.91	64.83
20	9.60	104.00	113.6	64.92	64.85
21	10.10	103.50	113.6	64.92	64.86
22	10.60	103.00	113.6	64.94	64.88
23	11.10	102.50	113.6	64.96	64.90
24	11.60	102.00	113.6	64.96	64.91
25	12.10	101.50	113.6	65.10	64.96
26	12.60	101.00	113.6	65.17	65.02
27	13.10	100.50	113.6	65.24	65.08
28	13.60	100.00	113.6	65.31	65.14
29	14.10	99.50	113.6	65.38	65.20

为了进一步探究不增加水库群系统防洪损失条件风险价值的水库群防洪库容组合方案可行区间的边界条件，本小节新增了多组防洪库容组合方案防洪损失 $CVaR_{HZ,\alpha}$ 的计算，结果如图 2.16（b）和（c）所示。图 2.16（b）展示的是安康水库夏汛期防洪库容从 3.10×10^8 m³ 逐渐增加至 3.60×10^8 m³ 时水库群系统防洪损失 $CVaR_{HZ,\alpha}$ 的变化趋势[对应图 2.16（a）中编号 7 和 8 之间]，且推求的结论是水库防洪库容组合方案可行区间的左边界在安康水库夏汛期防洪库容为 3.60×10^8 m³ 处取得。图 2.16（c）展示的结果是丹江口水库夏汛期防洪库容 106.00×10^8 m³ 逐渐减小至 105.50×10^8 m³ 时水库群系统防洪损失 $CVaR_{HZ,\alpha}$ 的变化趋势[对应图 2.16（a）中编号 16 和 17 之间]，且推求的结论是水库群夏汛期防洪库容组合方案可行区间的右边界在丹江口水库防洪库容为 105.90×10^8 m³ （相应的夏汛期汛限水位为 160.50 m）处取得。

结合情景 2.1 和情景 2.2 可初步推断出两点结论：①若以水库群系统防洪库容现状设计方案对应的防洪损失条件风险价值为约束上限值，安康-丹江口两库系统中安康水库夏汛期最小防洪库容为 3.60×10^8 m³，丹江口水库夏汛期最小防洪库容为 105.90×10^8 m³，故水库群系统夏汛期总防洪库容的最小值应为 109.50×10^8 m³；②当安康-丹江口两库系统的夏汛期总防洪库容固定为某一常数值时，满足防洪损失条件风险价值约束条件的防洪库容组合方案可行区间的左、右边界分别由安康水库、丹江口水库的夏汛期最小防洪库容确定。需要强调的是，此处从左边界方案到右边界方案对应于安康水库防洪库容从小到大，丹江口水库防洪库容随之变动的情况；若固定水库群夏汛期总防洪库容，按丹江口水库夏汛期防洪库容由小到大变化对防洪库容组合方案进行排序编号，则可行区间左、右边界分别由丹江口水库、安康水库夏汛期最小防洪库容确定，结果与上述初步结论②左右对称，实质一样，只是结果表述不同。为了便于阐述分析和结论表达的统一性，后面的结论均基于丹江口水库夏汛期防洪库容被动变化情形。

此外，本章以水库群现状设计防洪库容方案对应的防洪损失条件风险价值为约束上限条件，仅可推求水库群系统中各水库的最小防洪库容，即防洪库容的下限值。基于情景 2.3 的计算结果，将水库群系统总防洪库容从 109.50×10^8 m³（最小总防洪库容）变化到 113.6×10^8 m³（情景 2.3 中总防洪库容取值）还可以发现，水库群系统中各水库防洪库容组合的可行区域可表征为如图 2.17 所示的三角形面积域，图中的红色线对应于图 2.16（a）中的可行区间。将该可行面积域与基于传统风险率方法的推求结果（参考文献[54]中推求的防洪库容组合可行区域呈扇形）对比可知，防洪损失条件风险价值评价指标更为严格（结论与 2.3.3 小节吻合）。

为了验证上述关于水库群防洪库容可行区间的初步结论，在情景 2.3 的基础上，将水库群系统的夏汛期总防洪库容在 $109.50 \times 10^8 \sim 150.50 \times 10^8$ m³（该值的拟定依据水库自身库容特征参数所能取到的防洪库容）逐步固定，然后类似于情景 2.3 的研究思路，生成多组防洪库容组合方案，分别推求水库群系统的防洪损失条件风险价值。由于计算结果规律明显且不便于全部展示，所以选取水库群系统夏汛期总防洪库容分别固定在 116.71×10^8 m³ 和 121.71×10^8 m³ 的两种情景结果进行分析讨论。

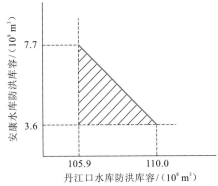

图 2.17　情景 2.3 中两水库汛限水位组合可行区域结果

图 2.18 是固定水库群系统夏汛期总防洪库容为 116.71×10^8 m³ 时的防洪损失条件风险价值计算结果，满足夏汛期现状防洪库容组合方案防洪损失 $\text{CVaR}_{\text{HZ},\alpha}$ 约束条件的防洪库容组合方案可行区间的左边界在安康水库夏汛期防洪库容为 3.60×10^8 m³ 处取得，右边界在丹江口水库夏汛期防洪库容为 105.90×10^8 m³ 处取得（如图 2.18 所示，在安康水库夏汛期防洪库容为 10.81×10^8 m³ 处取得）。图 2.19 是固定水库群系统夏汛期总防洪库容为 121.71×10^8 m³ 时的防洪损失条件风险价值计算结果，满足现状防洪库容组合方案防洪损失 $\text{CVaR}_{\text{HZ},\alpha}$ 约束条件的防洪库容组合方案可行区间的左边界在安康水库夏汛期防洪库容为 3.60×10^8 m³ 处取得，而在防洪库容组合的合理范围内不存在右边界。需要说明的是，当水库群系统夏汛期总防洪库容固定为 121.71×10^8 m³ 时，即便安康水库的夏汛期防洪库容取到最大值 14.34×10^8 m³，此时的丹江口水库夏汛期防洪库容也为 107.37×10^8 m³，因此，本情景中丹江口水库夏汛期防洪库容始终大于其允许的最小防洪库容 105.90×10^8 m³。

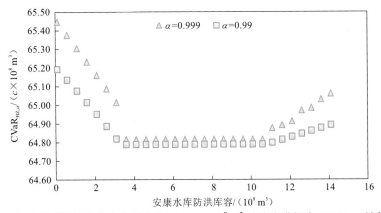

图2.18　水库群系统总防洪库容固定为 116.71×10^8 m³ 时的防洪损失 $\text{CVaR}_{\text{HZ},\alpha}$ 计算结果

整合水库群系统夏汛期总防洪库容依次固定在 $109.50 \times 10^8 \sim 150.50 \times 10^8$ m³ 并变动安康水库和丹江口水库夏汛期防洪库容的组合方案的所有情景结果，可得到如下结论：若以水库群系统夏汛期现状设计防洪库容方案所对应的防洪损失条件风险价值为约束条件，当安康-丹江口两库系统的夏汛期总防洪库容在 $109.50 \times 10^8 \sim 150.50 \times 10^8$ m³ 取值时，

水库群系统中总是存在满足现状设计防洪库容方案防洪损失 $CVaR_{HZ,\alpha}$ 约束条件的防洪库容组合方案的可行区间，且该可行区间的左、右边界分别由安康水库、丹江口水库的夏汛期最小防洪库容确定。当水库群系统夏汛期总防洪库容小于等于 $120.34\times10^8\ m^3$ 时，可行区间的左边界在安康水库夏汛期防洪库容为 $3.60\times10^8\ m^3$ 处取得，右边界在丹江口水库夏汛期防洪库容为 $105.90\times10^8\ m^3$ 处取得；当水库群系统夏汛期总防洪库容大于 $120.34\times10^8\ m^3$ 时，可行区间的左边界在安康水库夏汛期防洪库容为 $3.60\times10^8\ m^3$ 处取得，而在防洪库容组合合理的取值范围内不存在右边界。

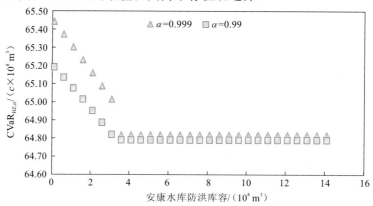

图2.19　水库群系统总防洪库容固定为 $121.71\times10^8\ m^3$ 时的防洪损失 $CVaR_{HZ,\alpha}$ 计算结果

2.6　本章小结

本章针对水库群防洪库容联合设计开展研究。首先，基于经济学条件风险价值理论建立单库系统各年防洪损失条件风险价值评价指标 $CVaR_\alpha$，并推导 n 年水库防洪损失条件风险价值 $CVaR_\alpha^n$ 的计算通用公式，且该公式不局限于水文径流一致性假设是否成立。然后，为了验证所提出的防洪损失条件风险价值评价指标的适用性，以适应变化环境的水库汛限水位优化设计研究为例进行研究，将传统的洪水风险率指标作为对比方案。最后，建立水库群系统防洪损失条件风险价值评价指标，并以安康-丹江口两库系统为例开展水库群防洪库容联合设计的实例研究，推求水库群系统防洪库容组合的可行区间。本章研究结论如下。

（1）基于条件风险价值构建的防洪损失评价指标 $CVaR_\alpha$ 既可以反映水库群系统潜在的防洪损失值，又可以通过置信水平 α 反映风险率。通过开展适应变化环境下水库汛限水位优化设计研究并与传统洪水风险率指标进行方案对比可以发现，所提出的防洪损失条件风险价值评价指标比传统的洪水风险率的约束更为严格。

（2）将防洪损失条件风险价值评价指标由单库拓展到复杂水库群系统。以流域水库群系统中各防洪控制点及其上游单库构成的子系统为研究对象，由于各子系统的防洪损失条件风险价值评价指标与水库汛限水位存在单调不递减关系，推求的各子系统中水库的允许最小防洪库容均等于现状设计方案下的防洪库容。

对于安康-丹江口两库系统，若以安康水库夏汛期现状设计汛限水位对应的防洪损失条件风险价值为约束上限，在安康水库及其下游安康市构成的子系统中，安康水库夏汛期的最小防洪库容为 $3.60 \times 10^8 \, \text{m}^3$（相应的夏汛期汛限水位为 325.00 m）。

（3）以水库群系统现状设计防洪库容方案所计算的水库群防洪损失条件风险价值为上限约束条件（在不降低流域水库群系统防洪标准的前提下），可推求水库群系统防洪库容组合的可行区间，以及水库群系统层面各水库的最小防洪库容。而且，当水库群系统的总防洪库容固定时，若各水库防洪库容组合方案不同，所计算的水库群系统防洪损失条件风险价值也不一定相等。

对于安康-丹江口两库系统，若以水库群系统夏汛期现状设计防洪库容方案所对应的防洪损失条件风险价值为约束上限，可推求水库群系统层面安康水库夏汛期的最小防洪库容为 $3.60 \times 10^8 \, \text{m}^3$，丹江口水库夏汛期的最小防洪库容为 $105.90 \times 10^8 \, \text{m}^3$（相应的夏汛期汛限水位为 160.50 m），因此安康-丹江口两库系统夏汛期总防洪库容允许的最小值为 $109.50 \times 10^8 \, \text{m}^3$。此外，当水库群系统夏汛期总防洪库容固定为某一常数时，满足夏汛期现状防洪库容组合方案防洪损失 $\text{CVaR}_{HZ,\alpha}$ 约束条件的防洪库容组合方案的解并不唯一，而是存在一个防洪库容组合方案的可行区间，且该可行区间的左、右边界分别由安康水库、丹江口水库夏汛期的允许最小防洪库容确定。

参 考 文 献

[1] 王浩, 王旭, 雷晓辉, 等. 梯级水库群联合调度关键技术发展历程与展望[J]. 水利学报, 2019, 50(1): 25-37.

[2] 陈桂亚. 长江流域水库群联合调度关键技术研究[J]. 中国水利, 2017(14): 11-13.

[3] 郭生练, 陈炯宏, 刘攀, 等. 水库群联合优化调度研究进展与展望[J]. 水科学进展, 2010, 21(4): 496-503.

[4] 丁伟, 周惠成. 水库汛限水位动态控制研究进展与发展趋势[J]. 中国防汛抗旱, 2018, 28(6): 6-10.

[5] READ L K, VOGEL R M. Reliability, return periods, and risk under nonstationarity[J]. Water resources research, 2015, 51(8): 6381-6398.

[6] VOLPI E, FIORI A, GRIMALDI S, et al. One hundred years of return period: strengths and limitations[J]. Water resources research, 2015, 51(10): 8570-8585.

[7] AFZALI R, MOUSAVI S J, GHAHERI A. Reliability-based simulation-optimization model for multireservoir hydropower systems operations: Khersan experience[J]. Journal of water resources planning and management, 2008, 134(1): 24-33.

[8] PIANTADOSI J, METCALFE A V, HOWLETT P G. Stochastic dynamic programming (SDP) with a conditional value-at-risk (CVaR) criterion for management of storm-water[J]. Journal of hydrology, 2008, 348(3/4): 320-329.

[9] SOLTANI M, KERACHIAN R, NIKOO M R, et al. A conditional value at risk-based model for planning agricultural water and return flow allocation in river systems[J]. Water resources management, 2016,

30(1): 427-443.

[10] HOWLETT P, PIANTADOSI J. A note on conditional value at risk (CVaR)[J]. Optimization, 2007, 56(5/6): 629-632.

[11] WEBBY R B, ADAMSON P T, BOLAND J, et al. The Mekong–applications of value at risk (VaR) and conditional value at risk (CVaR) simulation to the benefits, costs and consequences of water resources development in a large river basin[J]. Ecological modelling, 2007, 201(1): 89-96.

[12] WEBBY R B, BOLAND J, HOWLETT P G, et al. Conditional value-at-risk for water management in Lake Burley Griffin[J]. Anziam journal, 2006, 47: 116.

[13] YAMOUT G M, HATFIELD K, ROMEIJN H E. Comparison of new conditional value-at-risk-based management models for optimal allocation of uncertain water supplies[J]. Water resources research, 2007, 43(7): 1-13.

[14] SHAO L, QIN X, XU Y. A conditional value-at-risk based inexact water allocation model[J]. Water resources management, 2011, 25(9): 2125-2145.

[15] GREENWOOD J A, LANDWEHR J M, MATALAS N C. Probability weighted moments: definition and relation to parameters of several distributions expressable in inverse form[J]. Water resources research, 1979, 15(5): 1049-1054.

[16] OBEYSEKERA J, IRIZARRY M, PARK J, et al. Climate change and its implications for water resources management in south Florida[J]. Stochastic environmental research and risk assessment, 2011, 25(4): 495-516.

[17] MILLY P C D, BETANCOURT J, FALKENMARK M, et al. Climate change. Stationarity is dead: whither water management?[J]. Science, 2008, 319(5863): 573.

[18] ROOTZÉN H, KATZ R W. Design life level: quantifying risk in a changing climate[J]. Water resources research, 2013, 49(9): 5964-5972.

[19] GUMBEL E J. The return period of order statistics[J]. Annals of the institute of statistical mathematics, 1961, 12(3): 249-256.

[20] LEADBETTER M R. Extremes and local dependence in stationary sequences[J]. Probability theory and related fields, 1983, 65(2): 291-306.

[21] SALAS J D, OBEYSEKERA J. Revisiting the concepts of return period and risk for nonstationary hydrologic extreme events[J]. Journal of hydrologic engineering, 2014, 19: 554-568.

[22] CONDON L E, GANGOPADHYAY S, PRUITT T. Climate change and non-stationary flood risk for the upper Truckee River basin[J]. Hydrology and earth system sciences, 2015, 19(1): 159-175.

[23] OLSEN J R, LAMBERT J H, HAIMES Y Y. Risk of extreme events under nonstationary conditions[J]. Risk analysis, 1998, 18(4): 497-510.

[24] ROCKAFELLAR R T, ROYSET J O, MIRANDA S I. Superquantile regression with applications to buffered reliability, uncertainty quantification, and conditional value-at-risk[J]. European journal of operational research, 2014, 234(1): 140-154.

[25] ROCKAFELLAR R T, URYASEV S. Conditional value-at-risk for general loss distributions[J]. Journal

of banking & finance, 2002, 26(7): 1443-1471.

[26] ARTZNER P, DELBAEN F, EBER J M. Coherent measures of risk[J]. Mathematical finance, 1999, 9(3): 203-228.

[27] MAYS L W, TUNG Y. Hydrosystems engineering and management[M]. New York: McGraw-Hill, 1992.

[28] FENG M, LIU P, GUO S, et al. Deriving adaptive operating rules of hydropower reservoirs using time-varying parameters generated by the EnKF[J]. Water resources research, 2017, 53(8): 6885-6907.

[29] MATEUS M C, TULLOS D. Reliability, sensitivity, and vulnerability of reservoir operations under climate change[J]. Journal of water resources planning and management, 2017, 143(4): 1-14.

[30] YANG P, NG T L. Fuzzy inference system for robust rule-based reservoir operation under nonstationary inflows[J]. Journal of water resources planning and management, 2017, 143(4): 1-14.

[31] XU W, ZHAO J, ZHAO T, et al. Adaptive reservoir operation model incorporating nonstationary inflow prediction[J]. Journal of water resources planning and management, 2015, 141(8): 1-9.

[32] FENG M, LIU P, GUO S, et al. Identifying changing patterns of reservoir operating rules under various inflow alteration scenarios[J]. Advances in water resources, 2017, 104: 23-36.

[33] ZHANG Q, XU C, BECKER S, et al. Sediment and runoff changes in the Yangtze River basin during past 50 years[J]. Journal of hydrology, 2006, 331(3/4): 511-523.

[34] 郭生练, 李响, 刘心愿, 等. 三峡水库汛限水位动态控制关键技术研究[M]. 北京: 中国水利水电出版社, 2011.

[35] 长江水利委员会. 三峡工程综合利用与水库调度研究[M]. 武汉: 湖北科学技术出版社, 1997.

[36] LI X, GUO S, LIU P, et al. Dynamic control of flood limited water level for reservoir operation by considering inflow uncertainty[J]. Journal of hydrology, 2010, 391(1/2): 124-132.

[37] 李响, 郭生练, 刘攀, 等. 三峡水库汛期水位控制运用方案研究[J]. 水力发电学报, 2010, 29(2): 102-107.

[38] XIE A, LIU P, GUO S, et al. Optimal design of seasonal flood limited water levels by jointing operation of the reservoir and floodplains[J]. Water resources management, 2018, 32(1): 179-193.

[39] LI Z, HUANG G, FAN Y, et al. Hydrologic risk analysis for nonstationary streamflow records under uncertainty[J]. Journal of environmental informatics, 2015, 26(1): 41-51.

[40] FORTIN V, PERREAULT L, SALAS J D. Retrospective analysis and forecasting of streamflows using a shifting level model[J]. Journal of hydrology, 2004, 296(1/2/3/4): 135-163.

[41] DOUGLAS E M, VOGEL R M, KROLL C N. Trends in floods and low flows in the United States: impact of spatial correlation[J]. Journal of hydrology, 2000, 240(1/2): 90-105.

[42] DU T, XIONG L, XU C, et al. Return period and risk analysis of nonstationary low-flow series under climate change[J]. Journal of hydrology, 2015, 527: 234-250.

[43] LIMA C H R, LALL U, TROY T J, et al. A climate informed model for nonstationary flood risk prediction: application to Negro River at Manaus, Amazonia[J]. Journal of hydrology, 2015, 522: 594-602.

[44] LIN K, LIAN Y, CHEN X, et al. Changes in runoff and eco-flow in the Dongjiang River of the Pearl River basin, China[J]. Frontiers of earth science, 2014, 8(4): 547-557.

[45] FICKLIN D L, LETSINGER S L, STEWART I T, et al. Assessing differences in snowmelt-dependent hydrologic projections using CMIP3 and CMIP5 climate forcing data for the western United States[J]. Hydrology research, 2016, 47(2): 483-500.

[46] KIRSHEN P, CAPUTO L, VOGEL R M, et al. Adapting urban infrastructure to climate change: a drainage case study[J]. Journal of water resources planning and management, 2015, 143(7): 1-14.

[47] JIANG C, XIONG L, GUO S, et al. A process-based insight into nonstationarity of the probability distribution of annual runoff[J]. Water resources research, 2017, 53(5): 4214-4235.

[48] YAN L, XIONG L, LIU D, et al. Frequency analysis of nonstationary annual maximum flood series using the time-varying two-component mixture distributions[J]. Hydrological processes, 2017, 31(1): 69-89.

[49] ZHANG X, LIU P, WANG H, et al. Adaptive reservoir flood limited water level for changing environment[J]. Environmental earth sciences, 2017, 76: 743.

[50] 中华人民共和国水利部. 水利水电工程设计洪水计算规范：SL 44—2006[S]. 北京：中国水利水电出版社, 2006.

[51] 郭生练, 刘章君, 熊立华. 设计洪水计算方法研究进展与评价[J]. 水利学报, 2016, 47(3): 302-314.

[52] 徐长江. 设计洪水计算方法及水库防洪标准比较研究[D]. 武汉：武汉大学, 2016.

[53] 吉超盈. 梯级水库设计洪水计算的理论与方法研究[D]. 西安：西安理工大学, 2005.

[54] 陈炯宏, 郭生练, 刘攀, 等. 梯级水库汛限水位联合运用和动态控制研究[J]. 水力发电学报, 2012, 31(6): 55-61.

第 3 章

基于库容分配比例系数的水库群
防洪库容分配规则推导

3.1 引　言

随着各类优化算法的发展，数值模拟优化方法在水文学领域得到迅速发展，其基本思想为明确目标函数、决策变量，以此建立系统优化调度模型，然后选取适宜的优化算法求解最优决策[1-3]；其求解类似黑箱模型，水文机理层面剖析较少。因此，基于解析式方法推求水库群联合调度策略仍是值得探讨的。解析式方法基于理论分析、数学推导提炼库容分配规则，其基本思想是构建一个指标用于判别水库群系统中各水库的蓄放水次序（库容变化过程）；但已有研究存在指导各水库蓄放水次序的单一性问题，即通常是一个水库蓄（放）水过程结束之后，另一个水库再执行蓄（放）水决策，未能考虑各水库同步蓄放水的情形。

本章针对水库群防洪库容分配规则开展如下研究：①基于发电调度理论分析，推导出一个能量方程（E 方程），用来描述单库系统的发电量（见 3.2 节、3.3 节）；②将 E 方程由单库系统拓展到水库群系统，且 E 方程的含义为表征水库群系统总发电量与水库群系统总库容变化量、水库间库容分配比例系数之间关系的理论表达式，并解析推导出可用于指导库容分配的比例系数判别式（本章以两库系统为例，见 3.4 节）；③将所推导的基于库容分配比例系数的防洪库容分配规则应用到汉江流域水库群系统开展实例研究，并与基于常规调度的数值模拟方法的计算结果进行对比，验证采用 E 方程表征水库群系统总发电量的计算准确性，以及依据比例系数判别式直接指导库容分配策略的合理性（见 3.5 节、3.6 节）。本章的技术路线如图 3.1 所示。

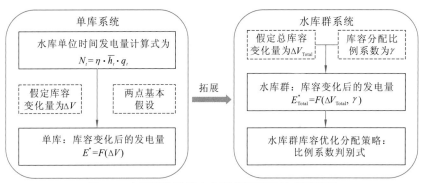

图 3.1　水库群防洪库容分配规则研究技术路线图

η 为综合出力系数，$\overline{h}_t$ 为水库在时段 t 内的平均水头

3.2 假 设 条 件

在 E 方程的推导过程中，有如下两个基本假定。

（1）假定研究时段 T 内水库水位变化可以忽略不计。当研究时段 T 较小时，水库水位变化较小，可适当忽略不计；当研究时段 T 为整个汛期调度期时，水库的起调水位和汛期末水位理论上均为汛限水位，故整个汛期调度期 T 的水库水位变化可视为零。

（2）库容曲线中水库水位和水库库容之间的关系可用幂函数来拟合[4]，并用式（3.1）进行表征：

$$Z = H(V) = aV^b \quad (a > 0, 0 < b < 1) \tag{3.1}$$

式中：Z 为水库水位；V 为水库库容；a 和 b 均为幂函数的参数；$H(\cdot)$ 为库容曲线的拟合方程。

3.3 单库系统的 E 方程推导

3.3.1 不考虑弃水的情况

在不考虑最大出力限制的情况下，水库的发电流量等于水库的出库流量，则水库单位时间内的发电量可表达为[5]

$$N_t = \eta \cdot \overline{h_t} \cdot q_t \tag{3.2}$$

$$\overline{h_t} = \frac{1}{2}[H(V_t) + H(V_t + Q_t - q_t)] - h_w(q_t) - h_s(q_t) \tag{3.3}$$

式中：η 为综合出力系数；$\overline{h_t}$ 为水库在时段 t 内的平均水头；V_t 为 Δt 时段初始时刻的水库库容；Q_t 为水库在 Δt 时段的入库流量；q_t 为水库在 Δt 时段的出库流量；$h_w(\cdot)$ 和 $h_s(\cdot)$ 分别为水库的尾水位和发电水头损失。

设水库库容的增量是 ΔV_t，增加后新的水库库容为 V_t^*，则 $V_t^* = V_t + \Delta V_t$。因此，库容变化后的水库在单位时间内的发电量 N_t^* 可表达为

$$N_t^* = \eta \cdot q_t \cdot \left\{ \frac{1}{2}[H(V_t^*) + H(V_t^* + Q_t - q_t)] - h_w(q_t) - h_s(q_t) \right\} \tag{3.4}$$

设水库库容变化引起的单位时间内水库发电量的增量为 $N_t^* - N_t$，水库库容变化引起的时段 T 内的水库发电量的增量为 $E^* - E$，则 $N_t^* - N_t$ 和 $E^* - E$ 可分别用式（3.5）、式（3.6）来表达。

$$N_t^* - N_t = \frac{\eta}{2} \cdot q_t \cdot [H(V_t^*) + H(V_t^* + Q_t - q_t) - H(V_t) - H(V_t + Q_t - q_t)]$$
$$= \frac{\eta}{2} \cdot q_t \cdot (V_t^* - V_t)[H'(V_t) + H'(V_t + Q_t - q_t)] \tag{3.5}$$

$$E^* - E = \Delta E = \frac{\eta}{2} \cdot \Delta t \cdot \sum_{t=1}^{T} q_t \cdot (V_t^* - V_t) \cdot [H'(V_t) + H'(V_t + Q_t - q_t)] \tag{3.6}$$

式中：E 和 E^* 分别为时段 T 内当前水库库容方案对应的发电量和库容变化后新的发电量；Δt 为单位计算时长。

在 E 方程的推导过程中，依据假设条件（1），库容变化后的新的水库库容 V_t^* 和当前的水库库容 V_t 在时段 t 的关系可推导为

$$V_t^* - V_t = (V_1^* + Q_1 - q_1 + \cdots + Q_{t-1} - q_{t-1}) - (V_1 + Q_1 - q_1 + \cdots + Q_{t-1} - q_{t-1}) = V_1^* - V_1 \tag{3.7}$$

式中：V_1^* 和 V_1 分别为整个研究时段 T 初始时刻的新的水库库容和当前的水库库容。

结合式（3.7），研究时段 T 内水库的发电量增量 ΔE 可用式（3.8）表达，即式（3.6）可进一步推导为

$$\Delta E = \frac{\eta}{2} \cdot \Delta t \cdot (V_1^* - V_1) \cdot \sum_{t=1}^{T} q_t \cdot [H'(V_t) + H'(V_t + Q_t - q_t)]$$

$$= \eta \cdot \Delta t \cdot (V_1^* - V_1) \cdot \sum_{t=1}^{T} q_t \cdot H'(V_t) + \frac{\eta}{2} \cdot \Delta t \cdot (V_1^* - V_1) \cdot \sum_{t=1}^{T} q_t \cdot (Q_t - q_t) \cdot H''(V_t) \tag{3.8}$$

其中，等式右边第一项中的 $\sum_{t=1}^{T} q_t \cdot H'(V)$ 可表达为以下两个式子之和，即 $H'(V_1) \cdot (q_1 + q_2 + \cdots + q_n) + H''(V) \cdot \sum_{t=2}^{T} q_t \cdot \sum_{k=1}^{t-1} (Q_k - q_k)$，而等式右边第二项中的 $\sum_{t=1}^{T} q_t \cdot (Q_t - q_t) \cdot H''(V_t)$ 可等价为 $H''(V_1) \cdot \sum_{t=1}^{T} q_t \cdot (Q_t - q_t)$。由于上述部分项的值较小，可适当忽略，所以不考虑弃水情况单库系统的 E 方程可以简化为

$$E^* = E + \eta \cdot (V_1^* - V_1) \cdot H'(V_1) \cdot \sum_{t=1}^{T} q_t \cdot \Delta t = E + \eta \cdot \frac{W}{T_H} \cdot [H(V_1^*) - H(V_1)] \tag{3.9}$$

式中：W 为水库时段 T 内的入库水量；T_H 为平衡方程左、右两边量纲的参数，参数值为 3 600 s/h。E 方程[式（3.9）]为库容变化后水库发电量的计算式，当 $V_1^* = V_1$，即水库库容未发生变化时，$E^* = E$。

3.3.2　考虑弃水的情况

在 3.3.1 小节不考虑弃水情况推导的基础上，可以进一步推导考虑弃水情况下单库的 E 方程表达式。假设将水库的最大出力限制约束考虑在内，则水库发电过程中可能会产生弃水。因此，在考虑弃水的情况下，时段 T 初始时刻库容的变化（发电水头变化）会对时段 T 内总的可能产生的弃水量有影响。假设水库库容变化增量为 ΔV_t（水头减少）时，时段 T 内产生的弃水量相比于库容变化之前减少 ΔW。

设某一时刻水库发电出力 $N_{\max}$ 为水库最大出力限制曲线上的任一点，水库库容变化后对应的发电流量为 q^*，则 $N_{\max} = \eta \cdot H(V_1) \cdot q = \eta \cdot H(V_1^*) \cdot q^*$（$q$ 为水库库容变化前的发电流量）。因此，水库发电流量的增量为 $\Delta q = q^* - q = H(V_1)/H(V_1^*) \cdot q - q = [H(V_1) - H(V_1^*)]/H(V_1^*) \cdot q$，进一步可以推导出库容变化引起的弃水量的变化量 ΔW 为

$$\Delta W = \frac{H(V_1) - H(V_1^*)}{H(V_1^*)}(W_{\text{IN}} - W_{\text{SP}}) \tag{3.10}$$

式中：W_{IN} 为水库的入库水量；W_{SP} 为水库相应于 T 时段内起始库容 V_1 的发电弃水量。因此，考虑弃水情况单库系统的 E 方程可以简化为

$$E^* = E + \eta \cdot \frac{(W_{\text{IN}} - W_{\text{SP}})}{T_H} \cdot \frac{H(V_1)}{H(V_1^*)} \cdot [H(V_1) - H(V_1^*)] \tag{3.11}$$

3.4 水库群系统的 E 方程推导

3.4.1 不考虑弃水的情况

若水库发电过程中不考虑弃水的情况，以两个水库组成的水库群系统为例，该水库群系统在库容变化之后新的总发电量为

$$E_{\text{Total}}^* = E_{\text{Total}} + \eta_1 \cdot \frac{W_{\text{IN1}}}{T_{\text{H}}} \cdot [H_1(V_{1,1}^*) - H_1(V_{1,1})] + \eta_2 \cdot \frac{W_{\text{IN2}}}{T_{\text{H}}} \cdot [H_2(V_{2,1}^*) - H_2(V_{2,1})] \quad (3.12)$$

式中：E_{Total} 为当前水库库容方案对应的时段 T 内的总发电量；η_i 为水库群系统中第 i 个水库的综合出力系数（$i=1,2$）；$W_{\text{IN}i}$ 为水库群系统中第 i 个水库的入库水量；$V_{i,1}$ 和 $V_{i,1}^*$ 分别为水库群系统中第 i 个水库在时段 T 初始时刻对应于库容变化前后两个方案的水库库容；$H_i(\cdot)$ 为水库群系统中第 i 个水库的库水位。由于式（3.12）中两个水库的入库水量是单独计算的参数，所以该计算式适用于两个水库以串联或并联形式组成的水库群系统。

设水库群系统中总库容的增量为 ΔV_{Total}，其中串联形式水库群系统中的上游水库（或者并联形式水库群系统中的左侧水库）编号为 1，其库容增量为 ΔV_1，故 ΔV_{Total} 和 ΔV_1 的关系可以表达为

$$\Delta V_1 = \Delta V_{\text{Total}} \cdot \gamma \quad (3.13)$$

式中：γ 为比例系数，为编号 1 水库的库容变化量 ΔV_1 占水库群系统总库容变化量 ΔV_{Total} 的比例，取值为 0～1。因此，两个水库组成的水库群系统中另一个水库的库容变化量 $\Delta V_2 = \Delta V_{\text{Total}} \cdot (1-\gamma)$。将总库容变化量和比例系数代入式（3.12）可得

$$\begin{aligned}
E_{\text{Total}}^* = E_{\text{Total}} &+ \eta_1 \cdot \frac{W_{\text{IN1}}}{T_{\text{H}}} \cdot [H_1(V_{1,1} - \Delta V_{\text{Total}} \cdot \gamma) - H_1(V_{1,1})] \\
&+ \eta_2 \cdot \frac{W_{\text{IN2}}}{T_{\text{H}}} \cdot \{H_2[V_{2,1} - \Delta V_{\text{Total}} \cdot (1-\gamma)] - H_2(V_{2,1})\}
\end{aligned} \quad (3.14)$$

3.4.2 考虑弃水的情况

若考虑水库最大出力限制曲线的约束，结合 3.3.2 小节单库系统考虑弃水情况的 E 方程的推导，该水库群系统在库容变化之后新的总发电量为

$$E_{\text{Total}}^* = E_{\text{Total}} + \lambda_1 \left[1 - \frac{H_1(V_{1,1})}{H_1(V_{1,1} - \Delta V_{\text{Total}} \cdot \gamma)}\right] + \lambda_2 \left\{1 - \frac{H_2(V_{2,1})}{H_2[V_{2,1} - \Delta V_{\text{Total}} \cdot (1-\gamma)]}\right\} \quad (3.15)$$

式中：$\lambda_i = \eta_i \cdot (W_{\text{IN}i} - W_{\text{SP}i})/T_{\text{H}} \cdot H_i(V_{i,1}) > 0$，$W_{\text{IN}i}$ 为水库群系统中第 i 个水库的入库水量，$W_{\text{SP}i}$ 为水库群系统中第 i 个水库相应于 T 时段内起始库容 $V_{1,1}$ 的发电弃水量。

水库群

3.4.3 库容分配的比例系数判别式推导

若水库当前库容方案的库容 $V_{i,1}$、当前库容方案对应的 T 时段内的总发电量 E_{Total} 及当前库容方案的发电水量（3.4.1 小节中的 $W_{\text{IN}i}$ 项或者 3.4.2 小节中的 $W_{\text{IN}i} - W_{\text{SP}i}$ 项）已知，则水库群系统的 E 方程[3.4.1 小节中的式（3.14）或 3.4.2 小节中的式（3.15）]可表示为水库群系统总库容变化量 ΔV_{Total} 和库容分配比例系数 γ 两个变量的函数形式，即

$$E_{\text{Total}}^* = F(\Delta V_{\text{Total}}, \gamma) \qquad (3.16)$$

在水库发电过程中由于最大出力限制曲线的约束，通常不可避免地会产生弃水量，所以针对式（3.16）中 E_{Total}^* 与两个变量 ΔV_{Total} 和 γ 的关系，本节以水库群系统考虑弃水的情况为例进行推导。由于 ΔV_{Total} 和 γ 是两个独立变量，所以变量与函数目标值 E_{Total} 的关系可以分开讨论，即

$$\begin{cases} \dfrac{\partial E_{\text{Total}}^*}{\partial \Delta V_{\text{Total}}} < 0 \\[2mm] \dfrac{\partial^2 E_{\text{Total}}^*}{\partial \Delta V_{\text{Total}}^2} < 0 \end{cases} \qquad (3.17)$$

式（3.17）可由式（3.15）推导而来，且式（3.17）中 $\partial E_{\text{Total}}^* / \partial \Delta V_{\text{Total}} < 0$ 代表着 E_{Total}^* 随着 ΔV_{Total} 的增加而递减，而 $\partial^2 E_{\text{Total}}^* / \partial \Delta V_{\text{Total}}^2 < 0$ 代表着 E_{Total}^* 随着 ΔV_{Total} 的增加而递减的幅度也是减小的。E_{Total}^* 和 ΔV_{Total} 的关系也反映了水库兴利与防洪目标之间的矛盾性。

式（3.18）也可由式（3.15）推导而来。库容分配比例系数 γ 的判别式 $K(\gamma)$ [式（3.19）]可以用来判别水库群系统的总发电量 E_{Total}^* 的最大值在何处取得。由 $\partial^2 E_{\text{Total}}^* / \partial \gamma^2 < 0$ 可推断出 $\partial E_{\text{Total}}^* / \partial \gamma$ 是一个随着 γ 的增加而递减的函数，但是 $\partial E_{\text{Total}}^* / \partial \gamma$ 的符号由 γ 的值和 ΔV_{Total} 的符号共同决定。

$$\begin{cases} \dfrac{\partial E_{\text{Total}}^*}{\partial \gamma} = -\Delta V_{\text{Total}} \cdot K(\gamma) \\[2mm] \dfrac{\partial^2 E_{\text{Total}}^*}{\partial \gamma^2} < 0 \end{cases} \qquad (3.18)$$

$$K(\gamma) = \lambda_1 \cdot V_{1,1}^{b_1} \cdot b_1 \cdot (V_{1,1} - \Delta V_{\text{Total}} \cdot \gamma)^{-b_1-1} - \lambda_2 \cdot V_{2,1}^{b_2} \cdot b_2 \cdot [V_{2,1} - \Delta V_{\text{Total}} \cdot (1-\gamma)]^{-b_2-1} \qquad (3.19)$$

$$\begin{aligned} \frac{\partial K(\gamma)}{\partial \gamma} = \Delta V_{\text{Total}} \cdot \big\{ &\lambda_1 \cdot V_{1,1}^{b_1} \cdot b_1 \cdot (b_1+1) \cdot (V_{1,1} - \Delta V_{\text{Total}} \cdot \gamma)^{-b_1-2} \\ &+ \lambda_2 \cdot V_{2,1}^{b_2} \cdot b_2 \cdot (b_2+1) \cdot [V_{2,1} - \Delta V_{\text{Total}} \cdot (1-\gamma)]^{-b_2-2} \big\} \end{aligned} \qquad (3.20)$$

式中：b_1、b_2 分别为第一、第二个水库水位库容关系幂函数的参数。

由于比例系数 γ 反映的是水库群系统中第一个水库的库容变化占总库容变化的比例，所以 γ 在 0～1 取值。式（3.20）反映出 $\partial K(\gamma) / \partial \gamma$ 的符号取决于 ΔV_{Total} 的值。结合式（3.17）～式（3.20）的分析，可归纳总结出 E_{Total}^* 的最大值在何处获取的结论，具体如下。

（1）若 $K(0) \cdot K(1) \geqslant 0$，且 $K(0) \cdot \Delta V_{\text{Total}} \geqslant 0$，则考虑弃水情况的水库群系统 E 方程[式（3.15）]中 E_{Total}^* 的最大值在 $\gamma = 0$ 处取得，且 E_{Total}^* 的最大值的表达式为

$$E_{\text{Total}}^* = E_{\text{Total}} + \lambda_2 \left[1 - \frac{H_2(V_{2,1})}{H_2(V_{2,1} - \Delta V_{\text{Total}})} \right]$$

（2）若 $K(0) \cdot K(1) \geqslant 0$，且 $K(1) \cdot \Delta V_{\text{Total}} \leqslant 0$，则考虑弃水情况的水库群系统 E 方程[式（3.15）]中 E_{Total}^* 的最大值在 $\gamma = 1$ 处取得，且 E_{Total}^* 的最大值的表达式为

$$E_{\text{Total}}^* = E_{\text{Total}} + \lambda_1 \left[1 - \frac{H_1(V_{1,1})}{H_1(V_{1,1} - \Delta V_{\text{Total}})} \right]$$

（3）若 $K(0) \cdot K(1) < 0$，则在考虑弃水情况的水库群系统 E 方程[式（3.15）]中，如果存在一值 $\gamma^* \in (0,1)$ 满足方程 $K(\gamma^*) = 0$，那么 E_{Total}^* 的最大值的表达式为

$$E_{\text{Total}}^* = E_{\text{Total}} + \lambda_1 \left[1 - \frac{H_1(V_{1,1})}{H_1(V_{1,1} - \Delta V_{\text{Total}} \cdot \gamma^*)} \right] + \lambda_2 \left\{ 1 - \frac{H_2(V_{2,1})}{H_2 \left[V_{2,1} - \Delta V_{\text{Total}} \cdot (1 - \gamma^*) \right]} \right\}$$

即 E_{Total}^* 最大值在 $\gamma = \gamma^*$ 处取得。但因为 $K(\gamma)$ 的计算值与 ΔV_{Total} 有关，所以当 ΔV_{Total} 变化时，E_{Total}^* 取最大值的位置（γ^* 的值）是改变的。

本小节提出的比例系数判别式方法可用于确定在两个水库以串联或者并联形式组成的水库群系统中，γ 取何值时可取得水库群系统总发电量的最大值。当研究时段 T 足够小时，比例系数判别式方法可用于判别水库群系统在蓄水期或者消落期阶段两个水库的蓄放水次序。当研究时段 T 为汛期（整个汛期时段长）时，比例系数判别式方法可用于求解水库群系统中，以系统总发电量最大为目标函数，两水库防洪库容分配的优化问题。

3.5 安康-丹江口两库系统案例

本节以安康-丹江口两库系统为例，开展水库群防洪库容分配的实例研究，最大化水库群系统多年平均总发电量。采用 E 方程分别推导水库群系统夏汛期和秋汛期的防洪库容最优分配的两个情景方案，分别记为方案 A1 和方案 B1；而以水库群系统总发电量最大为目标函数，采用数值模拟方法分别推求水库群系统夏汛期和秋汛期的防洪库容最优分配的两个情景方案，分别记作方案 A2 和方案 B2。本节将安康水库、丹江口水库 1954～2010 年共计 57 年的日径流资料作为输入。

3.5.1 应用 E 方程推求防洪库容分配

1. 夏汛期（方案 A1）

根据 3.2 节中假设条件（2）可拟合得到安康水库（变量下标为 ak）和丹江口水

库（变量下标为 dj）的库容曲线的函数表达式，分别为 $Z_{ak} = a_1 V_{ak}^{b_1} = 248.931 V_{ak}^{0.0884}$ 和 $Z_{dj} = a_2 V_{dj}^{b_2} = 78.091 V_{dj}^{0.1361}$（图 3.2）。

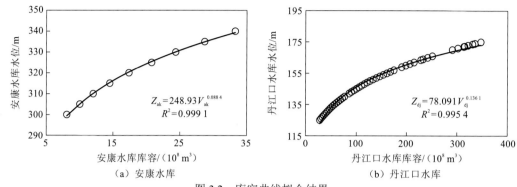

（a）安康水库 　　　　　　　　　（b）丹江口水库

图 3.2　库容曲线拟合结果

安康-丹江口两库系统在夏汛期的总发电量可通过式（3.15）计算，且计算过程中方案 A1 所需的计算参数如表 3.1 所示，故可推求方案 A1 中 E 方程的表达式，为

$$\overline{E^*_{\text{Total}}} = 8.14 + \lambda_1 \left[1 - \frac{20.75^{0.0884}}{(20.75 - \gamma \Delta V_{\text{Total}})^{0.0884}}\right] + \lambda_2 \left\{1 - \frac{198.2^{0.1361}}{[198.2 - (1-\gamma)\Delta V_{\text{Total}}]^{0.1361}}\right\} \quad (3.21)$$

其中，$\lambda_1 = \eta_1 \cdot (\overline{W_{\text{IN1}}} - \overline{W_{\text{SP1}}}) / T_H \cdot H_1(V_{1,1}) = 10.51 \times 10^8 \, \text{kW·h}$，$\lambda_2 = 13.69 \times 10^8 \, \text{kW·h}$，$\overline{E^*_{\text{Total}}} = \overline{E_1} + \overline{E_2}$。

表 3.1　方案 A1 的计算参数表

参数名称	参数值	参数名称	参数值
η_1	8.50	η_2	8.73
$V_{1,1} / (10^8 \, \text{m}^3)$	20.75	$V_{2,1} / (10^8 \, \text{m}^3)$	198.20
$\overline{W_{\text{IN1}}} / (10^8 \, \text{m}^3)$	56.16	$\overline{W_{\text{IN2}}} / (10^8 \, \text{m}^3)$	38.46
$\overline{W_{\text{SP1}}} / (10^8 \, \text{m}^3)$	42.48	$\overline{W_{\text{SP2}}} / (10^8 \, \text{m}^3)$	3.26
$\overline{E_1} / (10^8 \, \text{kW·h})$	2.67	$\overline{E_2} / (10^8 \, \text{kW·h})$	5.47

方案 A1 的库容分配比例系数 γ 的判别式 $K(\gamma)$ 可由式（3.19）计算。当 $\gamma = 0$，且 $\Delta V_{\text{Total}} = 1 \times 10^8 \, \text{m}^3$ 时，$K(0) = 0.03534 \, \text{kW·h/m}^3$，而 $\partial E^*_{\text{Total}} / \partial \gamma |_{\gamma=0} = -\Delta V_{\text{Total}} \cdot K(\gamma) = -0.03534 \times 10^8 \, \text{kW·h} < 0$，因此，结合 $\partial^2 E^*_{\text{Total}} / \partial \gamma^2 < 0$ 和 $\partial E^*_{\text{Total}} / \partial \Delta V_{\text{Total}} < 0$，可以推求出水库群系统夏汛期多年平均总发电量 $\overline{E^*_{\text{Total}}}$ 的最大值在 $\gamma = 0$ 处取得，且多年平均总发电量可用如下表达式计算：

$$\overline{E_{\text{Total}}^*} = 8.14 + \lambda_2 \left\{ 1 - \frac{198.2^{0.1361}}{[198.2 - (1-\gamma)\Delta V_{\text{Total}}]^{0.1361}} \right\} \tag{3.22}$$

其中，$\lambda_2 = 13.69 \times 10^8$ kW·h。

如图 3.3 所示为方案 A1 的应用结果，图中横坐标代表的是水库群系统夏汛期总防洪库容的增量 ΔV_{Total}，纵坐标代表的是水库群系统夏汛期多年平均总发电量 $\overline{E_{\text{Total}}^*}$。对图 3.3 进行分析，可以得到如下三点结论。

（1）随着水库群系统夏汛期总防洪库容增量 ΔV_{Total} 的增加，水库群系统夏汛期多年平均总发电量 $\overline{E_{\text{Total}}^*}$ 递减，这与水库群系统兴利和防洪目标之间因水资源利用所客观存在的互斥性特征是吻合的。

（2）根据判别条件 $K(0) \cdot K(1) \geqslant 0$ 且 $K(0) \cdot \Delta V_{\text{Total}} \geqslant 0$，安康-丹江口两库系统夏汛期 $\overline{E_{\text{Total}}^*}$ 的最大值在 $\gamma = 0$ 处取得。γ 值取得越大，水库群系统 $\overline{E_{\text{Total}}^*}$ 的值越小。

（3）图 3.3 存在防洪库容分配方案的边界线，该边界线的产生是由于安康水库已到达其防洪库容上限值（安康水库防洪高水位至死水位之间的全部库容均用作防洪库容）。

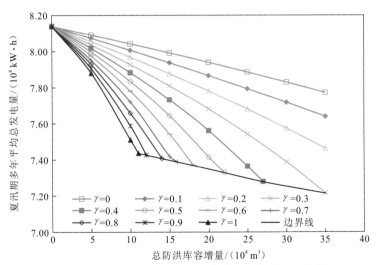

图 3.3 夏汛期应用 E 方程推求防洪库容分配的结果（方案 A1）

2. 秋汛期（方案 B1）

安康-丹江口两库系统在秋汛期的总发电量可通过式（3.15）计算，且计算过程中方案 B1 所需的计算参数如表 3.2 所示，从而可推求方案 B1 中 E 方程的表达式，为

$$\overline{E_{\text{Total}}^*} = 6.08 + \lambda_1 \left[1 - \frac{22.186^{0.0884}}{(22.186 - \gamma\Delta V_{\text{Total}})^{0.0884}} \right] + \lambda_2 \left\{ 1 - \frac{228^{0.1361}}{[228 - (1-\gamma)\Delta V_{\text{Total}}]^{0.1361}} \right\} \tag{3.23}$$

其中，$\lambda_1 = 8.59 \times 10^8$ kW·h，$\lambda_2 = 5.93 \times 10^8$ kW·h，$\overline{E_{\text{Total}}^*} = \overline{E}_1 + \overline{E}_2$。

表 3.2　方案 **B1** 的计算参数表

参数名称	参数值	参数名称	参数值
η_1	8.50	η_2	8.73
$V_{1,1}$ / $(10^8\,\mathrm{m}^3)$	22.19	$V_{2,1}$ / $(10^8\,\mathrm{m}^3)$	228.00
$\overline{W_{\mathrm{IN1}}}$ / $(10^8\,\mathrm{m}^3)$	53.93	$\overline{W_{\mathrm{IN2}}}$ / $(10^8\,\mathrm{m}^3)$	14.95
$\overline{W_{\mathrm{SP1}}}$ / $(10^8\,\mathrm{m}^3)$	42.82	$\overline{W_{\mathrm{SP2}}}$ / $(10^8\,\mathrm{m}^3)$	0.00
$\overline{E_1}$ / $(10^8\,\mathrm{kW\cdot h})$	2.27	$\overline{E_2}$ / $(10^8\,\mathrm{kW\cdot h})$	3.81

方案 B1 的 γ 的判别式 $K(\gamma)$ 可由式（3.19）计算。当 $\gamma=0$，且 $\Delta V_{\mathrm{Total}}=1\times10^8\,\mathrm{m}^3$ 时，$K(0)=0.030\,7\ \mathrm{kW\cdot h/m}^3$，而 $\partial E^*_{\mathrm{Total}}/\partial\gamma|_{\gamma=0}=-\Delta V_{\mathrm{Total}}\cdot K(\gamma)=-0.030\,7\times10^8\ \mathrm{kW\cdot h}<0$，因此，结合 $\partial^2 E^*_{\mathrm{Total}}/\partial\gamma^2<0$ 和 $\partial E^*_{\mathrm{Total}}/\partial\Delta V_{\mathrm{Total}}<0$，可以推求出水库群系统秋汛期多年平均总发电量 $\overline{E^*_{\mathrm{Total}}}$ 的最大值在 $\gamma=0$ 处取得，且多年平均总发电量可用如下表达式计算：

$$\overline{E^*_{\mathrm{Total}}}=6.08+\lambda_2\left\{1-\frac{228^{0.1361}}{[228-(1-\gamma)\Delta V_{\mathrm{Total}}]^{0.1361}}\right\} \tag{3.24}$$

其中，$\lambda_2=5.93\times10^8\ \mathrm{kW\cdot h}$。

如图 3.4 所示为方案 B1 的应用结果，其可以得到与方案 A1（图 3.3）相同的三点结论，不再赘述。

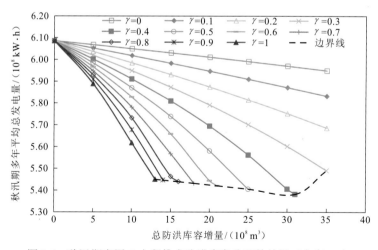

图 3.4　秋汛期应用 E 方程推求防洪库容分配的结果（方案 B1）

3.5.2　应用 *E* 方程和常规调度两种方案的对比

1. 夏汛期（方案 A1 和方案 A2）

图 3.5 为方案 A1 和方案 A2 的结果对比，图 3.5 中实线代表应用 *E* 方程求解的结果，虚线代表基于常规调度的数值模拟方法推求的结果。从方案 A1 和方案 A2 的对比可以归纳出如下四点结论。

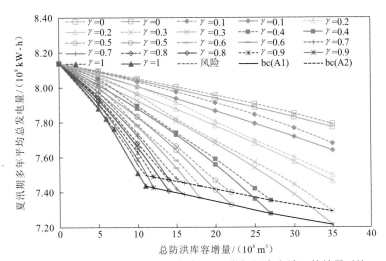

图 3.5　方案 A1（*E* 方程）和方案 A2（常规调度方法）的结果对比

实线代表方案 A1，虚线代表方案 A2；bc（A1）和 bc（A2）分别代表方案 A1、方案 A2 的防洪库容分配边界线；
"风险"代表方案 A2 中考虑的防洪风险约束

（1）对于方案 A1 和方案 A2 而言，水库群系统夏汛期多年平均总发电量的最大值均在 $\gamma = 0$ 处取得。

（2）由于安康水库的夏汛期防洪库容达到上限值，方案 A1 和方案 A2 均存在防洪库容分配的边界线[图 3.5 中 bc（A1）代表方案 A1 的边界线，bc（A2）代表方案 A2 的边界线]。

（3）相比于方案 A1，方案 A2 考虑了防洪库容分配的风险约束，因此，方案 A2 存在一条防洪风险的边界线。如图 3.5 所示，当水库群系统夏汛期总防洪库容增量 ΔV_{Total} 超过 5×10^{8} m³ 时，若将所增加的总防洪库容 ΔV_{Total} 全部分配到上游安康水库是存在防洪风险的。

（4）对表 3.3 和图 3.5 分析可知，方案 A1 和方案 A2 中水库群系统夏汛期多年平均总发电量的计算误差可以接受。

表 3.3   方案 A1 和方案 A2 中多年平均总发电量的误差计算表

误差	γ										
	0.0	0.1	0.2	0.3	0.4	0.5	0.6	0.7	0.8	0.9	1.0
SSE/%	0.01	0.09	0.05	0.09	0.06	0.04	0.03	0.03	0.03	0.02	0.02
MIE/%	0.01	0.04	0.06	0.09	0.08	0.06	0.04	0.03	0.02	0.01	0.00
MaxAE/%	0.27	0.67	0.51	1.05	1.03	0.96	0.91	0.89	0.86	0.84	0.82

注：SSE 代表误差平方和；MIE 代表绝对误差的最小值；MaxAE 代表绝对误差的最大值。

2. 秋汛期（方案 B1 和方案 B2）

图 3.6 为方案 B1 和方案 B2 的结果对比，表 3.4 为方案 B1 和方案 B2 中多年平均总发电量的误差计算表。方案 B1 和方案 B2 的对比结果与方案 A1 和方案 A2 的对比结果基本一致，除了关于防洪风险边界线的细节表述不同：相比于方案 B1，方案 B2 考虑了防洪库容分配的风险约束，因此，方案 B2 中对应于 $\gamma = 0.7 \sim 1.0$ 存在一条防洪风险的边界线。如图 3.6 所示，当 $\gamma = 0.7$ 时，若水库群系统秋汛期总防洪库容增量 ΔV_{Total} 超过 $13 \times 10^8 \ m^3$，则水库群系统在秋汛期存在防洪风险。

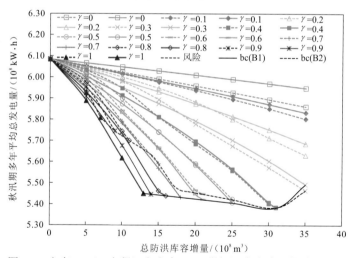

图 3.6   方案 B1（E 方程）和方案 B2（常规调度方法）的结果对比

实线代表方案 B1，虚线代表方案 B2；bc（B1）和 bc（B2）分别代表方案 B1、方案 B2 的防洪库容分配边界线；
"风险"代表方案 B2 中考虑的防洪风险约束

表 3.4   方案 B1 和方案 B2 中多年平均总发电量的误差计算表

误差	γ										
	0.0	0.1	0.2	0.3	0.4	0.5	0.6	0.7	0.8	0.9	1.0
SSE/%	0.27	0.02	0.06	0.06	0.03	0.03	0.03	0.03	0.03	0.03	0.02
MIE/%	0.04	0.00	0.30	0.51	0.22	0.04	0.08	0.16	0.21	0.25	0.29
MAE/%	1.50	0.51	0.96	0.56	0.62	0.69	0.74	0.77	0.78	0.82	0.82

注：SSE 代表误差平方和；MIE 代表绝对误差的最小值；MAE 代表绝对误差的最大值。

3.5.3   拓展讨论

如式（3.19）所示，比例系数判别式 $K(\gamma)$ 的值会受以下两个主要因素的影响：①水库群系统中两水库间防洪库容量级的差异；②水库群系统中两水库间入库水量的比例。针对这两个因素，本小节分别给出相应的假定情景 3.1 和假定情景 3.2 进行分析讨论，且假定情景的参数值均是在方案 A1 的基础上进行适当修改得到的。

相比于应用 E 方程进行防洪库容分配问题的求解，基于常规调度的数值模拟方法考虑了防洪安全。由于考虑防洪风险约束条件后，水库群系统总防洪库容变化量 ΔV_{Total} 只能为正值，但 E 方程的推导过程本身没有限定 ΔV_{Total} 的符号，针对 ΔV_{Total} 为负值的情况，对 E 方程的应用结果进行了相应的分析。

1. 水库群系统中两水库间防洪库容量级的影响

研究实例安康-丹江口两库系统中，安康水库和丹江口水库的防洪库容量级相差较大，本小节在方案 A1 的基础上假定安康水库夏汛期当前的防洪库容为 $47.60 \times 10^8 \text{ m}^3$，且安康水库库容曲线的表达式为 $Z_1 = H(V_1) = a_1 V_1^b = 216.5 V_1^{0.0884}$，其他参数值不变。本小节的假定情景 3.1 中，$K(0) \cdot K(1) < 0$，由 3.4.3 小节的判别方法第（3）条可知，存在 $\gamma^* \in (0,1)$ 满足方程 $K(\gamma^*) = 0$，使得 E_{Total}^* 的值最大。如图 3.7 所示，随着水库群系统夏汛期总防洪库容增量 ΔV_{Total} 的增大，γ^* 的值从 0.52 逐步递减，最后趋近于 0.35。因此，满足条件使得 E_{Total}^* 的值最大的 γ^* 会随着 ΔV_{Total} 的变化而有所不同，但变化范围为 0.35～0.52。

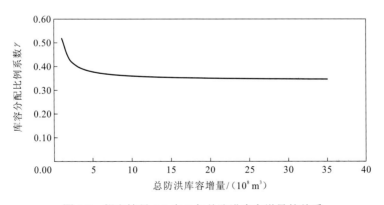

图 3.7   假定情景 3.1 中 γ 与总防洪库容增量的关系

在图 3.8 中，当 γ 分别等于 0.3、0.4 和 0.5 时，$\overline{E_{\text{Total}}^*}$ 的差异不大。对图 3.7 和图 3.8 综合分析可知，假定情景 3.1 的防洪库容优化分配的结论是：当 ΔV_{Total} 的值为 $1 \times 10^8 \sim 5 \times 10^8 \text{ m}^3$ 时，γ^* 的值可建议取为 0.45；当 ΔV_{Total} 的值大于 $5 \times 10^8 \text{ m}^3$ 时，γ^* 的值可建议取为 0.35。

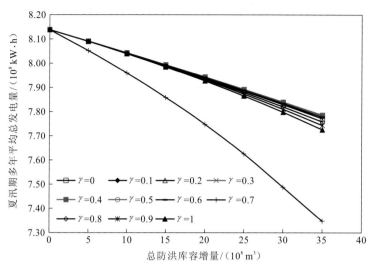

图 3.8 假定情景 3.1 中 E 方程推求防洪库容分配的结果

在方案 A1 中，当安康水库和丹江口水库防洪库容的变化幅度相同（$dV_1 = dV_2$）时，安康水库库容曲线的斜率 dZ_1 / dV_1 大于丹江口水库库容曲线的斜率 dZ_2 / dV_2，这代表着当 $dV_1 = dV_2 > 0$ 时，安康水库水头的损失要大于丹江口水库水头的损失，故建议将总防洪库容增量 ΔV_{Total} 分配到下游丹江口水库，以此来减小发电量的牺牲。但在假定情景 3.1 中，对安康水库库容曲线的斜率 dZ_1 / dV_1 做了假设改变（本质上是水库库容量级的改变），而这也进一步影响了防洪库容的分配结果。

2. 水库群系统中两水库间入库水量比例的影响

水库群系统中两水库间入库水量的比例在本质上影响着两个水库之间发电水量的比例，而发电水资源的分布可以进一步影响防洪库容优化分配方案。在方案 A1 参数取值的基础上，将安康水库的入库水量 $\overline{W_{IN1}}$ 假定为 $44.00 \times 10^8 \text{ m}^3$，丹江口水库的入库水量 $\overline{W_{IN2}}$ 及其他参数值均不改变。在本小节的假定情景 3.2 中，$K(0) = -0.004\,48 \text{ kW·h/m}^3$，$K(1) = -0.004\,15 \text{ kW·h/m}^3$，且 $\partial E_{Total}^* / \partial \gamma |_{\gamma=1} = -\Delta V_{Total} \cdot K(\gamma) > 0$，由 3.4.3 小节中的判别方法第（2）条可知，$\overline{E_{Total}^*}$ 的最大值在 $\gamma = 1$ 处取得（图 3.9）。

由于假定情景 3.2 中的安康水库入库水量小于方案 A1 中的安康水库入库水量，而 $\lambda_1 = \eta_1 \cdot (\overline{W_{IN1}} - \overline{W_{SP1}}) / T_H \cdot H_1(V_{1,1})$，所以假定情景 3.2 中的 λ_1 相比于方案 A1 中的 λ_1 是在减小的。结合式（3.19）分析可知，γ 的判别式 $K(\gamma)$ 的值也随之减小，故可能使得假定情景 3.2 中的 $K(1) < 0$。在方案 A1 中，$\overline{E_{Total}^*}$ 的最大值在 $\gamma = 0$ 处取得（图 3.3），而在假定情景 3.2 中，$\overline{E_{Total}^*}$ 的最大值在 $\gamma = 1$ 处取得（图 3.9），两者仅是安康水库入库水量的参数值不同。

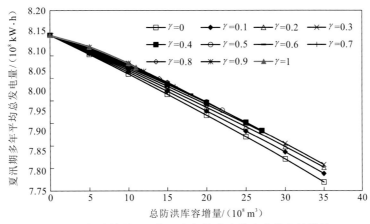

图 3.9 假定情景 3.2 中 E 方程推求防洪库容分配的结果

结合式（3.19）分析可知，如果上、下游水库的入库水量比例 $\overline{W_{\mathrm{IN1}}}/\overline{W_{\mathrm{IN2}}}$ 足够大，上游水库防洪库容增加所牺牲的发电效益将大于下游水库防洪库容增加所牺牲的发电效益；在这种情景下，建议将水库群系统总防洪库容增量 $\Delta V_{\mathrm{Total}}$ 分配到下游水库（如 3.5.2 小节第 1 部分中方案 A1 的结论所示）。在假定情景 3.2 中，对上、下游水库的入库水量比例 $\overline{W_{\mathrm{IN1}}}/\overline{W_{\mathrm{IN2}}}$ 进行了适当减小的调整，导致上游水库防洪库容增加所牺牲的发电效益小于下游水库防洪库容增加所牺牲的发电效益，故假定情景 3.2 中的结论是将水库群系统总防洪库容增量 $\Delta V_{\mathrm{Total}}$ 分配到上游安康水库。

3. 水库群系统中考虑防洪约束的影响

在基于常规调度的数值模拟（方案 B1 和方案 B2）结果中，考虑了水库防洪风险的约束条件，因此水库群系统夏汛期总防洪库容的变化量 $\Delta V_{\mathrm{Total}}$ 只能为正值。相应地，在方案 A1 和方案 A2 中，考虑到 E 方程方法与基于常规调度的数值模拟方法的对比，结果中只展现了 $\Delta V_{\mathrm{Total}} > 0$ 的情况。

如图 3.10 所示，当 $\Delta V_{\mathrm{Total}}$ 可正可负时，E 方程推导的水库群系统夏汛期防洪库容分配结果可有进一步的拓展：当 $\Delta V_{\mathrm{Total}} > 0$ 时，$\overline{E_{\mathrm{Total}}^{*}}$ 的最大值在 $\gamma = 0$ 处取得；当 $\Delta V_{\mathrm{Total}} < 0$ 时，$\overline{E_{\mathrm{Total}}^{*}}$ 的最大值在 $\gamma = 1$ 处取得。

在方案 A1 中，上游水库防洪库容增加所牺牲的发电效益大于下游水库防洪库容增加所牺牲的发电效益（$\mathrm{d}E_1/\mathrm{d}V_1 < \mathrm{d}E_2/\mathrm{d}V_2 < 0$，$E_1$ 为第一个水库的发电效益，E_2 为第二个水库的发电效益）。当 $\Delta V_{\mathrm{Total}} > 0$ 时，发电效益将因为防洪库容的增加而牺牲，故为了减少发电效益的牺牲，应当将水库群系统总防洪库容增量 $\Delta V_{\mathrm{Total}}$ 全部分配到下游丹江口水库。当 $\Delta V_{\mathrm{Total}} < 0$ 时，发电效益将因为防洪库容的减少而增加，故为了使得增加的发电效益最大化，应当将水库群系统夏汛期总防洪库容增量 $\Delta V_{\mathrm{Total}}$ 全部分配到上游安康水库。

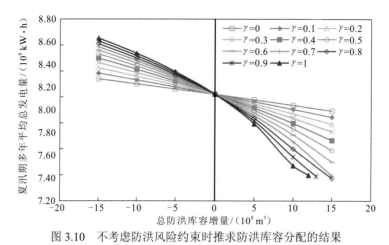

图 3.10　不考虑防洪风险约束时推求防洪库容分配的结果

3.6　汉江流域五库系统案例

在 3.5 节的基础上，将本章提出的 E 方程和比例系数判别式（基于库容分配比例系数的水库群防洪库容分配规则）拓展应用到汉江流域五库系统。针对如何将所提出的水库群防洪库容分配规则应用于两库以上的水库群系统有三种初步研究思路：①借鉴聚合-分解思想，首先将水库群系统视为由一个单库 1 和一个聚合水库 1（由水库群系统中除单库 1 以外其他水库组成）组成的两库系统，从而直接应用水库群防洪库容分配规则推求单库 1 和聚合水库 1 之间的库容分配方案，然后将聚合水库 1 拆分为单库 2 和聚合水库 2（由聚合水库 1 中除单库 2 以外的其他水库组成），依次逐层拆分水库群系统获取各水库的防洪库容分配方案；②两两组合思想，选取水库群系统中的主要控制性水库对象，将复杂的水库群系统按照简单的串联或并联关系逐步拆分成多个由两个水库组成的次级水库群系统（分别将流域中的主要控制性水库与其他水库两两组合，构建各水库与主要控制性水库的库容分配关系），从而方便地应用 E 方程逐个推求各次级水库群系统中的库容分配方案，或者考虑任意相邻两水库的两两组合形式，推求库容分配关系；③新增比例系数参数思想，将针对两库系统的 E 方程递推至三库及三库以上系统，然后针对多库系统的 E 方程推导其相应的比例系数判别式结论。上述三种研究思路中，思路①需要假定聚合水库的库容关系曲线的参数 $a_{聚}$ 和 $b_{聚}$，该参数值的合理性难以验证；思路③中的新增比例系数涉及更为复杂的数学公式推导，其推求的比例系数判别式结论在理论上应类似于两库系统的结论，但具体的判别式形式和分类情景应有所区别且更为复杂。因此，汉江流域五库系统（其防洪调度规则如表 3.5 所示）采用研究思路②两两组合思想。

表 3.5　汉江流域五库系统的防洪调度规则

水库名称	防洪调度规则
安康水库	(1) 当入库流量 $I \leq 12\,000$ m³/s 时，水库下泄流量 $Q = I$。 (2) 当 $12\,000$ m³/s$<I \leq 15\,100$ m³/s，且库水位 $Z \leq 326.00$ m 时，Q 按 $12\,000$ m³/s 控泄；$Z>326.00$ m 时，$Q = I$。 (3) 当 $15\,100$ m³/s$<I \leq 17\,000$ m³/s，且 $Z \leq 326.00$ m 时，Q 按 $12\,000$ m³/s 控泄；$Z>326.00$ m 时，$Q = I$。 (4) 当 $17\,000$ m³/s$<I \leq 21\,500$ m³/s，且 326.00 m$<Z \leq 328.00$ m 时，Q 按 $17\,000$ m³/s 控泄；$Z>328.00$ m 时，$Q = I$。 (5) 当 $21\,500$ m³/s$<I \leq 24\,200$ m³/s，且 $Z>328.00$ m 时，$Q = I$。 (6) 当 $I>24\,200$ m³/s 时，按水库泄流能力下泄。 结合安康市城区防洪标准，补充以下三级水库控泄方案：若遇 5 年一遇及以下洪水且入库流量 $I \geq 15\,100$ m³/s，Q 按 $12\,000$ m³/s 控泄；若遇 20 年一遇及以下洪水且入库流量 $I \geq 15\,100$ m³/s，控制库水位 Z 不超过 330.00 m（考虑上游襄渝铁路防洪要求）
潘口水库	(1) 当入库流量小于 $8\,680$ m³/s 时，如来水小于等于 20 年一遇洪水下泄。 (2) 当入库流量大于 $8\,680$ m³/s 且小于 $10\,600$ m³/s 时，下泄流量不超过 $8\,680$ m³/s。 (3) 当入库流量大于 $10\,600$ m³/s 时，根据枢纽运行状况和汉江流域防洪形势，控制泄流尽量不超过 $10\,900$ m³/s；当库水位达到防洪高水位 358.40 m 时，按确保枢纽防洪安全方式调度
丹江口水库	(1) 当入库流量小于等于 10 年一遇洪水时，在夏、秋洪水时分别按 $11\,000$ m³/s、$12\,000$ m³/s 控制皇庄站流量，分别按 167.00 m、168.60 m 控制坝前最高水位。 (2) 当入库流量大于 10 年一遇小于等于 20 年一遇洪水时，在夏、秋季分别按 $16\,000$ m³/s、$17\,000$ m³/s 控制皇庄站流量，在夏、秋季均按 170.00 m 控制坝前最高水位。 (3) 当入库流量大于 20 年一遇但小于等于 100 年一遇洪水（或同 1935 年大洪水）时，在夏、秋季分别按 $20\,000$ m³/s、$21\,000$ m³/s 控制皇庄站流量，分别按 171.70 m、171.60 m 控制坝前最高水位。 (4) 当入库流量大于 100 年一遇洪水（或同 1935 年大洪水）且小于等于 1 000 年一遇洪水时，在夏、秋水库下泄流量均按 $30\,000$ m³/s 控泄，但分别按 172.05 m、172.20 m 控制坝前最高水位。当入库流量大于 1 000 年一遇洪水时，水库根据泄流能力下泄，一般情况下，最大下泄流量不大于最大入库流量
三里坪水库	(1) 当入库流量小于 $1\,000$ m³/s 时，使出库流量等于入库流量，在夏、秋季分别按 403.00 m、412.00 m 控制坝前最高水位。 (2) 当入库流量大于 $1\,000$ m³/s 时，目同刻襄阳经丹江口水库调节以后洪水在夏、秋季调节达 $7\,000$ m³/s、$6\,000$ m³/s 以上时，水库在夏、秋季分别按 700 m³/s，秋季分别按 685 m³/s 控制下泄流量，但库水位不超过防洪高水位 416.00 m。 (3) 水库水位超过防洪高水位 416.00 m 时，以控制水库泄量不大于入库来水的方式敞泄
鸭河口水库	(1) 当库水位为 175.70~179.10 m（100 年一遇水位 179.10 m）时，按入库流量下泄。 (2) 当库水位超过 100 年一遇水位 179.10 m 时，入库流量大于 $2\,600$ m³/s 时，入库流量小于水库泄流能力下泄，若库水泄量小于水库泄流能力，则按入库流量下泄，入库流量大于 $2\,600$ m³/s 时，按 $2\,600$ m³/s 控泄；若入库流量小于一个时段，但需确保后一个时段的泄量不小于入库前一时段，入库流量

考虑到丹江口水库为汉江流域的主要控制性水库，且水库群系统中除丹江口水库以外的其他水库的防洪库容量级相似，采用给定水库和丹江口水库两两组合的形式建立子系统（如 3.6.1～3.6.4 小节所示），同时考虑安康-潘口和三里坪-鸭河口两库并联子系统（3.6.5 小节）。上述六种组合方案基本涵盖了汉江流域五库系统中相邻两水库的所有组合形式。此外，本节仅将 E 方程应用于夏汛期时段，仅给出根据 E 方程进行防洪库容分配的计算结果，而不考虑防洪风险约束。需要说明的是，考虑到五个水库径流资料的匹配程度，本节采用的是 1960～1990 年和 2006～2010 年共计 36 年的日径流资料。

3.6.1　E 方程在安康-丹江口两库串联子系统的应用

安康-丹江口两库串联子系统在夏汛期的多年平均总发电量可通过式（3.15）计算，且计算过程中所需的计算参数如表 3.6 所示，故可推求 E 方程的表达式，为

$$\overline{E_{\text{Total}}^*}=8.37+\lambda_1\left[1-\frac{20.75^{0.0884}}{(20.75-\gamma\Delta V_{\text{Total}})^{0.0884}}\right]+\lambda_2\left\{1-\frac{198.2^{0.1361}}{[198.2-(1-\gamma)\Delta V_{\text{Total}}]^{0.1361}}\right\} \quad (3.25)$$

其中，$\lambda_1=\eta_1\cdot(\overline{W_{\text{IN1}}}-\overline{W_{\text{SP1}}})/T_{\text{H}}\cdot H_1(V_{1,1})=10.69\times10^8\ \text{kW·h}$，$\lambda_2=14.81\times10^8\ \text{kW·h}$，$\overline{E_{\text{Total}}^*}=\overline{E_1}+\overline{E_2}$。

表 3.6　安康-丹江口两库串联子系统的计算参数表

参数名称	参数值	参数名称	参数值
η_1	8.50	η_2	8.73
$V_{1,1}/(10^8\,\text{m}^3)$	20.75	$V_{2,1}/(10^8\,\text{m}^3)$	198.20
$\overline{W_{\text{IN1}}}/(10^8\,\text{m}^3)$	57.48	$\overline{W_{\text{IN2}}}/(10^8\,\text{m}^3)$	41.85
$\overline{W_{\text{SP1}}}/(10^8\,\text{m}^3)$	43.64	$\overline{W_{\text{SP2}}}/(10^8\,\text{m}^3)$	3.79
$\overline{E_1}/(10^8\,\text{kW·h})$	2.71	$\overline{E_2}/(10^8\,\text{kW·h})$	5.66

安康-丹江口两库串联子系统 γ 的判别式 $K(\gamma)$ 可由式（3.19）计算。当 $\gamma=0$，且 $\Delta V_{\text{Total}}=1\times10^8\ \text{m}^3$ 时，$K(0)=0.04261\ \text{kW·h/m}^3$，$K(1)=0.0102\ \text{kW·h/m}^3$，而 $\partial E_{\text{Total}}^*/\partial\gamma|_{\gamma=0}=-\Delta V_{\text{Total}}\cdot K(\gamma)=-0.0324\times10^8\ \text{kW·h}<0$，因此，结合 $\partial^2 E_{\text{Total}}^*/\partial\gamma^2<0$ 和 $\partial E_{\text{Total}}^*/\partial\Delta V_{\text{Total}}<0$，可以推求出水库群系统夏汛期多年平均总发电量 $\overline{E_{\text{Total}}^*}$ 的最大值在 $\gamma=0$ 处取得，且多年平均总发电量可用如下表达式计算：

$$\overline{E_{\text{Total}}^*}=8.37+\lambda_2\left\{1-\frac{198.2^{0.1361}}{[198.2-(1-\gamma)\Delta V_{\text{Total}}]^{0.1361}}\right\} \quad (3.26)$$

其中，$\lambda_2=14.81\times10^8\ \text{kW·h}$。

如图 3.11 所示为安康-丹江口两库串联子系统的应用结果，图中横坐标代表的是该

水库群子系统夏汛期总防洪库容增量 ΔV_{Total}，纵坐标代表的是该水库群子系统夏汛期多年平均总发电量 $\overline{E_{\text{Total}}^*}$。由于其可以得到与 3.5.1 小节中方案 A1 相同的三点结论，所以不再赘述。

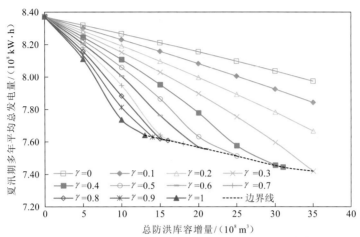

图 3.11　安康-丹江口两库串联子系统应用 E 方程推求防洪库容分配的结果

3.6.2　E 方程在潘口-丹江口两库串联子系统的应用

潘口-丹江口两库串联子系统在夏汛期的多年平均总发电量可通过式（3.15）计算，且计算过程中所需的计算参数如表 3.7 所示。根据 3.2 节中假设条件（2）可拟合得到潘口水库（变量下标为 3）库容曲线的函数表达式，为 $Z_3 = a_3 V_3^{b_3} = 287.77 V_3^{0.069\,4}$。将表 3.7 中的参数值代入式（3.15）可推求出 E 方程的表达式，为

$$\overline{E_{\text{Total}}^*} = 7.55 + \lambda_3 \left[1 - \frac{15.71^{0.069\,4}}{(15.71 - \gamma \Delta V_{\text{Total}})^{0.069\,4}} \right] + \lambda_2 \left\{ 1 - \frac{198.2^{0.136\,1}}{\left[198.2 - (1-\gamma) \Delta V_{\text{Total}} \right]^{0.136\,1}} \right\} \quad (3.27)$$

其中，$\lambda_3 = \eta_3 \cdot (\overline{W_{\text{IN3}}} - \overline{W_{\text{SP3}}}) / T_{\text{H}} \cdot H_3(V_{3,1}) = 7.66 \times 10^8 \text{ kW·h}$，$\lambda_2 = 14.81 \times 10^8 \text{ kW·h}$，$\overline{E_{\text{Total}}^*} = \overline{E_2} + \overline{E_3}$。

表 3.7　潘口水库的计算参数表

项目	参数名称				
	η_3	$V_{3,1} / (10^8 \text{ m}^3)$	$\overline{W_{\text{IN3}}} / (10^8 \text{ m}^3)$	$\overline{W_{\text{SP3}}} / (10^8 \text{ m}^3)$	$\overline{E_3} / (10^8 \text{ kW·h})$
参数值	8.50	15.71	13.58	4.28	1.89

潘口-丹江口两库串联子系统 γ 的判别式 $K(\gamma)$ 可由式（3.19）计算。当 $\gamma = 0$，且 $\Delta V_{\text{Total}} = 1 \times 10^8 \text{ m}^3$ 时，$K(0) = 0.033\,82 \text{ kW·h/m}^3$，$K(1) = 0.010\,2 \text{ kW·h/m}^3$，而 $\partial E_{\text{Total}}^* / \partial \gamma |_{\gamma=0} = -\Delta V_{\text{Total}} \cdot K(\gamma) = -0.023\,6 \times 10^8 \text{ kW·h} < 0$，结合 $\partial^2 E_{\text{Total}}^* / \partial \gamma^2 < 0$ 和 $\partial E_{\text{Total}}^* / \partial \Delta V_{\text{Total}} < 0$，可以推求出水库群系统夏汛期多年平均总发电量 $\overline{E_{\text{Total}}^*}$ 的最大值在 $\gamma = 0$ 处取得，且多年平均总发电量可用如下表达式计算：

$$\overline{E_{\text{Total}}^{*}} = 7.55 + \lambda_2 \left\{ 1 - \frac{198.2^{0.1361}}{[198.2 - (1-\gamma)\Delta V_{\text{Total}}]^{0.1361}} \right\} \quad (3.28)$$

其中，$\lambda_2 = 14.81 \times 10^8$ kW·h。

如图 3.12 所示为潘口-丹江口两库串联子系统的应用结果，图中横坐标代表的是该水库群子系统夏汛期总防洪库容增量 ΔV_{Total}，纵坐标代表的是该水库群子系统夏汛期多年平均总发电量 $\overline{E_{\text{Total}}^{*}}$。对图 3.12 分析可知，若水库群系统的夏汛期总防洪库容增加 ΔV_{Total}，则建议将此总防洪库容增量全部分配到下游丹江口水库，在此方案下水库群系统夏汛期多年平均总发电量的损失幅度是最小的；图 3.12 中存在的防洪库容分配方案的边界线是由于潘口水库已到达其防洪库容上限值（潘口水库防洪高水位至死水位之间的全部库容均用作防洪库容），其他类似于方案 A1 的结论则不再赘述。

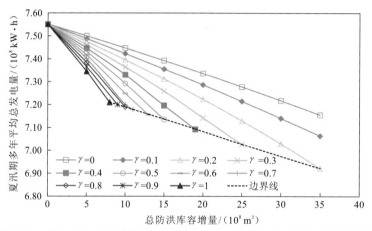

图3.12　潘口-丹江口两库串联子系统应用 E 方程推求防洪库容分配的结果

3.6.3　E 方程在三里坪-丹江口两库并联子系统的应用

三里坪-丹江口两库并联子系统在夏汛期的多年平均总发电量可通过式（3.15）计算，且计算过程中所需的计算参数如表 3.8 所示。根据 3.2 节中假设条件（2）可拟合得到三里坪水库（变量下标为 4）库容曲线的函数表达式，为 $Z_4 = a_4 V_4^{b_4} = 372.02 V_4^{0.0565}$。将表 3.8 中的参数值代入式（3.15）可推求出 E 方程的表达式，为

$$\overline{E_{\text{Total}}^{*}} = 6.38 + \lambda_4 \left[1 - \frac{3.48^{0.0565}}{(3.48 - \gamma \Delta V_{\text{Total}})^{0.0565}} \right] + \lambda_2 \left\{ 1 - \frac{198.2^{0.1361}}{[198.2 - (1-\gamma)\Delta V_{\text{Total}}]^{0.1361}} \right\} \quad (3.29)$$

其中，$\lambda_4 = \eta_4 \cdot (\overline{W_{\text{IN4}}} - \overline{W_{\text{SP4}}}) / T_H \cdot H_4(V_{4,1}) = 2.87 \times 10^8$ kW·h，$\lambda_2 = 14.81 \times 10^8$ kW·h，$\overline{E_{\text{Total}}^{*}} = \overline{E_2} + \overline{E_4}$。

表 3.8　三里坪水库的计算参数表

项目	参数名称				
	η_4	$V_{4,1}$ / (10^8 m³)	$\overline{W_{IN4}}$ / (10^8 m³)	$\overline{W_{SP4}}$ / (10^8 m³)	$\overline{E_4}$ / (10^8 kW·h)
参数值	8.50	3.48	5.43	2.39	0.72

三里坪-丹江口两库并联子系统 γ 的判别式 $K(\gamma)$ 可由式（3.19）计算。当 $\gamma=0$，且 $\Delta V_{Total}=1\times10^8$ m³ 时，$K(0)=0.046\,5$ kW·h/m³，$K(1)=0.010\,2$ kW·h/m³，而 $\partial E_{Total}^* / \partial\gamma|_{\gamma=0} = -\Delta V_{Total}\cdot K(\gamma)=-0.036\,3\times10^8$ kW·h <0，因此，结合 $\partial^2 E_{Total}^* / \partial\gamma^2<0$ 和 $\partial E_{Total}^* / \partial\Delta V_{Total}<0$，可以推求出水库群系统夏汛期多年平均总发电量 $\overline{E_{Total}^*}$ 的最大值在 $\gamma=0$ 处取得，且多年平均总发电量可用如下表达式计算：

$$\overline{E_{Total}^*}=6.38+\lambda_2\left\{1-\frac{198.2^{0.1361}}{\left[198.2-(1-\gamma)\Delta V_{Total}\right]^{0.1361}}\right\} \tag{3.30}$$

其中，$\lambda_2=14.81\times10^8$ kW·h。

由该结果可以得到如下结论：若三里坪-丹江口两库并联子系统的夏汛期总防洪库容增加 ΔV_{Total}，则建议将此总防洪库容增量全部分配到丹江口水库，在此方案下水库群系统夏汛期多年平均总发电量的损失幅度是最小的。

如图 3.13 所示为三里坪-丹江口两库并联子系统的应用结果，图中横坐标代表的是该水库群子系统夏汛期总防洪库容增量 ΔV_{Total}，纵坐标代表的是该水库群子系统夏汛期多年平均总发电量 $\overline{E_{Total}^*}$。对图 3.13 进行分析可得到与方案 A1 相似的三点结论，且图 3.13 中存在的防洪库容分配方案的边界线是由于三里坪水库已到达其防洪库容上限值（三里坪水库防洪高水位至死水位之间的全部库容均用作防洪库容），其他相同的结论则不再赘述。

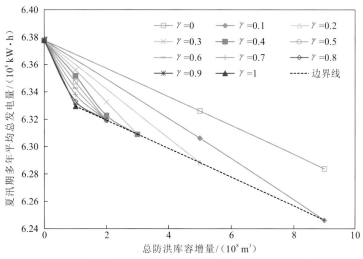

图 3.13　三里坪-丹江口两库并联子系统应用 E 方程推求防洪库容分配的结果

3.6.4 *E* 方程在鸭河口-丹江口两库并联子系统的应用

鸭河口-丹江口两库并联子系统在夏汛期的多年平均总发电量可通过式（3.15）计算，且计算过程中所需的计算参数如表 3.9 所示。根据 3.2 节中假设条件（2）可拟合得到鸭河口水库（变量下标为 5）库容曲线的函数表达式，为 $Z_5 = a_5 V_5^{b_5} = 163.92 V_5^{0.0336}$。将表 3.9 中的参数值代入式（3.15）可推求出 *E* 方程的表达式，为

$$\overline{E_{\text{Total}}^*} = 5.72 + \lambda_5 \left[1 - \frac{7.20^{0.0336}}{(7.20 - \gamma \Delta V_{\text{Total}})^{0.0336}} \right] + \lambda_2 \left\{ 1 - \frac{198.2^{0.1361}}{[198.2 - (1-\gamma) \Delta V_{\text{Total}}]^{0.1361}} \right\} \quad (3.31)$$

其中，$\lambda_5 = \eta_5 \cdot (\overline{W_{\text{IN5}}} - \overline{W_{\text{SP5}}}) / T_{\text{H}} \cdot H_5(V_{5,1}) = 2.15 \times 10^8$ kW·h，$\lambda_2 = 14.81 \times 10^8$ kW·h，$\overline{E_{\text{Total}}^*} = \overline{E}_2 + \overline{E}_5$。

表 3.9   鸭河口水库的计算参数表

项目	参数名称				
	η_5	$V_{5,1} / (10^8 \text{ m}^3)$	$\overline{W_{\text{IN5}}} / (10^8 \text{ m}^3)$	$\overline{W_{\text{SP5}}} / (10^8 \text{ m}^3)$	$\overline{E}_5 / (10^8 \text{ kW·h})$
参数值	8.50	7.20	8.39	3.20	0.06

鸭河口-丹江口两库并联子系统 γ 的判别式 $K(\gamma)$ 可由式（3.19）计算。当 $\gamma = 0$，且 $\Delta V_{\text{Total}} = 1 \times 10^8 \text{ m}^3$ 时，$K(0) = 0.0100 \text{ kW·h/m}^3$，$K(1) = 0.0102 \text{ kW·h/m}^3$，且 $\partial E_{\text{Total}}^* / \partial \gamma |_{\gamma=0} = -\Delta V_{\text{Total}} \cdot K(\gamma) = -0.0002 \times 10^8 \text{ kW·h} < 0$，因此，由 3.4.3 小节中的判别方法第（1）条可知，$\overline{E_{\text{Total}}^*}$ 的最大值在 $\gamma = 0$ 处取得，且多年平均总发电量可用如下表达式计算：

$$\overline{E_{\text{Total}}^*} = 5.72 + \lambda_2 \left[1 - \frac{7.20^{0.0336}}{(7.20 - \gamma \Delta V_{\text{Total}})^{0.0336}} \right] \quad (3.32)$$

其中，$\lambda_2 = 14.81 \times 10^8$ kW·h。

由该结果可得到如下结论：若鸭河口-丹江口两库并联子系统的夏汛期总防洪库容增加 ΔV_{Total}，则建议将此总防洪库容增量全部分配到丹江口水库，在此方案下水库群系统夏汛期多年平均总发电量的损失幅度是最小的。

鸭河口-丹江口两库并联子系统的应用结果如图 3.14 所示，图中横坐标代表的是该水库群子系统夏汛期总防洪库容增量 ΔV_{Total}，纵坐标代表的是该水库群子系统夏汛期多年平均总发电量 $\overline{E_{\text{Total}}^*}$。对图 3.14 分析可得到与方案 A1 相似的三点结论，故不再赘述。

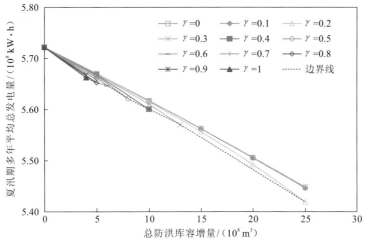

图 3.14   鸭河口-丹江口两库并联子系统应用 E 方程推求防洪库容分配的结果

3.6.5 E 方程在安康-潘口和三里坪-鸭河口两库并联子系统的应用

鉴于各水库的基本参数在 3.6.1~3.6.4 小节中均有给定，故本小节直接展示计算结果和研究结论。

1. 安康-潘口两库并联子系统的应用结果

图 3.15 为安康-潘口两库并联子系统的应用结果，图中横坐标代表的是该水库群子系统夏汛期总防洪库容增量 ΔV_{Total}，纵坐标代表的是该水库群子系统夏汛期多年平均总发电量 $\overline{E^*_{\text{Total}}}$。

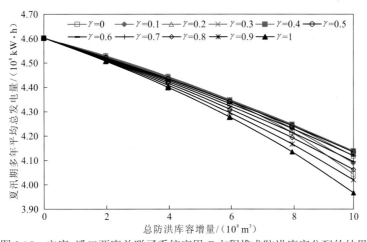

图 3.15   安康-潘口两库并联子系统应用 E 方程推求防洪库容分配的结果

如图 3.16 所示，随着水库群系统夏汛期总防洪库容增量 ΔV_{Total} 的增大，库容分配比例系数 γ 的值从 0 逐步增加，最后趋近于 0.40。因此，满足条件使得 $\overline{E^*_{\text{Total}}}$ 的值最大的 γ

会随着 ΔV_{Total} 的变化而有所不同，但变化范围为 $0\sim0.40$。对图 3.15 和图 3.16 进行综合分析，安康-潘口两库并联子系统库容优化分配的结论是：当 ΔV_{Total} 的值为 $0\sim3\times10^8\,\text{m}^3$ 时，γ 的值可建议取为 0；当 ΔV_{Total} 的值为 $4\times10^8\sim10\times10^8\,\text{m}^3$ 时，γ 的值建议为 $0.10\sim0.40$。

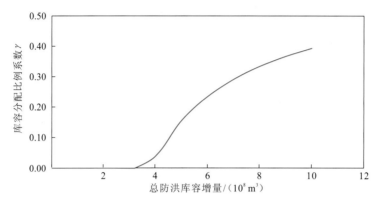

图 3.16　安康-潘口两库并联子系统中 γ 与总防洪库容增量的关系

2. 三里坪-鸭河口两库并联子系统的应用结果

图 3.17 为三里坪-鸭河口两库并联子系统的应用结果，图中横坐标代表的是该水库群子系统夏汛期总防洪库容增量 ΔV_{Total}，纵坐标代表的是该水库群子系统夏汛期多年平均总发电量 $\overline{E^*_{\text{Total}}}$。若三里坪-鸭河口两库并联子系统中存在新增的总防洪库容，则建议将该总防洪库容增量全部分配到鸭河口水库，从而使得该水库群子系统的夏汛期多年平均总发电量最大。

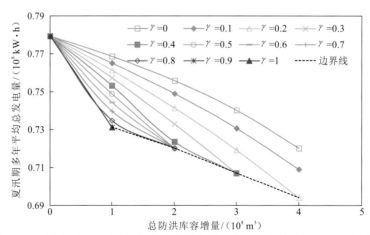

图 3.17　三里坪-鸭河口两库并联子系统应用 E 方程推求防洪库容分配的结果

3.7　本 章 小 结

本章针对水库群防洪库容分配规则问题开展研究。首先，给定一个库容变化量，构建单库系统的 E 方程，用于表征水库的发电量与库容变化量之间的关系。其次，将 E 方程由单库系统延伸到水库群系统，并以两库系统为例，构建水库群系统总发电量与总库容变化量 ΔV_{Total}、各水库间库容分配比例系数 γ 之间的数学关系式。再次，解析推导出可用于指导水库群系统库容优化分配的比例系数判别式。最后，以安康-丹江口两库系统、汉江流域五库系统为例开展实例研究，直接采用 E 方程计算水库群系统总发电量，并根据比例系数判别式寻求库容联合调度最优决策；将 E 方程的应用结果与基于常规发电调度的数值模拟结果进行对比，验证 E 方程计算水库群系统总发电量的准确度及比例系数判别式的合理性。本章研究结论如下。

（1）将采用 E 方程计算的水库群总发电量结果与基于常规发电调度的数值模拟结果进行对比可知，E 方程可较精确地估计水库的总发电量。并且，如果两库系统中两个水库之间的库容量级差异不大，E 方程也可以表达为水库群系统总库容绝对值（而不是总库容变化量 ΔV_{Total}）及两水库库容分配比例系数这两个变量的函数表达式。

（2）结合库容分配比例系数判别式，可简单、直观地推求两水库组成的水库群系统中以总发电量最大为目标函数的库容分配优化策略，且库容分配比例系数 γ 可在 0~1 取值。当研究时段 T 足够小时，比例系数判别式方法可用于判别水库群系统在蓄水期或者消落期阶段两个水库的蓄放水次序；当研究时段 T 为汛期（整个汛期调度时段）时，比例系数判别式方法可用于推求水库群系统中，以系统总发电量最大为目标函数，两水库防洪库容分配的优化问题。

由对安康-丹江口两库系统和汉江流域五库系统研究案例的分析可知，安康水库、潘口水库、三里坪水库、鸭河口水库和丹江口水库两两组合系统中的库容分配比例均为 0∶1，即相对于水库群系统防洪库容的现状设计方案，若水库群夏汛期总防洪库容存在一个增量 ΔV_{Total}，则建议将此总防洪库容增量全部分配到丹江口水库，在此方案下水库群系统的总发电量是最大的。

由汉江流域五库系统中安康-潘口两库并联子系统的夏汛期研究结果可知，随着总防洪库容增量 ΔV_{Total} 由 0 增加到 $10 \times 10^8 \text{m}^3$，安康水库和潘口水库的库容分配比例系数在 0~0.4 变化。

由汉江流域五库系统中三里坪-鸭河口两库并联子系统的夏汛期研究结果可知，三里坪水库和鸭河口水库的库容分配比例为 0∶1。

（3）由安康-丹江口两库系统的拓展讨论（3.5.3 小节）和汉江流域五库系统的研究结果可知，水库群系统中的防洪库容优化分配结果与各水库间库容量级差异、入库水量比例等因素均有关联。

（4）本章所推导的基于库容分配比例系数的水库群系统库容分配规则仅考虑发电效益这一单一目标，故该库容分配规则并未直接考虑防洪风险约束；但可将水库群防洪库容联合设计可行区间的相关研究作为防洪安全的边界条件，或者根据水库常规防洪调度结果判别库容分配方案是否满足水库群系统的现状防洪标准。

参 考 文 献

[1] 惠六一. 水库群防洪调度防洪库容优化分配模型研究与应用[D]. 武汉: 华中科技大学, 2017.

[2] 周研来. 梯级水库群联合优化调度运行方式研究[D]. 武汉: 武汉大学, 2014.

[3] LUND J R, GUZMAN J. Derived operating rules for reservoirs in series or in parallel[J]. Journal of water resources planning and management, 1999, 125(3): 143-153.

[4] MOHAMMADZADEH-HABILI J, HEIDARPOUR M. New empirical method for prediction of sediment distribution in reservoirs[J]. Journal of hydrologic engineering, 2010, 15(10): 813-821.

[5] ZHAO T, ZHAO J, LIU P, et al. Evaluating the marginal utility principle for long-term hydropower scheduling[J]. Energy conversion and management, 2015, 106: 213-223.

第二篇

水库水位预报

第 4 章

单个水库入库流量反演

4.1 引　言

水库是人类主动分配水资源时空分布的重要手段，担负着防洪、发电、航运、供水等多方面的功能与任务[1-7]。水库入库流量是水库水文预报[8]、水库调度等工作中的基础性资料[9-19]。在编制水库水文预报方案时，将水库真实入库流量作为已知数据，是水文模型参数率定的准绳，也是评价预报方案效率和精度级别的标尺[3]，精准的入库流量资料是正确开展水库调度的基石[9-20]。

水库入库流量有两种定义[12]：

（1）同地不同时入库流量，指同一地点（断面）不同时间的流量序列所组成的流量过程，也称坝前流量[17]，可反映入库流量对坝前水位的影响。

（2）同时不同地入库流量，指单位时间内不同地点汇集到水库的水量，即入库断面洪水与入库区间洪水之和。

可见，定义（1）易于解决工程中水库调洪演算的计算问题，而定义（2）与流域水文模型中的产汇流概念相匹配，理论上更严谨。因此，水库入库流量一般采用定义（2）。

根据《水利水电工程设计洪水计算规范》（SL 44—2006）第 3.3.1 条，水库入库流量主要有如下两种测算方法。

（1）基于水库入库控制站的流量叠加法[21]。该方法将入库流量划分为入库断面洪水和入库区间洪水。其中，入库断面洪水是水库回水末端干支流河道的洪水，可根据入库控制站测算流量。入库区间洪水又可分为陆面洪水和库面洪水。陆面洪水是入库断面以下至水库周边以上区间陆面所产生的洪水（一般无实测资料），库面洪水是库面降水的直接产流。

（2）基于水量平衡方程的反演方法[8-19]。根据水库坝前观测水位和出库流量等资料，利用如下水库水量平衡方程反推（反演）入库洪水流量：

$$I_t = Q_t + \frac{V_{t+1} - V_t}{\Delta t} + Q_{损} \tag{4.1}$$

式中：Δt 为选取的计算时间步长；I_t 为 Δt 时段内的平均入库流量；Q_t 为时段 t 内的平均出库流量（可采用闸门开度和机组出力等数据计算）；V_t、V_{t+1} 为 Δt 时段始、末时刻的水库库容；$Q_{损}$ 为由于蒸发、渗漏等损失的平均流量（可取常数或忽略）。

方法（1）中入库控制站易受水库回水影响，精度较低，且陆面洪水和库面洪水难于观测，特别是对于河道型水库，陆面洪水所占比例较大，因此生产实际中常采用方法（2）。

在基于水量平衡方程反演入库流量的方法中，计算时间步长 Δt 的选择，对求得的入库流量过程形状和洪峰均有显著的影响[3]。计算时间步长 Δt 过长，将坦化洪水过程，过短则易使流量出现波动。

水库入库流量波动的原因主要有：水位观测误差的放大效应；水库存在动库容，使得坝前水位代表性不强[9-10,22]，如图 4.1 所示；其他误差的影响，如水位库容曲线、溢洪道泄流能力曲线、发电机组出力特征曲线等特征曲线的误差，以及发电机组负荷、泄流闸门开度等信息采集的误差等。

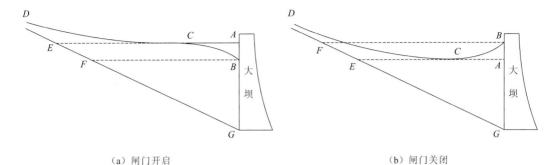

（a）闸门开启　　　　　　　　　　　　　　　　（b）闸门关闭

图 4.1　水库闸门启闭对水库水面线的影响[9]

水库入库流量反演是一个工程难题，为避免流量锯齿状波动，国内外学者开展了入库流量过程平滑处理、动库容水量平衡模拟和数据同化技术等方面的研究。

当假定水库水面水平，可采用水位库容曲线计算水库静库容时，为避免入库流量锯齿状波动，常用的方法有直接平滑入库流量法[3, 18, 23-25]、平滑水库库容法[15]、平均水位法[9]、总体水量平衡约束法[19]、降水径流关系验证法[14]。

水位观测误差一般属于白噪声（均值为 0），使反演的入库流量呈现锯齿状波动而非系统误差[26]；当水库动库容所占比例较大时，反演入库流量出现系统性偏差。目前研究动库容的方法主要有水动力学方法[27-35]、水文学方法[22, 36]、分段库容法（近似动库容法）[9, 37]，结合遥感影像技术和数字高程模型测定库区的实际回水曲线，并计算该回水曲线下的库区库容[38-40]。

数据同化技术可将数学模型计算结果与观测数据相融合，以不断更新系统状态与参数，从而提高物理过程模拟或预报的精度，也可以实现系统时空状态的最优估计[41]。数据同化包括全局拟合与顺序同化[42-43]。其中，顺序同化在水文水资源科学中应用较为广泛，常用的有卡尔曼滤波和粒子滤波方法[44]。

卡尔曼滤波是一种高效率的递归滤波器（自回归滤波器）。卡尔曼滤波已被广泛应用于水文模型的实时校正中[8]及近期水文模型不确定性的研究中[45-48]。由于卡尔曼滤波需假定模型误差服从正态分布，适用于强非线性、非正态分布问题的粒子滤波方法在水文水资源领域中开始受到关注[49-50]。

本章技术路线如图 4.2 所示。基于入库流量具有连续性这一特点，提出了两种新颖

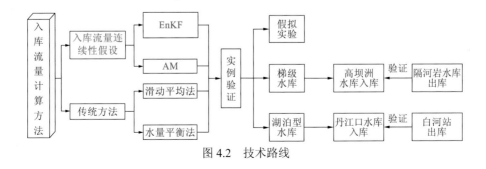

图 4.2　技术路线

的推求入库流量的方法，即解析法（analytical method，AM）与 EnKF，并在附录中给出了 AM 的详细推导过程。然后分别在假拟实验、隔河岩-高坝洲梯级水库、丹江口水库中，将这两种方法的效果与传统方法的效果进行对比，以验证它们的适用性与准确性。

4.2　避免锯齿状波动的反演方法

准确地估计入库流量这一技术难题已经成为许多研究的焦点[51-53]。但是，很少有人注意到入库流量的连续性。水文变量的连续性体现在短时期内变量的变化是不显著的，这一特性在参数估计与状态变量估计中已经得到了成功的应用[45, 54-57]。

本章旨在利用水库入流的连续性来估计水库入库流量。基于水库入库流量在短时间内变化不大的假设，提出了 AM 与 EnKF 两种估计水库入库流量的方法，并将所提出的方法与储存水量平衡（storage water balance，SWB）法、滑动平均水量平衡（moving average water balance，MAWB）法进行对比。

图 4.3 给出了避免入库流量出现锯齿状波动的两种方法的结构。

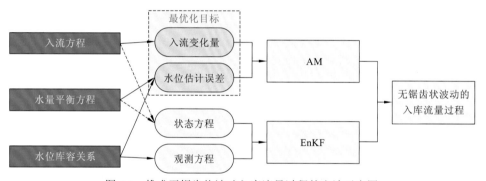

图 4.3　推求无锯齿状波动入库流量过程的方法示意图

4.2.1　AM

AM 同时考虑入库流量的连续性与水位估计误差，其实质是一个最优化问题。目标函数为

$$\min \quad \alpha\sum_{i=1}^{n-1}(I_{i+1}-I_i)^2 + (1-\alpha)\sum_{i=1}^{n+1}(Z_i-Z_i^0)^2 \tag{4.2}$$

约束条件为

$$\begin{cases} V_{i+1}=V_i+I_i-R_i & (i=1,2,\cdots,n) \\ I_i=Q_i\cdot\Delta T \\ R_i=O_i\cdot\Delta T \\ V_i^0=f(Z_i^0) \\ I_i\geqslant 0 \end{cases} \tag{4.3}$$

式中：Z_i 和 Z_i^0 分别为时刻 i 的估计水位值与观测水位值；Q_i 和 O_i 分别为时段平均入库流量与出库流量；ΔT 为从第 i 时刻到第 $i+1$ 时刻的时间间隔；I_i 和 R_i 分别为入库水量与出库水量；V_i^0 为水库蓄水量的观测值，由观测水位 Z_i^0 与水位库容关系 $f(\cdot)$ 得到；α 为从 0 到 1 取值的权重因子；n 为入流序列的长度。

作为一个双目标优化问题，式（4.2）想要同时使相邻时刻的流量差值 $\left[\sum_{i=1}^{n-1}(I_{i+1}-I_i)^2\right]$ 和观测水位与估计水位之间的差值 $\left[\sum_{i=1}^{n+1}(Z_i-Z_i^0)^2\right]$ 最小。当 α 取 0 时，式（4.2）、式（4.3）等价于传统的水量平衡法（SWB 法）。需要指出的是，入库流量变化的目标函数是指水库入库流量在较短的时间内的变化是缓慢的，当入库流量受人类活动的影响不显著时，这一点是有效的。

将式（4.3）代入式（4.2）中可得

$$\min \ \alpha\sum_{i=1}^{n-1}(2V_{i+1}-V_i-V_{i+2}+R_i-R_{i+1})^2+(1-\alpha)\sum_{i=1}^{n+1}(V_i-V_i^0)^2 \tag{4.4}$$

其中，出库水量 R_i 与水库蓄水量观测值 V_i^0 已知，V_i 作为入库流量反演的决策变量。

采用拉格朗日法解上述最优化问题，结果可用矩阵表示如下（详细推导过程见附录）：

$$\boldsymbol{W}(\alpha)\boldsymbol{V}=\boldsymbol{B}(\alpha,R_i,V_i^0) \tag{4.5a}$$

$$\boldsymbol{W}(\alpha)=\begin{bmatrix} 1 & -2\alpha & \alpha & 0 & 0 & 0 & \cdots & 0 & 0 & 0 & 0 & 0 \\ -2\alpha & 4\alpha+1 & -4\alpha & \alpha & 0 & 0 & \cdots & 0 & 0 & 0 & 0 & 0 \\ \alpha & -4\alpha & 5\alpha+1 & -4\alpha & \alpha & 0 & \cdots & 0 & 0 & 0 & 0 & 0 \\ 0 & \alpha & -4\alpha & 5\alpha+1 & -4\alpha & \alpha & \cdots & 0 & 0 & 0 & 0 & 0 \\ \vdots & \vdots & \vdots & \vdots & \vdots & \vdots & & \vdots & \vdots & \vdots & \vdots & \vdots \\ 0 & 0 & 0 & 0 & 0 & 0 & \cdots & \alpha & -4\alpha & 5\alpha+1 & -4\alpha & \alpha \\ 0 & 0 & 0 & 0 & 0 & 0 & \cdots & 0 & \alpha & -4\alpha & 4\alpha+1 & -2\alpha \\ 0 & 0 & 0 & 0 & 0 & 0 & \cdots & 0 & 0 & \alpha & -2\alpha & 1 \end{bmatrix}$$

$$\tag{4.5b}$$

$$\boldsymbol{B}(\alpha,R_i,V_i^0)=\begin{bmatrix} \alpha R_1-\alpha R_2+(1-\alpha)V_1^0 \\ -2\alpha R_1+3\alpha R_2-\alpha R_3+(1-\alpha)V_2^0 \\ \alpha R_1-3\alpha R_2+3\alpha R_3-\alpha R_4+(1-\alpha)V_3^0 \\ \alpha R_2-3\alpha R_3+3\alpha R_4-\alpha R_5+(1-\alpha)V_4^0 \\ \vdots \\ \alpha R_{n-3}-3\alpha R_{n-2}+3\alpha R_{n-1}-\alpha R_n+(1-\alpha)V_{n-1}^0 \\ \alpha R_{n-2}-3\alpha R_{n-1}+2\alpha R_n+(1-\alpha)V_n^0 \\ \alpha R_{n-1}-\alpha R_n+(1-\alpha)V_{n+1}^0 \end{bmatrix} \tag{4.5c}$$

式中：$\boldsymbol{W}(\alpha)$ 为 $(n+1)\times(n+1)$ 的系数矩阵；$\boldsymbol{V}=\{V_i;i=1,2,\cdots,n+1\}$ 为 $(n+1)\times1$ 的状态变量向量，表示水库蓄水量的估计值；$\boldsymbol{B}(\alpha,R_i,V_i^0)$ 为 $(n+1)\times1$ 的常数向量，其值与出库水量 R_i 和水库蓄水量观测值 V_i^0 有关。

因此，水库蓄水量的估计值可由式（4.6）计算：

$$V = W^{-1}(\alpha)B(\alpha, R_i, V_i^0) \tag{4.6}$$

最终，可以得到入库流量：

$$Q_i = \frac{I_i}{\Delta T} = \frac{V_{i+1} - V_i + R_i}{\Delta T} \tag{4.7}$$

4.2.2 EnKF

1. EnKF 简介

数据同化技术，如卡尔曼滤波、扩展的卡尔曼滤波及 EnKF 等，能够提供一种综合水文模型和各类观测误差的方法。EnKF 是将蒙特卡罗方法和卡尔曼滤波结合起来的一种连续数据同化方法。EnKF 相对于传统的卡尔曼滤波的优点在于其对非线性问题的适用性：首先，EnKF 是一种顺序算法，同化过程中可以不断地输入观测数据，实现对水文模型参数和状态的实时更新[58]；其次，使用 EnKF 同化算法可以融合多种数据，可以充分、高效地利用数据[59]；再次，EnKF 通过样本统计方法，避免了高维矩阵的求解，节约计算成本，提高计算效率[60]；最后，EnKF 技术将参数和状态变量的不确定性区分开来，对不确定性的描述更加清晰[61]。EnKF 被广泛应用于水文模型状态变量、模型参数估计，洪水预报等方面。

应用 EnKF 的关键在于对系统状态转移方程和观测方程的构建。通用的状态转移方程为

$$x_{i+1} = f(x_i, \theta_n) + \varepsilon_i, \quad \varepsilon_i \sim N(0, G_i) \tag{4.8}$$

式中：x_i 为系统状态变量；θ_n 为系统参数；ε_i 为系统的独立白噪声，服从均值为 0、方差为 G_i 的正态分布。

观测方程为

$$y_{i+1} = h(x_{i+1}, \theta_n) + \xi_{i+1}, \quad \xi_{i+1} \sim N(0, S_{i+1}) \tag{4.9}$$

式中：y_{i+1} 为观测值；$h(\cdot)$ 为系统状态变量与观测值之间的转换关系，在水文中一般指水文模型；ξ_{i+1} 为系统白噪声，服从均值为 0、方差为 S_{i+1} 的正态分布。

基于上述系统状态转移方程和观测方程，EnKF 的同化过程如下：

$$x_{i+1|i}^k = f(x_{i|i}^k, \theta_n) + \varepsilon_i^k \tag{4.10}$$

$$x_{i+1|i+1}^k = x_{i+1|i}^k + K_{i+1}[y_{i+1}^k - h(x_{i+1|i}^k, \theta_n)] \tag{4.11}$$

$$y_{i+1}^k = y_{i+1} + \xi_{i+1}^k \tag{4.12}$$

式中：$x_{i+1|i}^k$ 为 $i+1$ 时刻第 k 个集合数的预测值；$x_{i|i}^k$ 为 i 时刻第 k 个集合数的更新值；ε_i^k 为第 k 个集合数的白噪声；y_{i+1}^k 为第 k 个集合数的观测值；ξ_{i+1}^k 为第 k 个集合数的观测误差；K_{i+1} 为增益因子，它表示预测值与观测值之间的权重关系，其计算公式为

$$K_{i+1} = \sum_{i+1|i}^{xy} \left(\sum_{i+1|i}^{yy} + S_{i+1} \right)^{-1} \tag{4.13}$$

$$\sum_{i+1|i}^{xy} = \frac{1}{N-1} X_{i+1|i} Y_{i+1|i}^{\mathrm{T}} \tag{4.14}$$

$$\sum\nolimits_{i+1|i}^{yy} = \frac{1}{N-1} \boldsymbol{Y}_{i+1|i} \boldsymbol{Y}_{i+1|i}^{\mathrm{T}} \tag{4.15}$$

其中：$\sum_{i+1|i}^{xy}$ 为预测状态变量的协方差；$\sum_{i+1|i}^{yy}$ 为观测量预测值误差的协方差；$\boldsymbol{X}_{i+1|i} = (x_{i+1|i}^1 - \bar{x}_{i+1|i}, \cdots, x_{i+1|i}^N - \bar{x}_{i+1|i})$，$\boldsymbol{Y}_{i+1|i} = (y_{i+1|i}^1 - \bar{y}_{i+1|i}, \cdots, y_{i+1|i}^N - \bar{y}_{i+1|i})$，$\bar{x}_{i+1|i}$ 为预测状态变量的集合均值，$\bar{y}_{i+1|i}$ 为观测量预测值的集合均值；N 为集合数。

2. 应用

为推求水库入库流量，基于入库流量的连续性，即短时段内初始时刻与末时刻的入库流量近似相等这一假设（如时段长度为几分钟），可以建立 EnKF 的状态转移方程与观测方程。这一假设在水文模型的时变参数与时变状态中已被广泛接受[52-53]。

因此，可得如下状态转移方程：

$$Q_{i+1} = Q_i + \varepsilon \tag{4.16}$$

式中：ε 为误差项，假设其服从均值为 0、方差为定值的正态分布。流量在短时段内的变化是有限的，可以用更复杂的公式来代替，如自回归模型。

另一个状态转移方程为水量平衡方程：

$$V_{i+1} = V_i + (Q_i - O_i)\Delta T \tag{4.17}$$

观测方程为

$$Z_{i+1} = g(V_{i+1}) + \xi \tag{4.18}$$

式中：$g(\cdot)$ 为式（4.3）中 $f(\cdot)$ 的反函数；ξ 为水库水位观测误差，服从均值为 0 的正态分布。

根据上述三个方程，即可反演入库流量，计算流程如图 4.4 所示。

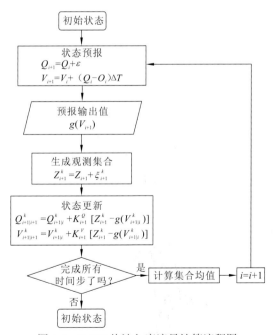

图 4.4　EnKF 估计入库流量计算流程图

4.2.3 评价指标

为评价上述两种方法的效果，引入如下几个指标。

（1）均方根误差（RMSE）：

$$\text{RMSE} = \left[\sum_{i=1}^{n} \frac{(Z_i - Z_i^0)^2}{n} \right]^{1/2} \tag{4.19}$$

（2）平均绝对误差（MaxAE）：

$$\text{MaxAE} = \sum_{i=1}^{n} \frac{\left| Z_i - Z_i^0 \right|}{n} \tag{4.20}$$

（3）相关系数（CC）：

$$\text{CC} = \frac{\sum_{i=1}^{n}(Z_i - Z)(Z_i^0 - Z^0)}{\sqrt{\sum_{i=1}^{n}(Z_i - Z)^2(Z_i^0 - Z^0)^2}} \tag{4.21}$$

（4）水量平衡系数（WBI）：

$$\text{WBI} = \left| \frac{(I - R) - \Delta V}{\Delta V} \right| \times 100\% \tag{4.22}$$

式中：Z_i 与 Z_i^0 分别为时刻 i 的估计水位与观测水位；Z 与 Z^0 分别为估计水位与观测水位的均值；I_i 与 R_i 分别为入库水量与出库水量；ΔV 为水库蓄水量的变化值，即时段初与时段末水库蓄水量之差。

将这四个评价指标用于评价由所推求的入库流量得到的水库水位模拟值的准确度。其中，WBI 取 0，代表完全满足水量平衡要求。

4.3 案例研究

为了验证 AM 与 EnKF 的正确性和适应性，并对比其与传统方法的效果，采用如下三种方案。

第一，假拟实验，用于验证所提出方法的有效性。

第二，梯级水库上、下库验证。选取清江隔河岩-高坝洲梯级水库，对下游水库的入库流量进行反演计算，与上游水库出库流量过程比较，根据上、下库之间的水力联系特征（区间入流小、传播时间短及洪水变形小等特征），评价和验证提出的各种方法的适应性。

第三，基于水库入库控制站的流量叠加法进行验证。选取丹江口水库开展实例研究，将反演入库流量与入库控制站白河站流量进行比较，评价和验证提出的各种方法的适应性。

4.3.1　假拟实验

水库入库流量过程的真实值未知，因此开展假拟实验来检验提出方法的效果。同时，将提出方法的结果与传统的 SWB 法和 MAWB 法进行对比。给定水位库容关系曲线和水库入库流量，随机生成出库流量，则水库入库流量推求的假拟实验的实施步骤具体如下。

（1）设定计算时间步长为 1 h，生成水库入库流量和出库流量序列。

（2）采用式（4.16）和式（4.17）计算水库水位序列，并给计算的水库水位加入观测误差，误差项服从均值为 0、标准差为 0.01 的正态分布（需要说明的是，水库水位观测计的精度一般为厘米，故观测误差分布的标准差设定为 0.01 m）。

（3）根据水库水位、出库流量和水位库容关系曲线，采用 AM、EnKF、SWB 法、三点 MAWB 法推求入库流量。

（4）将估计的入库流量代入式（4.16）和式（4.17）以模拟水库水位，采用 4.2.3 小节的四种评价指标评估水库水位的模拟效果。

（5）采用纳什效率系数（NSE）评估所得入库流量的准确性：

$$\text{NSE} = 1 - \frac{\sum_{i=1}^{n}(Q_i^s - Q_i^0)^2}{\sum_{i=1}^{n}(Q_i^0 - Q^0)^2} \tag{4.23}$$

式中：Q_i^s 和 Q_i^0 分别为入库流量的估计值与观测值；Q^0 为水库流量观测值的均值；n 为时段数。

在假拟实验中，考虑了两种误差情景，见表 4.1。在情景 1 中，考虑了两种水位库容曲线对入库流量估计的影响，即水位变化为 1 cm 时，水位库容曲线 2 下的水库蓄水量的变化量大于水位库容曲线 1 下的水库蓄水量的变化量（图 4.5）。

表 4.1　假拟实验中的不同误差情景

情景	内容
1	考虑水库水位观测误差及不同水位库容关系的影响
2	考虑水库水位观测误差及动库容的影响

1. 传统方法

采用传统方法（SWB 法与 MAWB 法）得到的入库流量反演结果如图 4.6、图 4.7 所示。图 4.6 表明，对于采用 SWB 法与 MAWB 法反演得到的入库流量过程，水位库容关系变化更快的情景下，入库流量过程的波动更大。图 4.7 表明了计算时间步长的选取对入库流量反演结果的影响。显然，采用更短时间步长（15 min）得到的入库流量过程较更长时间步长（1 h）波动更大。以上结果表明，在更短时间步长与更陡水位库容曲线条件下，推求的入库流量过程波动更大。虽然图 4.6、图 4.7 都显示 MAWB 法能够抑制入

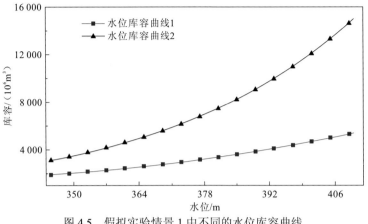

图 4.5　假拟实验情景 1 中不同的水位库容曲线

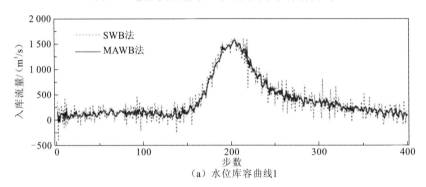

（a）水位库容曲线1

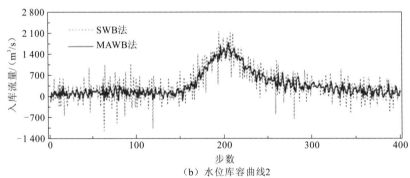

（b）水位库容曲线2

图 4.6　情景 1 中两种水位库容曲线分别采用 SWB 法、MAWB 法反演入库流量的对比（步长为 1 h）

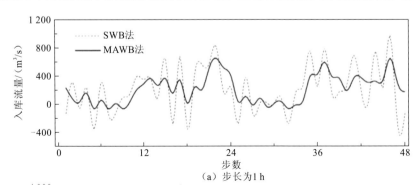

（a）步长为1 h

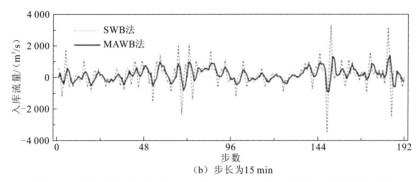

（b）步长为15 min

图 4.7 采用不同时间步长 SWB 法与 MAWB 法反演的入库流量的对比

库流量反演的锯齿状波动，但是 SWB 法与 MAWB 法均不能完全避免反演入库流量过程的波动性及负值的出现。

不同滑动点数的选取对 MAWB 法的结果有显著的影响，不同滑动点数的 MAWB 法反演的入库流量对比如图 4.8 所示。结果表明，选取更多的滑动点数能够得到更光滑的入库流量过程线。但是，若滑动点数选取过多，将坦化洪峰，不能反映真实的入库流量过程；而选取过少，又不能达到抑制反演入库流量过程波动性的目的。需要说明的是，在后面的研究中，均采用三点 MAWB 法。

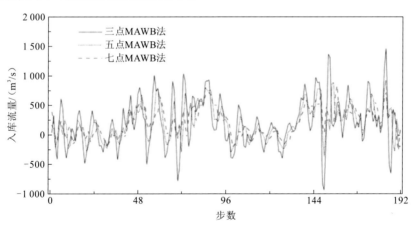

图 4.8 不同滑动点数的 MAWB 法反演的入库流量对比（步长为 15 min）

2. AM 结果

AM 中，权重因子 α 代表目标函数中入库流量变化项的权重，取值范围为 0～1，α 的选取是 AM 中至关重要的一步。当 α 取 1 时，代表只考虑入库流量变化；当 α 取 0 时，代表只考虑水位误差，此时 AM 等同于 SWB 法。α 由入库流量连续性与蓄水量估计误差之间的竞争关系决定，在确定水位观测精度和水库非负入流的条件下，采用试算法进行估计。

为了证明 α 取值对结果的影响，采用不同的 α 进行计算，结果如图 4.9 所示。由于两种水位库容曲线的结果相似，图 4.9 省去了情景 1 中水位库容曲线 2 的情形。从图 4.9

中可以看出，两种情景下，α 越大，所得入库流量过程线越光滑。这是因为，目标函数中的入库流量变化项越小实质上是入库流量的波动性越小，更大的权重因子所生成的入库流量过程线更平滑。情景 1 与情景 2 中采用的权重因子分别为 0.98 和 0.999 5，均大于 0.9，这是因为每小时入库水量远小于水库的蓄水量，入库水量的变化与水库蓄水量的估计误差是无法相比的，所以 α 取值总是接近于 1。最终，情景 1 中水位库容曲线 1、水位库容曲线 2 及情景 2 中的 α 分别设定为 0.98、0.95、0.999 5。

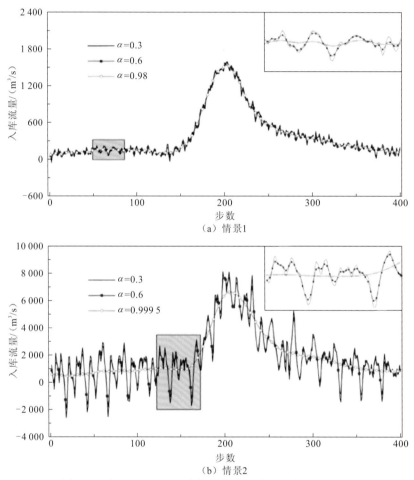

图 4.9 不同 α 下 AM 反演的入库流量过程（步长为 1 h）

3. EnKF 结果

集合的大小与输入输出中的不确定性对 EnKF 数据同化结果有显著的影响[56,58]。在本章中，不确定性存在于入流误差[ε，式（4.16）]与水位观测误差[ξ，式（4.18）]中，假设它们均服从正态分布。其中，入流误差的标准差设定为 10~50，以表示连续性入流中的不确定性；水位观测误差的标准差设定为 0.01 m，以反映实际观测精度，即观测站能够提供的水位观测精度为厘米级。变化的方差可以用来扰乱观测结果，集合的大小即通过状态转移方程生成的样本个数。在本次假拟实验中，集合的大小设置为 1 000。

4. 结果与讨论

AM、EnKF、SWB 法与 MAWB 法四种方法的入库流量反演结果及真实入流过程如图 4.10 所示。为使结果展现清晰，仅选取了 400 个序列中的 100～300 段。两种情景的不同评价指标结果如表 4.2 所示。用 SWB 法和 MAWB 法估计的入库流量波动较大，且存在负值。在情景 1 中，水位库容曲线 2 采用传统方法估计的入库流量波动较水位库容曲线 1 大。这一结果表明传统方法中，水库水位库容转换误差（由水位库容曲线的误差

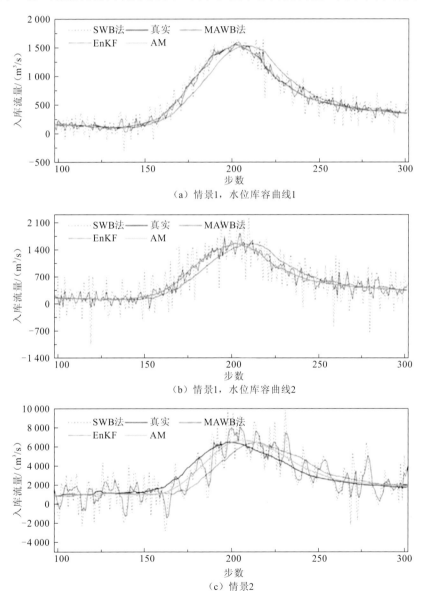

（a）情景1，水位库容曲线1

（b）情景1，水位库容曲线2

（c）情景2

图 4.10　AM、EnKF、SWB 法及 MAWB 法入库流量反演结果与真实入流过程的对比（步长为 1 h）

导致）对入库流量反演结果有相当大的影响。另外，水面坡度即动库容会引起入库流量反演结果的较大波动（图 4.10）。同时，从表 4.2 中可以看出，AM 与 EnKF 的模拟结果更加准确。因此，所提出的两种方法能够达到避免锯齿状波动且更加准确地模拟入库流量过程的目的。

表 4.2　两种情景的不同评价指标结果

评价指标	条件	AM	EnKF	MAWB 法	SWB 法
NSE	情景 1，水位库容曲线 1	0.98	0.96	—	—
	情景 1，水位库容曲线 2	0.99	0.95	—	—
	情景 2	0.94	0.79	—	—
RMSE/m	情景 1，水位库容曲线 1	0.006	0.023	0.053	0.011
	情景 1，水位库容曲线 2	0.001	0.013	0.026	0.010
	情景 2	0.220	0.035	1.713	0.011
MAE/m	情景 1，水位库容曲线 1	0.003	0.014	0.035	0.008
	情景 1，水位库容曲线 2	0.000	0.009	0.019	0.007
	情景 2	0.171	0.024	1.662	0.008
CC	情景 1，水位库容曲线 1	0.999	0.999	0.999	0.999
	情景 1，水位库容曲线 2	0.999	0.999	0.999	0.999
	情景 2	0.999	0.999	0.999	0.999
WBI/%	情景 1，水位库容曲线 1	0.02	0.58	0.11	0.18
	情景 1，水位库容曲线 2	0.09	0.19	0.19	0.44
	情景 2	2.23	2.63	2.60	2.50

图 4.11 呈现了 AM、EnKF 及 MAWB 法三种方法的水库实测水位与水位估计值之间的误差，同样只展示了 400 个序列中的 100～300 段。由于 SWB 法直接采用观测水位反推入库流量，该方法下水位误差等于假拟实验中实测水位的误差扰动。在情景 1 中，AM 的水位误差较 EnKF 略低；而在情景 2 中，AM 的水位误差比 EnKF 更大。AM 与 EnKF 模拟效果的评价结果在情景 1 中相似，情景 2 中 AM 的纳什效率系数更大。MAWB 法在两种情景下的误差均更大。表 4.2 还呈现了 WBI 指标，用来对各方法的水量平衡进行评价。结果表明，AM 的 WBI 最小，水量平衡结果比其他所有方法都好。从理论上，SWB 法的水量平衡条件在没有水位观测误差时应该完全满足，但实际 SWB 法的 WBI 并不等于 0，这是因为在计算中考虑了水位观测误差。

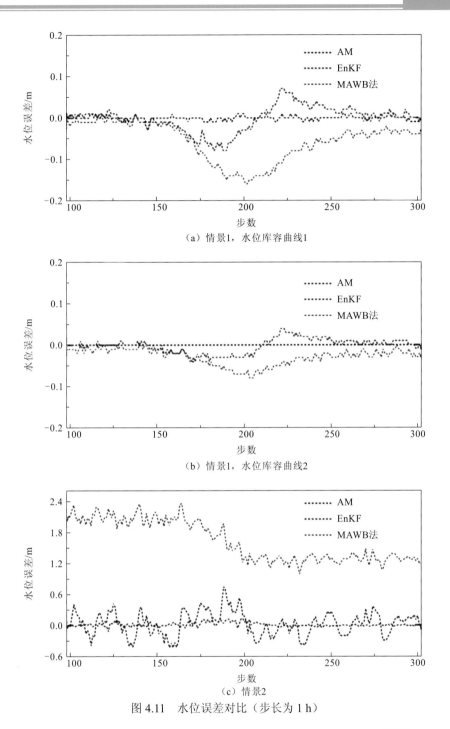

（a）情景1，水位库容曲线1

（b）情景1，水位库容曲线2

（c）情景2

图4.11 水位误差对比（步长为1h）

EnKF估计得到的水库入库流量过程与真实入流过程之间存在滞时[57,62]。对于EnKF，当前时刻状态变量的更新基于前一时刻和当前时刻的观测量，对于每个状态变量的更新，所使用观测数据仅为前一时刻和当前时刻数据，无法跟踪整个过程。

总而言之，可以得出如下三点结论。

（1）相对于 SWB 法与 MAWB 法，AM 与 EnKF 可提供更准确的入库流量反演结果，特别是能够避免锯齿状波动和负值问题；

（2）因为 EnKF 存在滞时问题，所以认为 AM 的反演结果较 EnKF 更优；

（3）当考虑水面比降时，所提出的两种方法的表现较差，表明水面比降对入库流量的反演有很大的影响。

4.3.2　高坝洲水库

清江全长 423 km，是长江一级支流。高坝洲水库位于清江的下游河段，集水面积约为 17 000 km²，在清江流域水力发电中扮演着重要的角色。高坝洲水库的主要特征参数见表 4.3。

表 4.3　高坝洲水库的主要特征参数

特征参数	数值
正常蓄水位/m	80
总库容/（10^8 m³）	4.33
死水位/m	78
死库容/（10^8 m³）	3.49
装机容量/MW	252
年均发电量/（10^8 kW·h）	8.98

高坝洲水库的上游不到 50 km 处有隔河岩水库，其间河道无明显的水量交换，且河长较短，故隔河岩水库的出库流量可以近似作为高坝洲水库的入库流量，从而为 AM、EnKF、SWB 法与 MAWB 法四种方法得到的入库流量估计值提供佐证。实例研究所使用的数据包括高坝洲水库时间步长为 15 min 的实测水位、出库流量、水位库容曲线，以及隔河岩水库对应时段的 1 h 出库流量。

高坝洲水库在水库入库流量估计过程中，使用的数据的时间步长为 15 min，而后再将结果转换为 1 h 的时间尺度进行分析对比。AM 中的 α 设为 0.999。图 4.12 展示了高坝洲水库入库参考流量（隔河岩水库出库流量）过程与分别采用 AM、EnKF、SWB 法及 MAWB 法估计的入库流量过程的对比。从图 4.12 中可以看出，采用 AM 与 EnKF 估计的水库入库流量过程更加平滑，而采用 SWB 法和 MAWB 法推求的入库流量有较为剧烈的波动，结果表明提出的两种方法优于传统的计算方法。由于隔河岩水库与高坝洲水库仅相距 50 km，流量在河道中演进需要一定的时间，故隔河岩水库出流与高坝洲水库入流存在一定的滞时[51]。EnKF 估计的水库入流过程与隔河岩水库出流过程的滞时为 3 h，稍微大于实际的河道汇流时间 2 h。

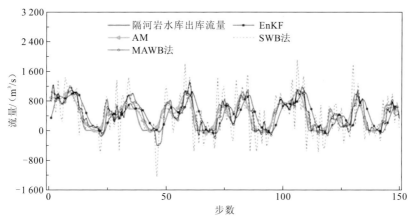

图 4.12 高坝洲水库入库参考流量（隔河岩水库出库流量）过程与
分别采用 AM、EnKF、SWB 法及 MAWB 法估计的入库流量过程的对比图（步长为 1 h）

表 4.4 给出了高坝洲水库水量平衡系数及实测水库水位与不同方法估计得到的水位统计指标结果。四种方法的水量平衡系数分别为 10.85%、18.09%、0.00、29.14%。AM 与 EnKF 满足水量平衡条件。SWB 法的 WBI 为 0.00，是因为该方法没有考虑水位观测误差。此外，AM、EnKF 估计的水位相较于 MAWB 法的估计值，有着较小的 RMSE 和 MAE，且有较高的相关系数 CC。图 4.13 给出了高坝洲水库实测水位与分别由 AM、EnKF 和 MAWB 法估计得到的水位过程及误差的对比图。可以看出，相比于 MAWB 法，AM、EnKF 的估计水位过程误差更小，与实测水位过程更接近。总之，AM 与 EnKF 比传统方法更能准确地估计水库入库流量过程，特别是能够避免流量波动与负值出现的问题。

表 4.4 高坝洲水库采用 AM、EnKF、SWB 法与 MAWB 法四种方法估计的
水量平衡系数和水位统计指标结果

评价指标	AM	EnKF	SWB 法	MAWB 法
RMSE/m	0.04	0.05	—	0.13
MAE/m	0.03	0.04	—	0.11
CC	0.982	0.968	—	0.937
WBI/%	10.85	18.09	0.00	29.14

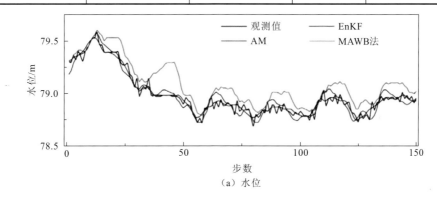

（a）水位

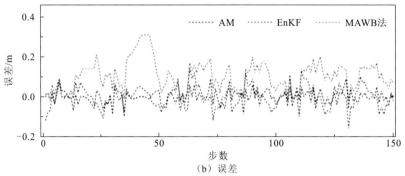

图 4.13　高坝洲水库观测水位与分别采用 AM、EnKF 与 MAWB 法
三种方法估计的水位过程对比图（步长为 1 h）

4.3.3　丹江口水库

丹江口水库位于长江最大的支流汉江的上游，集水面积约为 95 200 km²，库面面积达 745 km²。水库正常蓄水位为 170 m，相应的库容为 290.5×10⁸m³。丹江口水库承担着向我国北方供水的重要任务。白河站位于丹江口上游约 66 km 处，是丹江口水库的上游控制站，该站流量约占丹江口总入库流量的 67%。

研究中采用的数据主要包括时间步长为 6 h 的水库水位观测值与出库流量。将反演得到的入库流量与入库控制站白河站的流量进行比较，即可评价和验证提出的各种方法的适应性。AM 中权重因子 α 取为 0.929。

首先，评估各方法的水量平衡条件，结果见表 4.5。四种方法的水量平衡系数分别为 0.18%、0.67%、0.00、0.97%。显然，AM 与 EnKF 优于 MAWB 法。SWB 法的 WBI 为 0.00，是因为该方法没有考虑水位观测误差。

表 4.5　丹江口水库采用 AM、EnKF、SWB 法与 MAWB 法四种方法估计的
水量平衡系数和水位统计指标结果

评价指标	AM	EnKF	SWB 法	MAWB 法
RMSE/m	0.02	0.04	—	0.05
MAE/m	0.01	0.02	—	0.03
CC	0.999	0.999	—	0.999
WBI/%	0.18	0.67	0.00	0.97

图 4.14 说明所提出的方法相较于以往的方法，尤其是 SWB 法，所得入库流量过程更平滑。MAWB 法推求的流量过程虽然较 SWB 法所得结果更光滑，但仍然存在一定的波动。由 SWB 法与 MAWB 法反演的洪峰流量大于白河站的观测值，而 AM 与 EnKF 反

演的洪峰流量略小于白河站的观测值，但除了 EnKF 存在 24 h 的滞时外，无论采用哪种方法，峰现时间总是一致的。实践表明，流量在河道中从白河站演进到丹江口水库需要的时间约为 12 h，小于 EnKF 的模拟结果，而 AM 反演的入库流量过程不存在这一问题。

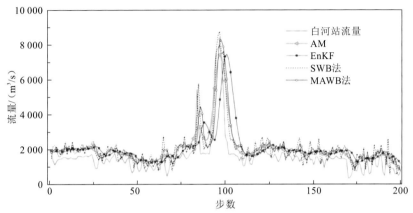

图 4.14　白河站流量过程与丹江口水库 AM、EnKF、SWB 法、
MAWB 法反演的入库流量过程的对比（步长为 6 h）

　　图 4.15 展示了各时段水库水位观测值与 AM、EnKF、MAWB 法估计的水位，各评价指标结果见表 4.5。所提出方法的水位估计值较 MAWB 法有着更小的 RMSE 与 MAE。因此，AM 与 EnKF 能够得到更加准确、合理的水库流量过程。

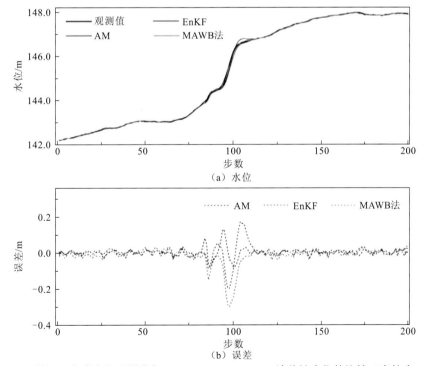

（a）水位

（b）误差

图 4.15　丹江口水库水位观测值与 AM、EnKF、MAWB 法估计水位的比较（步长为 6 h）

4.4 本章小结

在本章中，提出了两种新颖的避免锯齿状波动的入库流量反演计算方法，通过与以往采用的 SWB 法与 MAWB 法的比较，可以得出如下几点结论。

（1）所提出的 AM，是基于最小化入库流量波动、最小化水位估计误差的双目标优化方法，给出了最优化问题的解析解，其入库流量反演结果较 SWB 法与 MAWB 法更为合理、准确。

（2）EnKF 通过同化水库水位观测值，有效地更新入库流量。即使在考虑水库水位观测误差与水位库容曲线误差的情形下，EnKF 也同样适用。EnKF 的入库流量反演结果较 SWB 法与 MAWB 法更加准确、合理。

（3）由于 EnKF 的入库流量反演结果存在一定的滞时，认为 AM 优于 EnKF。

参 考 文 献

[1] 周之豪, 沈曾源, 施熙灿, 等. 水利水能规划[M]. 北京: 中国水利水电出版社, 1986.

[2] 叶秉如. 水利计算及水资源规划[M]. 北京: 水利电力出版社, 1995.

[3] 郭生练. 水库调度综合自动化系统[M]. 武汉: 武汉水利电力大学出版社, 2000.

[4] LABADIE J. Optimal operation of multireservoir systems: state-of-the-art review[J]. Journal of water resources planning and management, 2004, 130(2): 93-111.

[5] YEH W. Reservoir management and operations models: a state-of-the-art review[J]. Water resources research, 1985, 21(12): 1797-1818.

[6] 谢悦波. 水信息技术[M]. 北京: 中国水利水电出版社, 2009.

[7] 魏文秋, 张利平. 水文信息技术[M]. 武汉: 武汉大学出版社, 2002.

[8] 包为民. 水文预报[M]. 4 版. 北京: 中国水利水电出版社, 2009.

[9] 王世策, 胡晓勇. 大型水库计算入库流量波动过大问题分析[J]. 安徽水利水电职业技术学院学报, 2010, 10(3): 19-21.

[10] 唐海华, 陈森林, 赵云发, 等. 三峡水库入库流量计算方法研究[J]. 中国农村水利水电, 2008(4): 26-27.

[11] 唐海华, 丁杰. 河道型水库动库容问题初探[J]. 水电自动化与大坝监测, 2009, 33(5): 75-78.

[12] 陈忠贤, 唐海华. 三峡水库入库流量计算方法及其对调度的影响分析[J]. 水电厂自动化, 2010, 31(1): 78-80.

[13] 左振鲁, 唐海华, 陈森林, 等. 三峡水库正常运行期入库流量计算方案分析[J]. 水电自动化与大坝监测, 2010, 34(5): 74-77.

[14] 方崇惠, 郭生练, 段亚辉, 等. 还原入库洪水的一种简便新方法[J]. 岩土工程学报, 2008, 30(11): 1743-1747.

[15] 叶泽纲. 用水量平衡的微分式反推入库洪水的方法探讨[J]. 水文, 1986, 6(5): 27-29.

[16] 阮文亭. 用水电站运行纪录推求来水资料[J]. 广东水利水电, 2010, 41(7): 1-3.

[17] 闵要武, 王俊, 陈力. 三峡水库入库流量计算及调洪演算方法探讨[J]. 人民长江, 2011, 42(6): 49-52.

[18] 武炜, 陈标, 吴剑锋, 等. 基于五点三次平滑算法的入库流量反推研究[J]. 水利水电技术, 2013, 44(12): 100-102.

[19] 张俊, 廖胜利, 程春田, 等. 基于最小二乘曲线的水电站入流平滑处理[J]. 水电能源科学, 2011, 29(4): 55-56.

[20] 包为民, 林跃, 黄贤庆, 等. 水库入库河段洪水汇流参数抗差估计研究[J]. 武汉大学学报(工学版), 2004, 37(6): 13-16.

[21] INOSAKO K, YUAN F, MIYAMOTO S. Simple methods for estimating outflow salinity from inflow and reservoir storage[J]. Agricultural water management, 2006, 82(3): 411-420.

[22] 许海军, 陈守煜. 水库动库容调洪计算的数值解析解法[J]. 水利学报, 2002, 33(3): 69-73.

[23] 齐鄂荣, 罗昌. 梯级水电站水量平衡的研究[J]. 中国农村水利水电, 2003(10): 10-13.

[24] MADANI K, LUND J R. Modeling California's high-elevation hydropower systems in energy units [J]. Water resources research, 2009, 45(9): 1-12.

[25] 包为民, 嵇海祥, 胡其美, 等. 抗差理论及在水文学中的应用[J]. 水科学进展, 2003, 14(4): 133-137.

[26] 李荣容, 吴国尧. 水库入库流量抗差修正研究[J]. 中国农村水利水电, 2008(11): 12-14.

[27] 李光炽, 周晶晏. 河道型水库动库容分析方法[J]. 水利水电科技进展, 2005, 25(5): 9-11.

[28] 王船海, 南岚, 李光炽. 河道型水库动库容在实时洪水调度中的影响[J]. 河海大学学报(自然科学版), 2004, 32(5): 526-529.

[29] 童思陈, 周建军. 河道型水库防洪库容近似计算方法[J]. 水力发电学报, 2003, 22(4): 74-81.

[30] 许海军. 水库防洪预报调度中动库容问题研究[J]. 华北水利水电学院学报, 1999, 20(3): 13-15.

[31] 易令宇. 考虑动库容的水库调洪计算方法浅析[J]. 湖南水利水电, 2004(1): 38-39.

[32] 许海军, 张建华, 李桐. 大伙房水库动库容分析计算[J]. 东北水利水电, 1999, 20(3): 35-37.

[33] 许海军, 陈守煜, 郭纯一. 基于实测资料的水库动库容调洪数值解法[J]. 大连理工大学学报, 2003, 43(6): 837-840.

[34] 陆庚唐. 关于河道型水库的防洪动库容[J]. 水文, 1994, 14(4): 11-13.

[35] 陈森林, 游中琼, 纪昌明. 水库动库容调洪方法研究[J]. 水电能源科学, 1999, 17(4): 27-30.

[36] 付小平, 郭生练, 杨文钧. 柘溪水库洪水动库容分析研究[M]// 魏文秋, 夏军. 现代水文水环境科学进展. 武汉: 武汉水利电力大学出版社, 1999: 241-247.

[37] 唐海华, 丁杰. 河道型水库动库容问题初探[J]. 水电自动化与大坝监测, 2009, 33(5): 75-78.

[38] PENG D, GUO S, LIU P, et al. Reservoir storage curve estimation based on remote sensing data[J]. Journal of hydrologic engineering, 2006, 11(2): 165-172.

[39] LU Y, TAN D, LIANG D. A rapid and accurate computation method of Three Gorges Reservoir dynamic storage[J]. Journal of Yangtze River Scientific Research Institute, 2010, 27(1): 80-85.

[40] 曹波. 基于遥感图像和 DEM 测定水库动库容的方法研究[D]. 武汉: 华中科技大学, 2006.

[41] 王文, 寇小华. 水文数据同化方法及遥感数据在水文数据同化中的应用进展[J]. 河海大学学报(自然科学版), 2009, 37(5): 556-562.

[42] EVENSEN G. The ensemble Kalman filter: theoretical formulation and practical implementation[J]. Ocean dynamics, 2003, 53(4): 343-367.

[43] EVENSEN G. Data assimilation: the ensemble Kalman filter[M]. Berlin, Heidelberg: Springer, 2009.

[44] 贾炳浩, 谢正辉, 田向军, 等. 基于微波亮温及集合 Kalman 滤波的土壤湿度同化方案[J]. 中国科学 (地球科学), 2010, 40(2): 239-251.

[45] VRUGT J A, DIKS C G H, GUPTA H V, et al. Improved treatment of uncertainty in hydrologic modeling: combining the strengths of global optimization and data assimilation[J]. Water resources research, 2004, 41(1): 1-17.

[46] WANG D, CHEN Y, CAI X. State and parameter estimation of hydrologic models using the constrained ensemble Kalman filter[J]. Water resources research, 2009, 45(11): 1-13.

[47] WANG D, CAI X. Robust data assimilation in hydrological modeling – a comparison of Kalman and H-infinity filters[J]. Advances in water resources, 2008, 31(3): 455-472.

[48] PAN M, WOOD E F. Data assimilation for estimating the terrestrial water budget using a constrained ensemble Kalman filter[J]. Journal of hydrometeorology, 2006, 7(3): 534-547.

[49] MORADKHANI H, HSU K, GUPTA H, et al. Uncertainty assessment of hydrologic model states and parameters: sequential data assimilation using the particle filter[J]. Water resources research, 2005, 41(5): 1-17.

[50] WEERTS H A, EL SERAFY G Y H. Particle filtering and ensemble Kalman filtering for state updating with hydrological conceptual rainfall-runoff models[J]. Water resources research, 2006, 42(9): 1-17.

[51] CHOW V T, MAIDMENT D R, MAYS L W. Applied hydrology[M]. New York: McGraw-Hill Book Company, 1988.

[52] DENG C, LIU P, LIU Y, et al. Integrated hydrologic and reservoir routing model for real-time water level forecasts[J]. Journal of hydrologic engineering, 2015, 20(9): 1-8.

[53] GUO S L. Integrated automatic system for reservoir operation[M]. Wuhan: Wuhan University of Hydraulic and Electrical Engineering Press, 2000.

[54] MORADKHANI H, SOROOSHIAN S, GUPTA H V, et al. Dual state–parameter estimation of hydrological models using ensemble Kalman filter[J]. Advances in water resources, 2005, 28(2): 135-147.

[55] WANG D, CHEN Y, CAI X. State and parameter estimation of hydrologic models using the constrained ensemble Kalman filter[J]. Water resources research, 2009, 45(11): 1-13.

[56] NOH S, TACHIKAWA Y, SHIIBA M, et al. Ensemble Kalman filtering and particle filtering in a lag-time window for short-term streamflow forecasting with a distributed hydrologic model[J]. Journal of

hydrologic engineering, 2013, 18(12): 1684-1696.

[57] SAMUEL J, COULIBALY P, DUMEDAH G, et al. Assessing model state and forecasts variation in hydrologic data assimilation[J]. Journal of hydrology, 2014, 513: 127-141.

[58] CHEN Y, ZHANG D. Data assimilation for transient flow in geologic formations via ensemble Kalman filter[J]. Advances in water resources, 2006, 29(8): 1107-1122.

[59] TURNER M R J, WALKER J P, OKE P R. Ensemble member generation for sequential data assimilation[J]. Remote sensing of environment, 2008, 112(4): 1421-1433.

[60] SUN L, SEIDOU O, NISTOR I, et al. Simultaneous assimilation of in situ soil moisture and streamflow in the SWAT model using the extended Kalman filter[J]. Journal of hydrology, 2016, 543: 671-685.

[61] LIU Y, WEERTS A H, CLARK M, et al. Advancing data assimilation in operational hydrologic forecasting: progresses, challenges, and emerging opportunities[J]. Hydrology and earth system sciences, 2012, 16(10): 3863-3887.

[62] CLARK M P, RUPP D E, WOODS R A, et al. Hydrological data assimilation with the ensemble Kalman filter: use of streamflow observations to update states in a distributed hydrological model[J]. Advances in water resources, 2008, 31(10): 1309-1324.

第 5 章

梯级水库水量平衡修正

5.1 引　言

利用计算机处理大信息容量，依赖数据库强大的信息存储和管理能力及计算机高速的运算能力，可以达到基于已有的实时数据，扩大实时修正信息量，对误差进行修正的目的。这也是综合修正方法的基本思路，即基于数据挖掘的思想，从已有的数据中提取有效信息，对误差进行修正。具体来说，是充分利用已有的信息，包括遥测系统测得的实时信息和大量的历史水文数据，将历史数据和实时信息与误差修正方法综合。

梯级水库均采用各自的泄流曲线、机组效率曲线计算流量，因此，解决水库出库流量计算误差较大问题的关键在于，根据现有运行资料找出影响水量平衡的主要因子，利用数值分析方法进行修正，从而达到对上游水库出库与下游水库入库不平衡进行修正的效果。

本章基于这一思想，对水库短期运行中存在的区间流量不平衡、入库流量出现偏差的问题进行修正研究。

目前，三峡-葛洲坝梯级水库存在水量不平衡的问题，即汛期三峡水库出流较葛洲坝水库入流系统偏大，枯季三峡水库出流较葛洲坝水库入流系统偏小。为深入剖析误差产生的原因，采用实测短历时数据对水库进行水量计算，以期从大量的计算结果中挖掘出可靠的信息。首先，准确计算出两个水库的流量，涉及对水位、水头损失的处理，以及对库容变化量、计算时段长的考量；然后，由两个水库机组机型的差异及水库运行中机组水头的变化提出猜想，并运用复合型混合演化-亚利桑那大学（shuffled complex evolution-University of Arizona，SCE-UA）算法和 EnKF 确定机组出力曲线的修正系数；最后，由修正后的机组出力曲线检验水量平衡关系，并分析误差产生的原因。本章技术路线如图 5.1 所示。

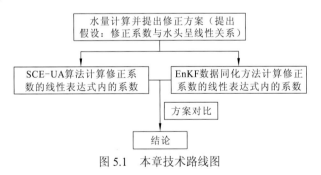

图 5.1　本章技术路线图

5.2　三峡水库及葛洲坝水库概况

5.2.1　三峡水库概况

修建于长江中上游段的三峡枢纽工程包括大坝、发电和通航建筑物，以及防护工程。

三峡大坝是混凝土重力坝，坝顶高程为 185 m，蓄水高程为 175 m，大坝下游水位大约为 66 m。三峡水库是三峡大坝建成蓄水后形成的狭长河道型水库，水库全长 700 余 km，而宽度仅为 1.1 km。

三峡枢纽工程的发电建筑物由位于左、右两岸的坝后式水电站、地下水电站和电源水电站三部分组成，一共配备有 32 台单机装机容量为 70×10^4 kW 的水轮发电机组，其中地上机组 26 台，地下机组 6 台。电源水电站配有单机装机容量为 5×10^4 kW 的水轮发电机组 2 台，水电站总的装机容量为 $2\,250 \times 10^4$ kW，多年平均发电量达 882×10^8 kW·h。地上、地下水电站各机组型号如表 5.1 所示。

表 5.1　三峡水库机组型号分布表

水电站位置	VGS	ALSTOM	东电改造	哈电改造
左岸水电站	1F～3F，7F～9F	4F～6F，10F～14F		
右岸水电站		19F～22F	15F～18F	23F～26F
地下水电站		29F～30F	27F～28F	31F～32F

以上各机型机组出力曲线如图 5.2 所示。

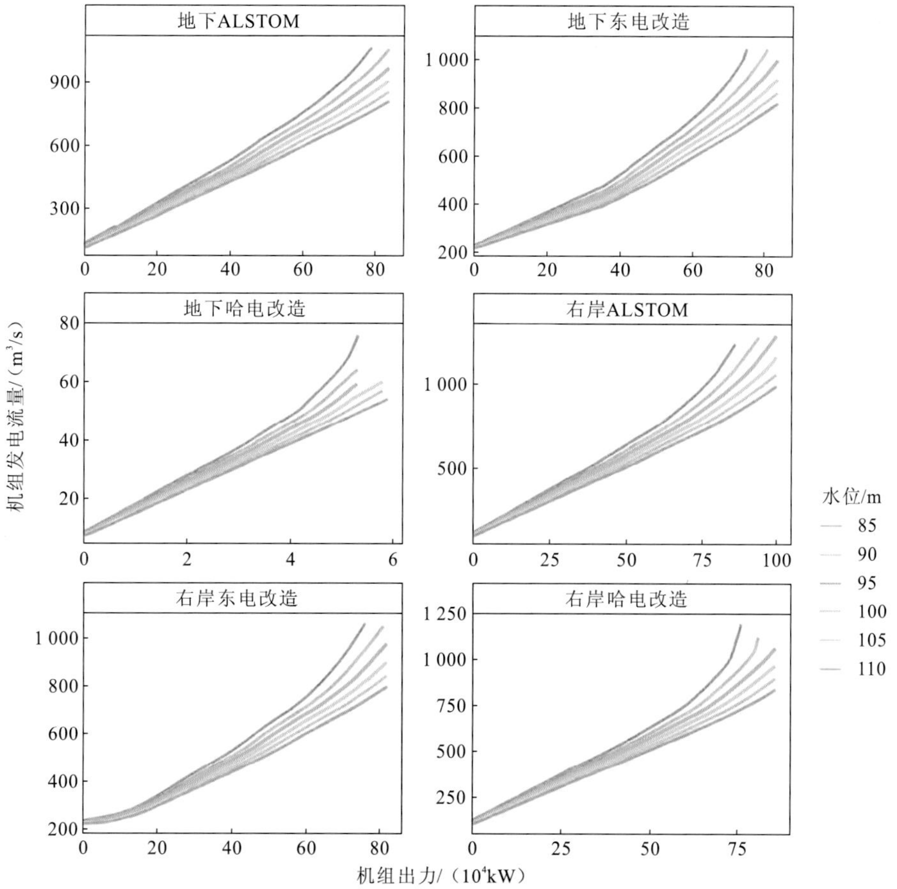

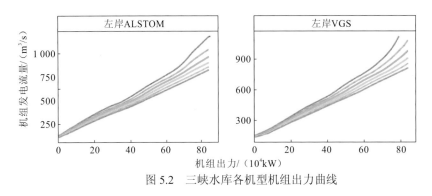

图 5.2 三峡水库各机型机组出力曲线

三峡水利枢纽是一个综合运用的大型工程，其效益体现在防洪、发电、航运等多个方面。目前三峡水利枢纽工程的特征参数如表 5.2 所示。

表 5.2 三峡水利枢纽工程的特征参数表

项目		特征值	备注
正常蓄水位/m		175	初期为 156
汛限水位/m		145	初期为 135
枯季最低水位/m		155	初期为 140
兴利库容/(10^8 m³)		165	—
防洪库容/(10^8 m³)		221.5	—
总库容/(10^8 m³)		393	正常蓄水位 175 m 以下
100 年一遇洪水	最高水位/m	166.9	初期为 162.3
	最大下泄流量/(m³/s)	56 700	初期为 56 700
1 000 年一遇设计洪水	最高水位/m	175	初期为 170
	最大下泄流量/(m³/s)	69 800	初期为 73 000
校核洪水（10 000 年一遇加 10%）	最高水位/m	180.4	—
	最大下泄流量/(m³/s)	102 500	—
水电站	装机容量/MW	22 500	单机装机容量为 700 MW：左岸 14 台、右岸 12 台、地下 6 台。单机装机容量为 50 MW、电源水电站 2 台
	保证出力/MW	4 900	初期为 3 600
	最大水头/m	113	初期为 94
	最小水头/m	71	初期为 61
	保证率/%	95	初期为 97
	多年平均发电量/(10^8 kW·h)	900	—
船闸	类型	双线连续梯级五级船闸	—
	过闸船队吨位	万吨级	—
	年单向通过能力/(10^4 t)	5 000	—

5.2.2　葛洲坝水库概况

葛洲坝水利枢纽工程位于三峡水库下游，两水库相距 38 km。葛洲坝水库是一座径流式水利枢纽工程，大坝长为 2 561 m，宽为 30 m，高为 70 m。葛洲坝水电站共配有 21 台水轮发电机组，其中，大江电厂装有 14 台单台额定出力为 12.5×10^4 kW 的机组，即 8～21 号机组；二江电厂配有 1～7 号机组共 7 台。各机组型号如表 5.3 所示。

表 5.3　葛洲坝水库机组型号分布表

电厂	17×10^4 kW 型	12.5×10^4 kW 型	东电改造	哈电改造
大江电厂		8F～13F，15F～21F	14F	
二江电厂	1F、2F	4F～7F		3F

以上各种机型的机组出力曲线如图 5.3 所示。

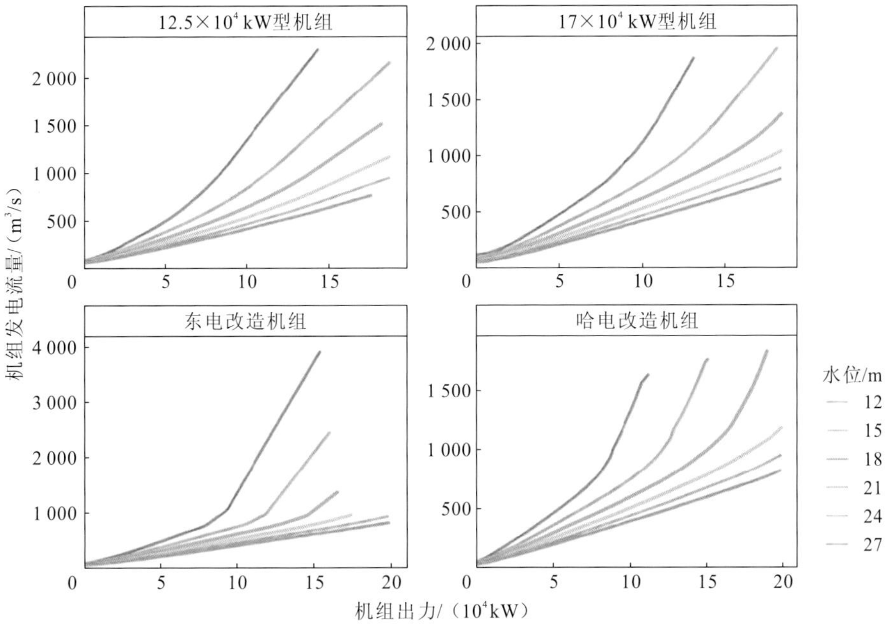

图 5.3　葛洲坝水库各机型机组出力曲线

与三峡水利枢纽工程类似，葛洲坝水库的效益同样综合体现在发电、改善长江通航条件等方面，其巨大的发电量减少了煤炭和石油的供应，极大地调整和改善了华中地区的能源结构。与此同时，葛洲坝水利枢纽工程的正常运行使三峡水库下游的通航条件也得到了显著改善。

目前葛洲坝水利枢纽的特征参数如表 5.4 所示。

表 5.4 葛洲坝水利枢纽的特征参数表

项目	特征值
实测流量最大值/（10^4 m³/s）	7.11
实测流量最小值/（m³/s）	2 770
设计洪水位最大下泄流量/（10^4 m³/s）	8.6
校核洪水位最大下泄流量/（10^4 m³/s）	11.0
坝顶高程/m	70.0
正常蓄水位/m	66.0
运行低水位/m	63.0
校核洪水位/m	67.0
调节库容/（10^8 m³）	0.86
总库容/（10^8 m³）	15.8

5.3 三峡水库、葛洲坝水库水量计算

计算时采用的数据资料如下。

（1）2015～2016 年三峡水库、葛洲坝水库各台机组实时出力数据，记为 N_j，时间尺度为 5 min。其中，三峡水库 24F 机组出力数据的时间尺度为 1 h。

（2）2015～2016 年三峡水库、葛洲坝水库上、下游实时水位数据，记为 Z，时间尺度为 5 min。

（3）三峡水库、葛洲坝水库各机型机组出力曲线、水位库容曲线。

（4）三峡水库单机流量与水头损失关系曲线、三峡水库入库流量与水头损失关系曲线，葛洲坝水库入库流量与大江电厂水头损失关系曲线、葛洲坝水库入库流量与二江电厂水头损失关系曲线。

5.3.1 计算流量时的水头损失

水轮发电机组指的是由水轮机和发电机组成的统一单元。水头的度量单位为米，水电站用水能来度量水流的可利用性。水流在流动过程中，由较高位置经引水建筑物、水轮发电机组后流至下游，在能量的传输与水能和电能的转换过程中，不可避免地会有一部分水头没有被利用，这部分损失掉的水头为水头损失。

水电站水头即毛水头，指的是上、下游水位之差。水电站水头扣除掉水头损失即净

水头，也称工作水头、水轮机水头。机组直接利用的仅是净水头。因此，对机组而言，其工作水头由上、下游水位和水头损失三者共同决定。一般来说，水库的上游水位会随着水电站负荷、水库来水及其他情况的变化而变化。对没有调节能力的水库而言，上游水位基本维持在一个定值；对调节性的水库而言，上游水位一般在水库正常蓄水位和死水位之间发生周期性的变化。水库下游水位与其出库流量有关。若水库下游水位与出库流量的关系较为稳定，则可根据下游水位出库流量关系曲线推求下游水位或出库流量。实际情况一般比较复杂，如下游河床受到冲刷，河道堵塞，下游水位的顶托作用，以及水库调节周期较短时下游尾水形成不稳定流等情形，都会使下游水位出库流量关系发生改变。

水头损失 ΔH 包括沿程水头损失和局部水头损失两个部分，主要影响因素是水电站机组引用流量，也就是机组的发电流量，可以表述如下：

$$\Delta H = K_y Q_f^2 \tag{5.1}$$

式中：K_y 为综合水头损失系数，一般由机组动力特性实验得到；Q_f 为机组发电流量，m^3/s。

计算三峡水库水头损失时，可利用的关系曲线有三峡水库入库流量与水头损失关系曲线及三峡水库单机流量与水头损失关系曲线。从理论上说，由式（5.1）可知，机组水头损失主要与水电站机组引用流量有关，因此三峡水库单机流量与水头损失关系曲线的计算更准确。一般而言，入库流量与水头损失关系曲线用于旬、月、年等长期调度，单机流量与水头损失关系曲线则用于短期调度。

计算葛洲坝水库水头损失时，可利用的关系曲线是葛洲坝水库入库流量与大江电厂和二江电厂水头损失关系曲线。考虑到葛洲坝水库为径流式水库，调节方式为日调节，因此对一个较长时段，葛洲坝水库出库流量与入库流量基本相等，故利用葛洲坝水库入库流量与大江电厂、二江电厂水头损失关系曲线计算其水头损失是可行的。

图 5.4、图 5.5 分别为三峡水库和葛洲坝水库水头损失计算关系曲线。

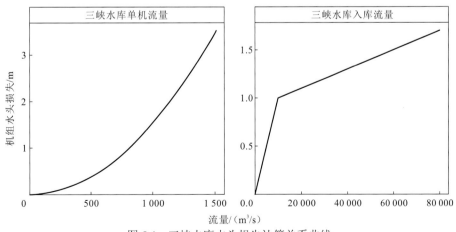

图 5.4　三峡水库水头损失计算关系曲线

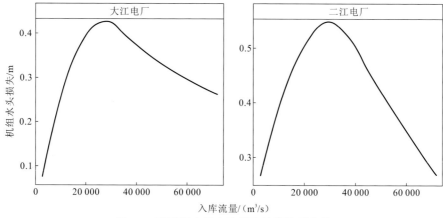

图 5.5　葛洲坝水库水头损失计算关系曲线

5.3.2　三峡水库和葛洲坝水库出库流量计算

计算时间尺度为 5 min，不必考虑水库蒸发、泄漏等各种损失，以及水库用于通航的流量。水库出库流量表述为发电流量与弃水流量之和。本章采用机组出力曲线计算各机型机组引用流量，进而求得水库发电流量。也就是，根据实时观测的水库上、下游水位计算得到水库水头，由各机组实时发电量计算出力，再由水库水头和实测出力，根据机组出力曲线进行二维插值计算。弃水流量则根据闸门开度曲线计算得到。

在应用三峡水库单机流量与水头损失关系曲线和葛洲坝水库入库流量与水头损失关系曲线时，由于水头损失和流量都是未知的，本章采用迭代的思路计算两水库的水头损失和发电流量。计算流程图如图 5.6 所示。

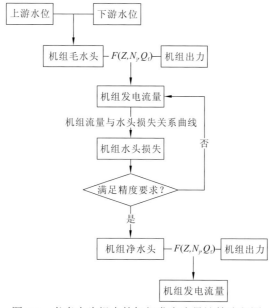

图 5.6　考虑水头损失的机组发电流量计算流程图

1. 三峡水库出库流量计算

2015～2016 年，三峡水库实现零弃水，来水都通过发电机组过流，水资源得到有效利用。因此，其出库流量即其发电流量。

三峡水库上、下游水位和机组出力数据包括 2015 年 1 月 1 日 00:00～2016 年 12 月 31 日 00:00 两年的数据，时间尺度为 5 min。

选择图 5.2 中相应的机组出力曲线进行二维插值，得到各台机组的发电流量。以三峡水库 3F 机组为例，其 2015 年 1 月 1 日 00:00～01:55 的水位、出力和计算的发电流量数据如表 5.5 所示。

表 5.5　三峡水库 3F 机组发电流量计算表

时间 （年-月-日 时：分）	上游水位 /m	下游水位 /m	机组出力 /（10⁴ kW）	机组发电流量 （基于毛水头） /（m³/s）	机组发电流量（基于 入库流量与水头损失 关系曲线）/（m³/s）	机组发电流量（基于 单机流量与水头损失 关系曲线）/（m³/s）
2015-1-1 00:00	171.46	65.21	62.83	651.95	655.07	655.56
2015-1-1 00:05	171.45	65.21	63.84	661.45	664.66	665.27
2015-1-1 00:10	171.46	65.22	63.57	658.94	662.12	662.69
2015-1-1 00:15	171.46	65.22	63.67	659.87	663.06	663.65
2015-1-1 00:20	171.45	65.19	63.25	655.87	658.99	659.52
2015-1-1 00:25	171.45	65.19	63.16	655.02	658.14	658.66
2015-1-1 00:30	171.46	65.10	63.59	658.55	661.59	662.16
2015-1-1 00:35	171.47	65.10	63.68	659.34	662.38	662.96
2015-1-1 00:40	171.45	65.09	63.42	656.98	659.99	660.54
2015-1-1 00:45	171.47	65.09	63.59	658.46	661.47	662.04
2015-1-1 00:50	171.47	65.12	63.68	659.43	662.50	663.08
2015-1-1 00:55	171.47	65.12	63.22	655.17	658.17	658.70
2015-1-1 01:00	171.46	65.12	63.77	660.32	663.40	664.00
2015-1-1 01:05	171.47	65.12	63.42	657.02	660.05	660.60
2015-1-1 01:10	171.47	65.07	63.44	656.97	659.94	660.49
2015-1-1 01:15	171.47	65.07	63.21	654.85	657.78	658.30
2015-1-1 01:20	171.46	65.11	63.79	660.45	663.53	664.13
2015-1-1 01:25	171.47	65.11	63.75	660.03	663.10	663.68
2015-1-1 01:30	171.46	65.05	63.68	659.15	662.14	662.72
2015-1-1 01:35	171.46	65.05	63.34	656.00	658.94	659.48
2015-1-1 01:40	171.45	65.15	63.77	660.51	663.64	664.24
2015-1-1 01:45	171.45	65.15	63.53	658.28	661.38	661.95
2015-1-1 01:50	171.45	65.11	63.87	661.24	664.34	664.95
2015-1-1 01:55	171.46	65.11	63.32	656.10	659.11	659.65

表 5.5 以三峡水库 3F 机组某两个小时的数据为例展示了其发电流量的计算过程，初始计算机组发电流量时所利用的水头为毛水头，因此还需对水头损失进行计算。

分别利用图 5.4 中的三峡水库入库流量与水头损失关系曲线和单机流量与水头损失关系曲线计算出水头损失及净水头，以 3F 机组为例，计算的发电流量如表 5.5 所示。

同时，表 5.5 以三峡水库 3F 机组某两个小时的数据为例展示了采用入库流量与水头损失关系曲线和单机流量与水头损失关系曲线计算水头损失对发电流量的影响。对单台机组而言，由两种曲线计算得到的发电流量相差不大，对整个水库来说，发电流量的计算略有差别。

2. 葛洲坝水库出库流量计算

葛洲坝水库上、下游水位和机组出力数据包括 2015 年 1 月 1 日 00:00～2016 年 12 月 31 日 00:00 两年的数据，时间尺度为 5 min。选择图 5.3 中相应的机组出力曲线进行二维插值，得到各台机组的发电流量。

以葛洲坝水库 3F 机组为例，其 2015 年 1 月 1 日 00:00～01:55 的水位、出力和计算的发电流量数据如表 5.6 所示。表 5.6 以葛洲坝水库 3F 机组某两个小时的数据为例展示了其发电流量的计算过程，包括利用上、下游水位计算得到的毛水头直接插值，以及根据葛洲坝水库入库流量与水头损失关系曲线计算出水头损失后得到净水头再插值。

图 5.6　葛洲坝水库 3F 机组发电流量计算表

时间（年-月-日时：分）	上游水位 /m	下游水位 /m	机组出力 /(10^4 kW)	机组发电流量 /(m³/s)	考虑水头损失的机组发电流量/(m³/s)
2015-1-1 00:00	64.97	40.21	11.67	524.60	531.05
2015-1-1 00:05	64.97	40.21	11.67	524.60	531.05
2015-1-1 00:10	64.95	40.22	11.21	504.87	511.29
2015-1-1 00:15	64.95	40.22	10.74	484.73	490.86
2015-1-1 00:20	65.00	40.09	10.80	483.71	489.84
2015-1-1 00:25	65.00	40.09	10.80	483.71	489.84
2015-1-1 00:30	64.93	40.06	10.78	483.67	489.80
2015-1-1 00:35	64.93	40.06	10.80	484.47	490.60
2015-1-1 00:40	65.05	40.07	10.85	484.88	491.01
2015-1-1 00:45	65.05	40.07	10.80	482.38	488.51
2015-1-1 00:50	64.96	40.05	10.80	483.71	489.84
2015-1-1 00:55	64.96	40.05	10.85	486.21	492.34
2015-1-1 01:00	64.98	40.04	10.80	483.14	489.27

续表

时间（年-月-日 时：分）	上游水位 /m	下游水位 /m	机组出力 /(10⁴ kW)	机组发电流量 /(m³/s)	考虑水头损失的 机组发电流量/(m³/s)
2015-1-1 01:05	64.98	40.04	10.78	482.34	488.47
2015-1-1 01:10	64.96	40.00	10.83	484.26	490.39
2015-1-1 01:15	64.96	40.00	10.83	484.26	490.39
2015-1-1 01:20	64.87	40.02	10.76	483.25	489.38
2015-1-1 01:25	64.87	40.02	10.83	486.35	492.48
2015-1-1 01:30	64.96	40.00	10.80	482.76	488.89
2015-1-1 01:35	64.96	40.00	10.80	482.76	488.89
2015-1-1 01:40	64.84	39.99	10.76	483.25	489.38
2015-1-1 01:45	64.84	39.99	10.78	484.05	490.18
2015-1-1 01:50	64.87	40.02	10.76	483.25	489.38
2015-1-1 01:55	64.87	40.02	10.76	483.25	489.38

2015～2016 年三峡水库出库流量与葛洲坝水库出库流量对比如表 5.7 所示。在计算出库流量时考虑了三峡水库和葛洲坝水库的机组水头损失，且当三峡水库机组水头损失选择单机流量与水头损失关系曲线进行计算时，两水库在 2015～2016 年平均流量达到平衡。这与两水库距离较短且水库之间没有较大支流的情况相吻合。由此可知，采用单机流量与水头损失关系曲线计算的出库流量更加准确。

表 5.7　三峡水库和葛洲坝水库出库流量对比表　　　　（单位：m³/s）

水库出流	不考虑水头 损失	基于入库流量与水 头损失关系曲线	基于单机流量与水 头损失关系曲线
三峡水库平均出库流量	12 644.4	12 842.2	12 870.8
葛洲坝水库平均出库流量	12 569.5	12 867.9	12 867.9

事实上，两水库间距大约为 38 km，水流在区间传播时间较短，平均时长约为 0.5 h。另外，葛洲坝水库为径流式水库，调节方式为日调节，因此，当计算两水库流量的时间尺度远大于水流区间传播时间，并可以忽略该时间段内葛洲坝水库库容变化时，三峡水库平均出库流量与葛洲坝水库平均出库流量理应几乎相等。

然而，通过分析三峡水库与葛洲坝水库在较短时段内的水量平衡状况可以发现，对流量的计算依然存在误差。根据表 5.7，基于单机流量与水头损失关系曲线计算的 2015～2016 年三峡水库、葛洲坝水库的平均出库流量约为 12 870 m³/s。图 5.7 为时间尺度分别为月、旬、日时，两水库出库流量的比较。从图 5.7 中可以看出，日时间尺度下，三峡水库、葛洲坝水库水量平衡约存在 5%的误差。也就是说，两水库计算不准确的出库流量相差 12 870×5%≈640 m³/s。将此出库流量换算成一年的水量，按一年 365 天计，一年内的水量计算误差高达 $201.8 \times 10^9 \, \text{m}^3$，相当于黄河三分之一的水量。因此，三峡水库、葛洲坝水库的水量误差无法予以忽略。

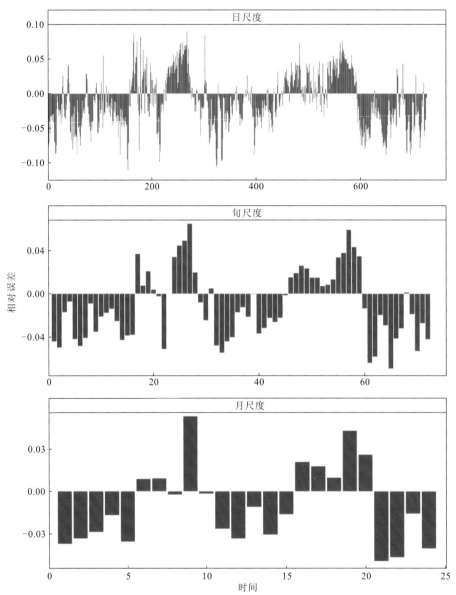

图 5.7 2015～2016 年不同时间尺度三峡水库、葛洲坝水库出库流量的相对误差

由图 5.7 可知，在较短时段内，三峡水库与葛洲坝水库的水量存在不平衡的问题，并且两水库水量不平衡的关系不是固定的，在全年内会有规律地改变，主要表现为：在汛期，三峡水库平均出库流量小于葛洲坝水库平均出库流量；而在非汛期，三峡水库平均出库流量比葛洲坝水库要大。

计算流量时使用的水头数据为实际测量得到的，出力数据则是根据水库机组实时发电量反推求得的，对机组水头损失也进行了考虑，因此本章认为三峡水库、葛洲坝水库水量不平衡的误差在于两个水库的机组出力曲线，也就是水头、出力与流量的相关关系。事实上，机组出力曲线由模型实验得到，在实际运行过程中，可能会由于环境、使用年限等发生改变，从而形成误差。接下来尝试对机组出力曲线做出修正。

图5.8、图5.9为时间尺度为旬，2015～2016年两水库平均水头和平均出力的波动过程。由此可知，与两水库出库水量变化波动一致的是，全年内各机组的水头也会随汛期和非汛期的交替而发生改变，汛期时水头较低，而非汛期时水头较高。由于三峡水库、葛洲坝水库出库水量的误差也随汛期、非汛期有规律地改变，本章假设计算的两水库出库水量的误差与水头有关，假设对每台机组发电流量的修正系数C_i^t与该台机组发电水头H_i^t呈线性关系：

$$C_i^t = A_i^t H_i^t + B_i^t \quad (i=1,2,\cdots,13) \tag{5.2}$$

式中：C_i^t为机组发电流量的修正系数；H_i^t为机组对应的发电水头；A_i^t和B_i^t为一次函数的系数。

由表5.1、表5.3知，三峡水库、葛洲坝水库共拥有机型13种，因此i的取值为1～13。

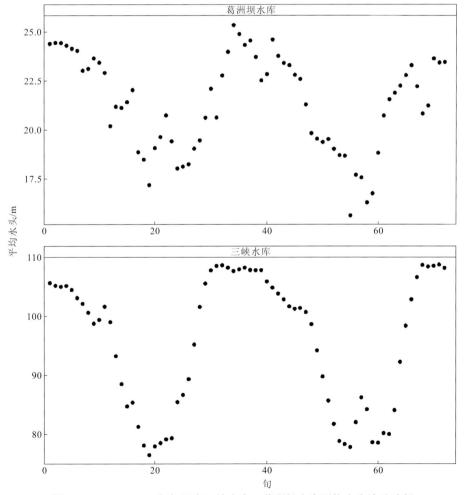

图5.8　2015～2016年旬尺度三峡水库、葛洲坝水库平均水头波动过程

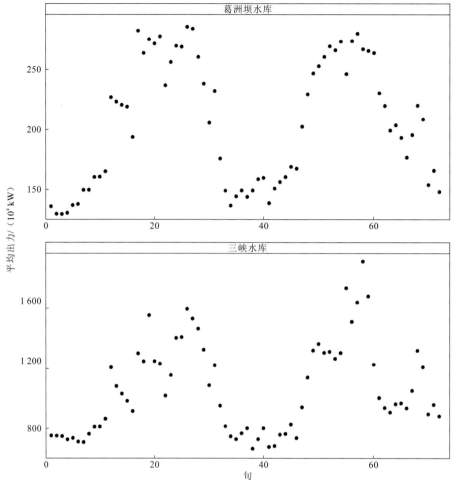

图 5.9　2015～2016 年旬尺度三峡水库、葛洲坝水库机组平均出力波动过程

5.4　参数优化方案

基于上述假设,本节利用 SCE-UA 算法对各个机型修正系数的线性表达式里的系数进行推求,对修正结果进行分析,并从综合出力系数的角度对修正系数的可行性进行论证。

5.4.1　SCE-UA 算法简介

1. 基本思想

SCE-UA 算法由 Duan 等[1-2]于 20 世纪 90 年代提出,是一种非线性混合算法。该算法从信息共享及生物演化规律出发,结合了优胜劣汰的自然选择机制和基于确定性的复合型搜索技术,其核心为复合型进化算法,复合型进化算法流程图如图 5.10 所示。在复合型进化算法中,在每一个复合型的顶点组成的群体中产生父辈,作为下一群体,子

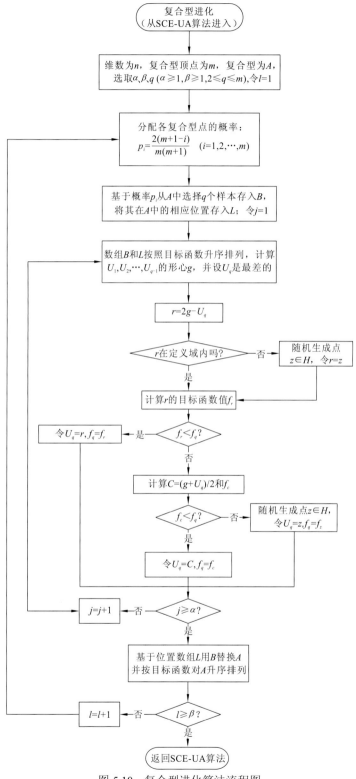

图 5.10   复合型进化算法流程图

复合型继续向下运算。通过随机方式在每一个复合型和子复合型中产生父辈，使得该算法可以在可行域中彻底地搜索。SCE-UA 算法的流程图如图 5.11 所示。

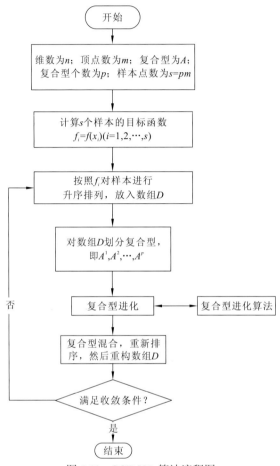

图 5.11　SCE-UA 算法流程图

SCE-UA 算法求解最小化问题包括以下具体步骤[3]。

（1）问题的初始化。确定参与进化的复合型个数 p、顶点数目 m，样本点数目 s 即两者的乘积。

（2）样本点的产生。在可行域内随机产生样本点，并计算该点的函数值。

（3）样本点的排序。根据（2）中计算的样本点函数值的大小，对样本点进行升序排列。

（4）复合型的划分。将排列后的样本点群体划分为若干个复合型。

（5）复合型的进化。按复合型进化算法对各个复合型予以进化。

（6）复合型的混合。新的样本点集由进化后的各个复合型的顶点组成，重复（3）中的排序步骤。

（7）结果的判断。判断结果收敛性，此时若满足给出的收敛条件，运算停止，否则返回（4）。

SCE-UA 算法参数较多，但根据目前已有的研究成果，已经可以确定绝大部分参数的取值，唯一需要根据问题的具体情况确定的只有复合型个数 p。根据相关文献，各参数建议取值为 $m=2n+1$，$q=n+1$，$s=pm$，$\alpha=1$，$\beta=m$。

其中，m 代表每个复合型拥有的顶点个数，n 代表参数个数，q 是子复合型顶点的个数，由 p 和 m 相乘得到的参数 s 描述种群的大小，α 和 β 分别指代子代的个数和代数。

2. 目标函数

水文模型的目标函数用于评价模拟的水文要素与实测情况的拟合程度，对模拟结果的要求不同时，对目标函数的选择也会有所差异。常用的目标函数如下。

（1）误差平方和。在流量计算过程中，各个时段的流量模拟值和流量观测值之间的误差平方和最小。

$$s_1=\sum_{i=1}^{n}(Q_{\text{obs},i}-Q_{\text{sim},i})^2 \tag{5.3}$$

式中：$Q_{\text{obs},i}$ 为流量观测值，m^3/s；$Q_{\text{sim},i}$ 为流量模拟值，m^3/s。

（2）平均相对误差。其方程为

$$s_2=\frac{1}{n}\sum_{i=1}^{n}\left|\frac{Q_{\text{obs},i}-Q_{\text{sim},i}}{Q_{\text{sim},i}}\right| \tag{5.4}$$

（3）总体水量误差。其方程为

$$s_3=\frac{1}{n}\left|\sum_{i=1}^{n}\left(Q_{\text{obs},i}-Q_{\text{sim},i}\right)\right| \tag{5.5}$$

（4）确定性系数。目标函数为

$$F=|1-d_y| \tag{5.6}$$

$$d_y=1-\frac{\sum_{i=1}^{n}(Q_{\text{obs},i}-Q_{\text{sim},i})^2}{\sum_{i=1}^{n}(Q_{\text{obs},i}-\overline{Q}_{\text{obs}})^2} \tag{5.7}$$

式中：$Q_{\text{sim},i}$、$Q_{\text{obs},i}$ 分别为流量模拟值和流量观测值；$\overline{Q}_{\text{obs}}$ 为流量观测值的均值；d_y 为确定性系数，d_y 越接近 1，表示模型拟合得越好。因此，目标函数 F 的值越小越好[4]。

3. 评价指标选取

常用的模型模拟效果评价指标有纳什效率系数 NSE、水量平衡系数 WBI，以及观测值和模拟值之间的误差平方和、均方根误差等。在一定意义上，模型的目标函数和评价指标是互为补充、可互为替代的关系，两者有一定的重叠。式（5.3）和式（5.7）可作为模型的评价指标。

4. 优化准则

优化准则指设置的 SCE-UA 算法在运算过程中的终止条件。在确定了目标函数后,终止算法的优化准则还需要继续确定,主要包括目标函数值和参数迭代步长的收敛容差,以及算法的最大迭代次数等。

本章采用的优化准则如下:经过 10 次循环后目标函数提高的精度未达到 0.01%或连续 5 次迭代后参数值没有显著改变且目标函数的结果未明显改善,此时认为目标函数已取得最优值,迭代停止[5]。

5.4.2 SCE-UA 算法优化结果

1. 目标函数和评价指标

本章基于三峡水库、葛洲坝水库水量平衡关系式确定 SCE-UA 算法目标函数的表达式。各机型机组修正后的发电流量满足水量平衡,即

$$\begin{cases} Z_{gzb}= Q_1 \times C_1 +Q_2 \times C_2 +Q_3 \times C_3 +Q_4 \times C_4 +Q_5 \times C_5 +q_0 \\ Z_{sx} = Q_6 \times C_6 +Q_7 \times C_7 +Q_8 \times C_8 +Q_9 \times C_9 +Q_{10} \times C_{10} +Q_{11} \times C_{11} +Q_{12} \times C_{12} +Q_{13} \times C_{13} \\ Z_{gzb}= Z_{sx} \end{cases} \quad (5.8)$$

式中: Z_{gzb} 和 Z_{sx} 为修正以后的葛洲坝水库、三峡水库流量; $Q_1 \sim Q_5$ 和 $C_1 \sim C_5$ 为葛洲坝水库不同机型机组(17×10^4 kW 型、12.5×10^4 kW 型、哈电改造、东电改造、志发机组)的发电流量及其修正系数; $Q_6 \sim Q_{13}$ 和 $C_6 \sim C_{13}$ 为三峡水库不同机型机组(左 VGS、左 ALSTOM、右东电改造、右 ALSTOM、地下东电改造、地下 ALSTOM、电源水电站、右哈电改造&地下哈电改造)的发电流量及其修正系; q_0 为葛洲坝水库弃水流量。根据 5.3 节所提出的假设,即对各机型机组进行修正的修正系数与水头呈线性关系:

$$C_i^t =A_i^t H_i^t +A_i^t \quad (i=1,2,\cdots,13) \quad (5.9)$$

将修正后的三峡水库、葛洲坝水库的流量分别视为观测值和模拟值。流量观测值和模拟值可分别表述为

$$Q_{obs} = Q_1 \times C_1 +Q_2 \times C_2 +Q_3 \times C_3 +Q_4 \times C_4 +Q_5 \times C_5 +q_0 \quad (5.10)$$

$$Q_{sim} = Q_6 \times C_6 +Q_7 \times C_7 +Q_8 \times C_8 +Q_9 \times C_9 +Q_{10} \times C_{10} +Q_{11} \times C_{11} +Q_{12} \times C_{12} +Q_{13} \times C_{13} \quad (5.11)$$

选择纳什效率系数 NSE 作为目标函数,为了使目标函数对高流量、中流量和低流量数据均有所侧重,选择绝对值 NSE、NSE 及对数 NSE 之和作为优化的目标函数 Z。Z 的表达式如式(5.12)所示。

$$Z = \frac{\sum_{i=1}^{n}(Q_{sim,i} - Q_{obs,i})^2}{\sum_{i=1}^{n}(Q_{obs,i} - \overline{Q}_{obs})^2} + \frac{\sum_{i=1}^{n}\left|Q_{sim,i} - Q_{obs,i}\right|}{\sum_{i=1}^{n}\left|Q_{obs,i} - \overline{Q}_{obs}\right|} + \frac{\sum_{i=1}^{n}(\ln Q_{sim,i} - \ln Q_{obs,i})^2}{\sum_{i=1}^{n}(\ln Q_{obs,i} - \ln \overline{Q}_{obs})^2} \quad (5.12)$$

本节选择均方根误差、纳什效率系数及水量平衡系数作为率定效果的评价指标。

2. 算法优化设置及结果分析

本章进行 SCE-UA 算法优化所使用的数据包括 2015～2016 年三峡水库、葛洲坝水库的水位数据，以及三峡水库、葛洲坝水库的出库流量。本章选择的时间尺度为 5 min。对每种机型而言，每个间隔 5 min 的流量值均会乘上一个修正系数 C。考虑到三峡水库、葛洲坝水库之间的水流演进时间及葛洲坝水库的日调节模式，水量平衡方程（5.8）在时间尺度为日及日以上时才有可能满足，因此，将时间间隔为 5 min 的修正以后的流量序列再取日平均值，得到修正后的日尺度流量序列。由式（5.10）、式（5.11）分别计算观测流量和模拟流量。

SCE-UA 算法的初值由矩阵求解给出，为避免求解过程中出现变态矩阵，求解方程对水头进行标准化处理，如式（5.13）所示。

$$h = \frac{h - \bar{h}}{\bar{h}} \tag{5.13}$$

式中：h 为三峡水库、葛洲坝水库的实时水头（已扣除水头损失）；$\bar{h}$ 为两水库 2015～2016 年的平均水头。

由式（5.8）、式（5.9）知，初值求解方程如式（5.14）、式（5.16）所示：

$$\sum_{i=1}^{13} Q_i^t C_i^t + q_0 = 0 \tag{5.14}$$

即

$$\sum_{i=1}^{13} Q_i^t (A_{2i-1}^t + A_{2i}^t \times h) + q_0 = 0 \tag{5.15}$$

$$\sum_{i=1}^{13} A_{2i-1}^t Q_i^t - \sum_{i=1}^{13} A_{2i}^t Q_i^t h^t = q_0 \tag{5.16}$$

即

$$\sum_{i=1}^{26} A_i^t X_i^t = q_0 \tag{5.17}$$

式中：Q_i^t 为三峡水库、葛洲坝水库第 i 机组 t 时的出库流量；h^t 为三峡水库、葛洲坝水库第 i 机组 t 时的水头；X_i^t 为流量或流量水头之积。

求解矩阵（5.17）得到 SCE-UA 算法的输入初值后，根据目标函数（5.12）运行 SCE-UA 算法。为了减少初始值算法运行的影响，以前三个月的数据为预热期，最终得到的各机型机组的修正系数表达式如表 5.8 所示。

表 5.8　三峡水库、葛洲坝水库各机型机组的修正系数表达式

项目	机组型号												
	17×10^4 kW 型		12.5×10^4 kW 型		东电改造		哈电改造		小水电机组		左岸 VGS		左岸 ALSTOM	
修正系数 及取值	A_1^t	A_2^t	A_3^t	A_4^t	A_5^t	A_6^t	A_7^t	A_8^t	A_9^t	A_{10}^t	A_{11}^t	A_{12}^t	A_{13}^t	A_{14}^t
	0.999	0.031	0.969	0.31	0.96	−0.065	0.887	−0.04	1.102	0.107	0.936	−0.035	0.922	0.09

项目	机组型号											
	右岸东电改造		右岸 ALSTOM		地下东电改造		地下 ALSTOM		电源水电站		右岸&地下哈电改造	
修正系数 及取值	A_{15}^t	A_{16}^t	A_{17}^t	A_{18}^t	A_{19}^t	A_{20}^t	A_{21}^t	A_{22}^t	A_{23}^t	A_{24}^t	A_{25}^t	A_{26}^t
	1.111	−0.001	0.957	0.067	1.032	−0.051	1.064	−0.06	1.002	0.094	1.095	0.059

　　修正以后的三峡水库、葛洲坝水库流量序列分别选择日、旬、月时间尺度，计算修正后的相对误差分布图，并与修正前的相对误差分布，即图 5.7 进行比较，结果呈现如下。

　　如图 5.12 所示，对于经 SCE-UA 算法优化后的日时间尺度流量序列，从直观上看，修正前相对误差集中在 2.5%～5% 内，而修正后减少到 2.5% 附近。

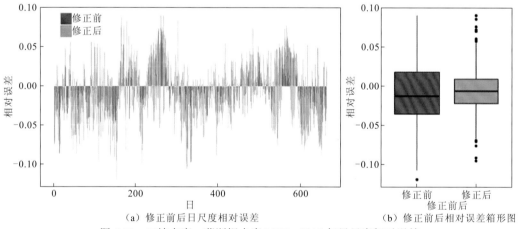

（a）修正前后日尺度相对误差　　　　（b）修正前后相对误差箱形图

图 5.12　三峡水库、葛洲坝水库 2015～2016 年日尺度相对误差

　　同时，从全年看，两年内优化后的相对误差序列不再表现出季节性差异，呈现出随机性。两水库水量相对误差的最大值也有明显降低。如图 5.12（b）的箱形图所示，修正后相对误差的中位数明显更接近 0，且相对误差四分位数的分布区间由 2% 降低至 1% 附近，修正效果较为明显。

　　葛洲坝水库虽然为径流式日调节水库，但由于水流在区间传播需要时间、水库水位改变恢复需要时间等因素，其对水流的调整周期可能大于 1 d，水量平衡方程在时间间隔更长时更加具有说服性。图 5.13、图 5.14 分别从旬和月时间尺度展示了修正前后两水库相对误差的变化。

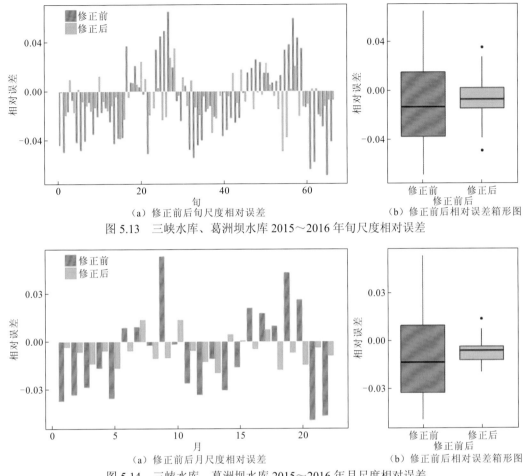

（a）修正前后旬尺度相对误差　　　　　　　（b）修正前后相对误差箱形图

图5.13　三峡水库、葛洲坝水库2015～2016年旬尺度相对误差

（a）修正前后月尺度相对误差　　　　　　　（b）修正前后相对误差箱形图

图5.14　三峡水库、葛洲坝水库2015～2016年月尺度相对误差

由图5.13可知，修正后相对误差几乎均低于4%，绝大部分在0～2%内，相比于修正前相对误差集中在2%～4%可知，经SCE-UA算法优化后，两水库水量差异明显减小。同时，优化使得相对误差在汛期和非汛期交替变化的现象基本消除。

由图5.13（b）箱形图可知，修正后在相对误差的中位数更接近于0的同时，四分位数分布区间缩小至原来的约四分之一。

如图5.14所示，在月时间尺度下，三峡水库、葛洲坝水库的相对误差由3%附近降低至1%，显著减小的同时，也消除了相对误差的季节性变化差异。由图5.14（b）箱形图可知，修正后相对误差中位数由接近-0.015提高到-0.007左右，相对误差的四分位数分布区间约为修正以前的五分之一。由于考虑了水流区间传播滞时、库水位回升耗时等的影响，月时间尺度下的水量平衡关系式误差较小，修正前后的误差减小效果也较为明显。

综合图5.12～图5.14，由运用SCE-UA算法对三峡水库、葛洲坝水库不同机型机组流量进行修正，时间尺度为日、旬、月下两水库水量相对误差的大小和分布状况可以看出，修正取得了较为理想的结果。

5.4.3 结果检验

本节采用与水头呈线性关系的修正系数对不同机型机组的流量进行修正，也就是说，在给定出力 N 和水头 H 的情况下，机组的发电流量发生改变，实际上这是对机组的出力曲线进行了修正，如图 5.2、图 5.3 所示。

水电站出力公式：

$$N = kQH_{净} \tag{5.18}$$

式中：N 为机组实际出力，kW；Q 为机组发电流量，也就是实际通过机组的流量；$H_{净}$ 为扣除水头损失后实际用于机组发电的净水头；k 为机组综合出力系数，代表机组的发电效率，是发电机组各效率系数之积，即

$$k = 9.81\eta_{水轮机}\eta_{传动}\eta_{发电机} \tag{5.19}$$

式中：$\eta_{水轮机}$ 为水轮机工作效率系数；$\eta_{传动}$ 为传动效率系数；$\eta_{发电机}$ 为发电机工作效率系数。

由式（5.19）可知，k 小于 9.81 恒成立。当机组出力曲线改变时，对应的机组综合出力系数 k 也会发生变化。因此，可从机组综合出力系数的角度来检验修正结果的可行性。

用 SCE-UA 算法修正后，2015～2016 年日时间尺度下，三峡水库、葛洲坝水库部分机型机组综合出力系数变化如图 5.15 所示（由于三峡水库电源水电站机组运行时间较短，日尺度下大部分时间出力为 0，所以这里不列出）。

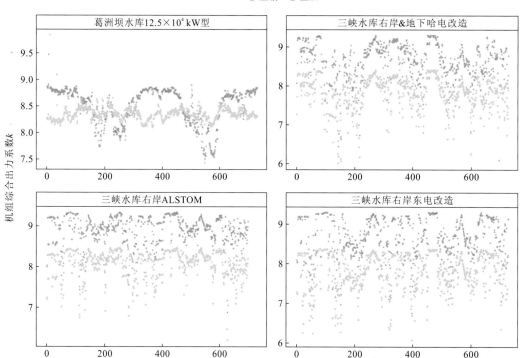

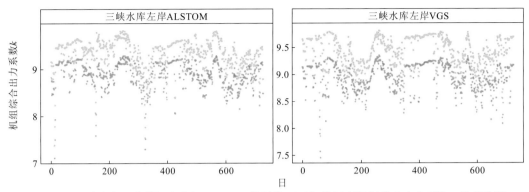

图 5.15　三峡水库、葛洲坝水库经 SCE-UA 算法修正后部分机型机组综合出力系数 k 的变化图

由图 5.15 可知，经 SCE-UA 算法优化后，不同机型机组综合出力系数 k 会整体上升或整体下降，但均满足 k 的大小不超过 9.81 这一基本规则。

机组综合出力系数的改变反映了机组运行过程中的发电效率，根据 SCE-UA 算法的优化结果，三峡水库、葛洲坝水库发电机组效率存在被高估或者被低估的现象。若修正后机组综合出力系数增大，说明发电机组发电效率比预想中高，反之则说明不如预期。根据图 5.15 的结果，建议在全年发电方案中适当增加三峡水库左岸 VGS 机组、左岸 ALSTOM 机组的发电时长，汛期时适当增加葛洲坝水库 12.5×10^4 kW 型机组的发电时长。

但同时，由 SCE-UA 算法确定的修正系数使得部分机组综合出力系数 k 发生较大幅度的改变，这一结论尚需更多实际运行过程的验证。

5.5　EnKF 数据同化方案

本节将数据同化技术，即 EnKF 应用到修正系数的确定中，将以 5.4 节得到的优化结果作为 EnKF 的初始值，用数据同化的方法得到各个机型修正系数的线性表达式里的系数，对修正结果进行分析，并与 5.4 节的优化结果进行比较。最后从机组综合出力系数的角度对修正系数的可行性进行论证。EnKF 在本书第 4 章中已经有了比较详细的介绍，此处不再赘述。

5.5.1　状态转移方程、观测方程和评价指标

本节水文数据同化过程包括了水量平衡方程、EnKF 等部分，EnKF 技术路线图如图 5.16 所示。

根据 5.3 节，本章假设计算的两水库出库水量的误差与水头有关，对每台机组发电流量的修正系数与该台机组发电水头呈线性关系，如式（5.9）所示。

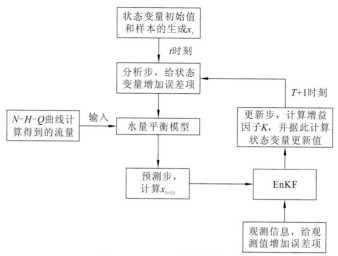

图 5.16 EnKF 技术路线图

由于在一个连续的水流过程中，修正系数和系数的变化是十分微弱的，可以假设其为连续变化的，以一次函数的系数为状态变量，构建如下状态转移方程：

$$A_{2i+1}^{t+1} = A_{2i-1}^t + \varepsilon \quad (i=1,2,\cdots,13) \tag{5.20}$$

式中：A_{2i+1}^{t+1}、A_{2i-1}^t 为构建的线性关系式的系数；ε 为状态变量的误差项，服从均值为 0、方差为 S 的正态分布，一般而言，S 由所选择的计算时段步长及流域特性确定，随计算时段步长的增大而增大。

每台机组的发电流量用修正系数修正以后，三峡水库、葛洲坝水库满足水量平衡的关系，修正以后的水量平衡方程如式（5.8）所示。据此构建观测方程，为

$$q_t = \sum_{i=1}^{13} Q_i^t C_i^t + q_0 + \gamma \tag{5.21}$$

$$C_i^{t+1} = f(A_{2i-1}^{t+1}) = A_{2i-1}^{t+1} + A_{2i}^{t+1} \times h \quad (i=1,2,\cdots,13) \tag{5.22}$$

式中：q_t 为观测变量，表示三峡水库、葛洲坝水库流量之差；γ 为观测变量的误差项，服从均值为 0、方差为 R 的正态分布，R 的大小由计算时段步长来确定，随计算时段步长的增大而增大。由于葛洲坝水库包含 5 种机型机组，三峡水库包括 8 种机型机组，当 $i=1,2,\cdots,5$ 时，式（5.21）中流量与修正系数的乘积取正值；当 $i=6,7,\cdots,13$ 时，流量与修正系数的乘积应取负值。每一个修正系数对应两个状态变量。

为了避免同化过程中某些项需要与水头相乘从而出现变态矩阵，对水头进行标准化处理，如式（5.13）所示。

为了评价 EnKF 的同化效果，本章选择均方根误差、纳什效率系数作为评价指标，衡量修正后两水库水量的平衡状态。RMSE 越小，NSE 越接近 1，说明修正后两水库水量越接近平衡状态，模型的整体表现越好。

5.5.2　不确定性分析

水文模型的结构、参数、初始条件等都可能导致模型的不确定性，影响模型的预测结果。Wagener 等[6]指出模型自身和观测数据都会对模型状态的预测带来不确定的影响，也就是不确定性传播。对于不同的引起不确定性误差的因素，需要采取不一样的方法进行处理[7]。

数据同化技术通过实时地加入观测信息，以及给观测数据增加误差项，降低模型参数和系统结构本身的不确定性[8]。初始条件和边界条件也会对结果造成较大的影响，这种不确定性可以通过增加预热期来进行消除。也就是在进行模型模拟之前，将计算时期的一段数据先予以运行，以消除模型状态的偏差。

集合数的设置可能会给模型同化结果引入不确定性[9]，参照前期相关文献及研究区域的实际情况，将集合数设置为 1 000。认为设置的状态变量和观测变量误差项（ε 和 γ）均服从正态分布，均值为 0，标准差为指定值。Clark 等[10]认为水文模型和研究区域都会对模型参数的设定产生影响。若设置的误差项的方差增大，模型参数更新值的变化范围也会更大，但同时也会使得参数出现较大的波动。一般而言，根据经验及手动调节确定参数误差项的方差。本章观测变量的误差项的标准差设定为 0.1，采用试错法将状态变量标准差设置为 0.107。

5.5.3　数据同化结果

本节进行 EnKF 数据同化采用的数据是 2015～2016 年三峡水库、葛洲坝水库的水位数据，以及计算的三峡水库、葛洲坝水库的出库流量。综合考虑数据长度及区间流量对两水库水量平衡的影响，本节进行数据同化选择的时间步长为 1 d。两年间序列长度为 728，以前 100 个数据为预热期来消除初始条件的设定对模型模拟精度的影响。

鉴于 5.4 节利用全局优化的 SCE-UA 算法已求得一套参数的值，该结果统筹考虑了所有数据，具有一定的参考意义，因此以此结果为 EnKF 数据同化方法的初始值进行输入。

图 5.17 展现了经 EnKF 同化后，三峡水库、葛洲坝水库两年间的相对误差，时间步长为 1 d。由图 5.17 可知，经 EnKF 同化后，两水库相对误差最大值由修正前超过水量的 8%，大部分天数分布在 4%～8%，减少到全部低于 6%，密集分布在 2.5%附近。修正前相对误差集中分布在 2%～5%，具有明显的汛期和非汛期交替变化的现象，而修正后已基本消除了季节性交替的差异。由图 5.17（b）的箱形图可知，经 EnKF 数据同化方法修正后，两水库相对误差的中位数明显增大，更接近零点，同时上下四分位数区间范围大幅度减少，约为修正前的二分之一，取得了较为明显的修正效果。

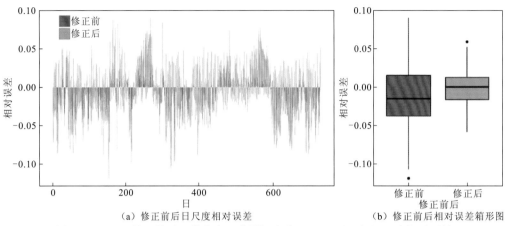

（a）修正前后日尺度相对误差　　　　　　　（b）修正前后相对误差箱形图

图 5.17　EnKF 修正前后三峡水库、葛洲坝水库 2015～2016 年日尺度相对误差

虽然葛洲坝水库为日调节水库，径流的调节周期为 1 d，但由于两水库之间水流的传播需要时间、调节后水流的反应需要时间及调节周期的划分误差等，日尺度两水库水量的平衡关系理论上本身就存在一定的偏差。因此，选择更长计算时间步长的流量来对同化结果进行检验。

图 5.18 为时间尺度为旬时，EnKF 同化前后三峡水库、葛洲坝水库两年间水量的相对误差，图 5.19 为时间尺度为月时，同化前后两水库两年间水量的相对误差。

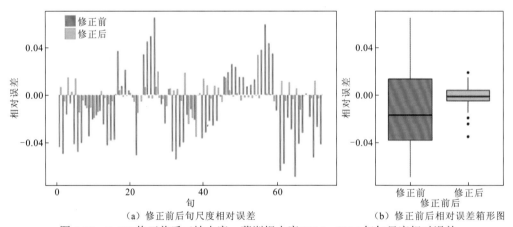

（a）修正前后旬尺度相对误差　　　　　　　（b）修正前后相对误差箱形图

图 5.18　EnKF 修正前后三峡水库、葛洲坝水库 2015～2016 年旬尺度相对误差

由图 5.18 可知，修正各机型流量前，三峡水库、葛洲坝水库 2015～2016 年旬尺度相对误差最大值超过水量的 6%，大部分集中在 2%附近；而运用 EnKF 数据同化方法对流量进行修正之后，两水库水量相对误差基本都小于 2%，大部分低于 1%。同时，修正后消除了两水库水量大小关系随季节交替性变化的现象，在两年间相对误差的分布呈现出随机性的特点。由图 5.18（b）的箱形图可知，旬尺度下使用 EnKF 数据同化方法对不同机型机组流量予以修正后，三峡水库、葛洲坝水库水量相对误差的中位数由-2%附近提高到接近于 0，同时，修正后相对误差的上下四分位数区间分布范围大约缩小至修正前的六分之一，修正效果比较理想。

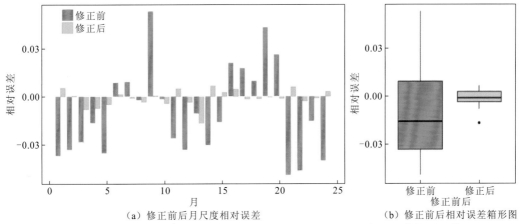

（a）修正前后月尺度相对误差　　　　　　（b）修正前后相对误差箱形图

图 5.19　EnKF 修正前后三峡水库、葛洲坝水库 2015～2016 年月尺度相对误差

由图 5.19 可知，修正前三峡水库、葛洲坝水库月尺度水量相对误差分布在 0～5%，大部分集中在 2%附近，有明显的随汛期和非汛期交替变化的规律；运用 EnKF 进行数据同化后，大部分相对误差稳定在 0～0.5%，且两水库水量大小关系随机出现。由图 5.19（b）的箱形图可知，修正前两水库水量相对误差的中位数约为-1.5%，修正后提高至接近于 0 的水平，同时修正后相对误差上下四分位数区间的分布范围缩小至修正前的约八分之一水平，也就是说相对误差整体更加接近于 0，修正效果较好。

综合图 5.17～图 5.19，由运用 EnKF 数据同化方法对三峡水库、葛洲坝水库不同机型机组流量进行修正，时间尺度为日、旬、月下两水库水量相对误差的大小和分布状况可以看出，修正取得了较为理想的结果。本章将以具体的数字展示修正效果。

运用 EnKF 数据同化方法得到一组更新后的状态变量 A_i^{t+1}，由式（5.23）计算两水库各机型机组与水头相关的修正系数：

$$C_{2i-1}^{t+1} = f(A_{2i-1}^{t+1}) = A_{2i-1}^{t+1} + A_{2i}^{t+1} \times h \quad (i=1,2,\cdots,13) \tag{5.23}$$

表 5.9 展示了 EnKF 确定的各机型机组的修正系数表达式。

表 5.9　三峡水库、葛洲坝水库各机型机组的 EnKF 修正系数表达式

项目	机组型号												
	$17\times10^4\,kW$ 型		$12.5\times10^4\,kW$ 型		东电改造		哈电改造		小水电机组		左岸 VGS		左岸 ALSTOM	
修正系数及取值	A_1^{t+1}	A_2^{t+1}	A_3^{t+1}	A_4^{t+1}	A_5^{t+1}	A_6^{t+1}	A_7^{t+1}	A_8^{t+1}	A_9^{t+1}	A_{10}^{t+1}	A_{11}^{t+1}	A_{12}^{t+1}	A_{13}^{t+1}	A_{14}^{t+1}
	1.009	0.821	1.000	0.031	1.002	0.270 1	1.001	0.815	1.003	0.742	1.000	-0.062	1.007	0.668

项目	机组型号										
	右岸东电改造		右岸 ALSTOM		地下东电改造		地下 ALSTOM		电源水电站		右岸&地下哈电改造	
修正系数及取值	A_{15}^{t+1}	A_{16}^{t+1}	A_{17}^{t+1}	A_{18}^{t+1}	A_{19}^{t+1}	A_{20}^{t+1}	A_{21}^{t+1}	A_{22}^{t+1}	A_{23}^{t+1}	A_{24}^{t+1}	A_{25}^{t+1}	A_{26}^{t+1}
	1.000	-0.067	1.002	1.068	1.000	0.07	1.005	0.707	0.999	-0.03	1.004	0.973 1

三峡水库 8 种机型和葛洲坝水库 5 种机型机组修正系数与水头的关系图如图 5.20 和图 5.21 所示。由经 EnKF 数据同化方法得到的状态变量的修正系数与水头的关系图可知,三峡水库、葛洲坝水库各机型机组的修正系数与水头大体上呈现较好的线性关系,除葛洲坝水库志发机组和三峡水库地下厂房东电改造机组外,修正系数与水头的相关系数均大于 0.8。

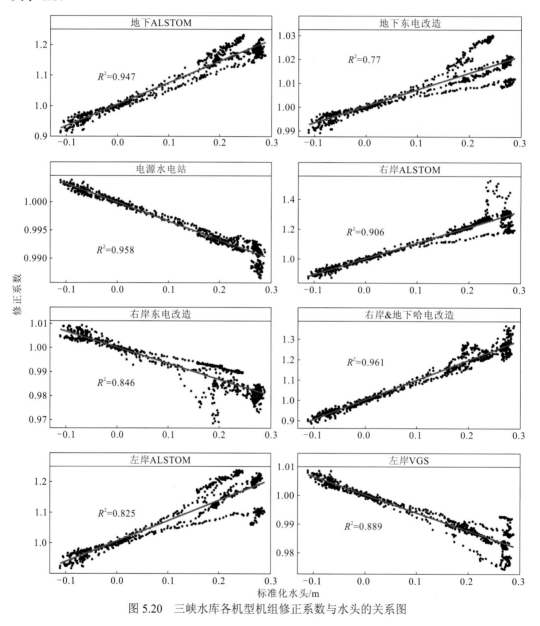

图 5.20　三峡水库各机型机组修正系数与水头的关系图

由图 5.20 和图 5.21 可知,在两水库共 13 种机型机组的修正系数与水头的关系图中,有 6 种机型机组拟合的线性关系式的确定性系数大于 0.9,8 种机型机组的确定性系数高于 0.85,整体上呈现出较为良好的线性关系。

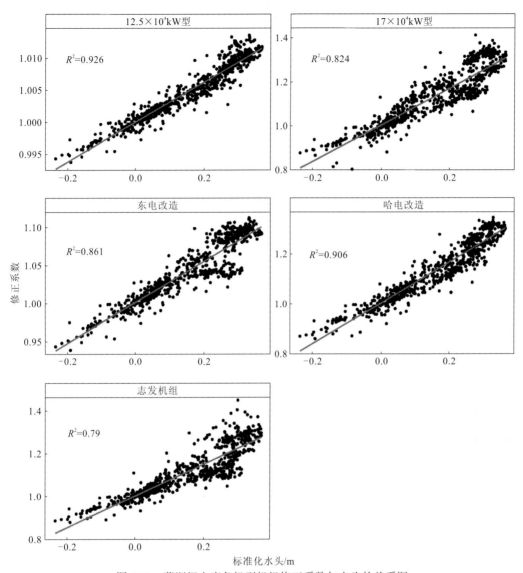

图 5.21　葛洲坝水库各机型机组修正系数与水头的关系图

事实上，由全年出力情况可以知道，葛洲坝水库志发机组和三峡水库地下厂房机组的运行发电时间段较少，大部分时间的出力为 0。这些出力时间较短、较不集中的机组，可能存在较长时间机组发电流量为 0 的现象，可能给同化过程带来一定的误差。总体而言，对三峡水库、葛洲坝水库使用 EnKF 数据同化方法得到的修正系数与水头大体呈线性关系，印证了每台机组发电流量的修正系数与该台机组发电水头呈线性关系的假设。

5.5.4　结果检验

与 5.4.3 小节结果检验类似，使用 EnKF 对三峡水库、葛洲坝水库的流量进行修正，

不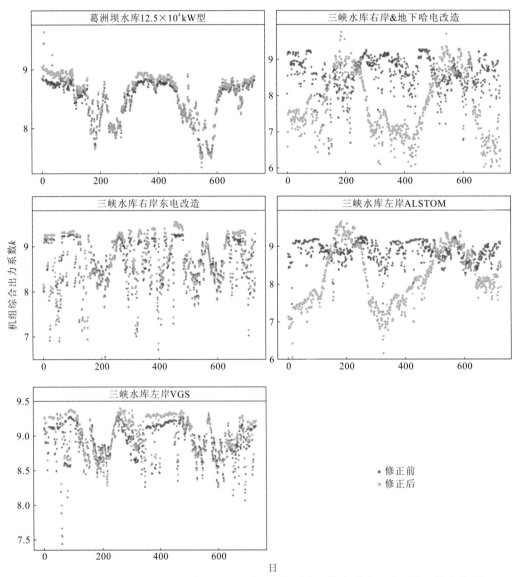

改变的实则是流量与水头和出力之间的关系，修正的是机组出力曲线的机组综合出力系数 k。理论上，k 的大小具有一定的限制条件。接下来从不同机型的机组综合出力系数角度对修正结果进行检验，如图 5.22 所示。

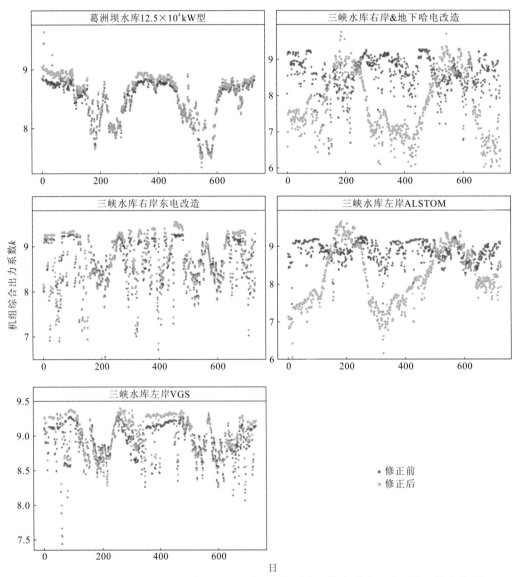

图 5.22　三峡水库、葛洲坝水库经 EnKF 修正后部分机型机组综合出力系数 k 的变化图

由图 5.22 可知，经 EnKF 修正的机组综合出力系数同样满足小于 9.81 的规则。与图 5.15 SCE-UA 算法修正后的 k 整体变大或者变小不同，EnKF 修正后的机组综合出力系数的变大或者变小与汛期和非汛期表现出相关性，汛期时大于或小于原 k 的值，而非汛期时则相反。

这一方面是由于假设修正系数与水头相关，而全年内机组水头会随着汛期和非汛期的不同而发生改变；另一方面，是由于 EnKF 在计算过程中会不断加入新的观测信息，对原有结果进行实时的修正，可能随时改变当前的 k，反映在实时出力过程中。

机组综合出力系数 k 反映了机组的发电效率。综合考虑图 5.22 的结果、5.4 节的检验结果，建议三峡水库适当增加左岸 VGS 机组的发电时长，尤其是非汛期；汛期时可增大左岸 ALSTOM 机组的使用时长；增大葛洲坝水库 12.5×10^4 kW 型机组的投入使用时长。

5.6　两方案结果比较

SCE-UA 算法和 EnKF 在解决三峡水库、葛洲坝水库水量平衡问题上都取得了较好的效果，尤其是 EnKF 数据同化方法，同化后的两水库水量基本达到平衡。表 5.10 以纳什效率系数 NSE 和均方根误差 RMSE，展示了不同时间尺度下，修正前及用两种方法对三峡水库、葛洲坝水库水量予以修正后，水库水量不平衡状况的改变。其中，RMSE 的单位为 m^3/s。

表 5.10　SCE-UA 算法和 EnKF 修正效果对比表

计算方案	NSE	RMSE		
	日尺度	日尺度	旬尺度	月尺度
修正前	0.993	574	490	423
SCE-UA 算法	0.996	266（53.7%）	226（53.9%）	158（62.6%）
EnKF	0.999	222（61.3%）	84（82.9%）	49（88.4%）

由表 5.10 可知，修正前日尺度下两水库水量平衡关系的纳什效率系数为 0.993，均方根误差为 574 m^3/s，SCE-UA 算法和 EnKF 数据同化方法分别使得 NSE 提高至 0.996 和 0.999。同时，日尺度下，使用 SCE-UA 算法修正以后，两水库均方根误差减小至 266 m^3/s，较修正前降低了 53.7%；而 EnKF 数据同化方法使得 RMSE 减小至 222 m^3/s，较修正前降低了 61.3%。

在旬尺度和月尺度下，由于三峡水库、葛洲坝水库水量平衡关系的误差更小，修正前后的均方根误差分别较日尺度时更小。旬尺度和月尺度时，SCE-UA 算法修正后的均方根误差分别为 226 m^3/s 和 158 m^3/s，分别较修正以前减少了 53.9% 和 62.6%。EnKF 数据同化方法修正后的均方根误差大幅减少，RMSE 分别降低至 84 m^3/s 和 49 m^3/s，较修正前减少了 82.9% 和 88.4%。

综上所述，运用 SCE-UA 算法与 EnKF 均能取得较好的修正效果，在满足 2015~2016 年总水量平衡的基础上，消除时段误差。其中，EnKF 可以取得更好的修正效果，在旬尺度和月尺度下，对三峡水库、葛洲坝水库水量平衡误差的消除均达到 80% 以上。

5.7 本 章 小 结

本章分析水库短期运行计算过程中可能的误差来源，采用实测短历时资料，基于数据挖掘的思想，针对三峡水库和葛洲坝水库水量不平衡，并且水量相对误差会随着汛期和非汛期的交替而发生有规律的变化这一工程问题展开研究，主要结论如下。

（1）计算三峡水库、葛洲坝水库流量时，本章用不同的方法考虑了三峡水库各机组的水头损失。当选择单机流量与水头损失关系曲线时，可以让两水库 2015～2016 年的总水量达到平衡。以分钟级的数据准确计算水库水量后，本章从日、旬、月时间尺度对两水库水量、机组水头及不同机型机组出力进行分析，发现全年内水量相对误差随汛期和非汛期的波动与水头和出力的变化具有一致性。本章假设不同机型机组流量的修正系数与机组水头相关，且为水头的线性关系式。

（2）基于假设，本章先后采用 SCE-UA 算法和 EnKF 数据同化方法对问题展开研究，求解与水头相关的一次函数式的系数。通过矩阵求解获得 SCE-UA 算法的初值，经优化后，日、旬、月时间尺度上两水库水量的相对误差均有明显降低，均方根误差减小程度超过 53%，且较好地消除了相对误差随时间变化表现出的波动性。将 SCE-UA 算法求解结果作为 EnKF 数据同化方法的初始值，经同化后，两水库水量相对误差不具有规律性，且大幅降低，在日、旬、月时间尺度上两水库相对误差分别降低了 61.3%、82.9% 和 88.4%。

（3）对比 SCE-UA 算法和 EnKF 两种方法发现，后者求解系数对三峡水库、葛洲坝水库水量不平衡问题的修正取得了更好的效果，以均方根误差为评价指标，在月时间尺度上，SCE-UA 算法使得 RMSE 较修正前减小了 62.6%，而 EnKF 数据同化方法使得 RMSE 减小了 88.4%。

（4）本章对机组流量的修正实则是对机组出力曲线的修正，改变的是机组综合出力系数 k。本章从机组综合出力系数的角度对两种方法的修正结果的可行性进行分析，选择日时间尺度。SCE-UA 算法修正后，机组综合出力系数大多表现为整体变大或变小，而 EnKF 数据同化方法修正后，k 的大小变化情况表现为与汛期或者非汛期有关。两种方法修正后的机组综合出力系数均在正常变化范围之内。从应用两种方法对机组进行修正后各机型机组发电效率的变化考虑，本章建议三峡水库优先选择左岸 VGS 机组发电，尤其是非汛期，汛期时可优先选用左岸 ALSTOM 机组；可优先选择葛洲坝水库 12.5×10^4 kW 型机组发电。

参 考 文 献

[1] DUAN Q, SOROOSHIAN S, GUPTA V. Effective and efficient global optimization for conceptual rainfall runoff models[J]. Water resources research, 1992, 28(4): 1015-1031.

[2] DUAN Q Y, GUPTA V K, SOROOSHIAN S. Shuffled complex evolution approach for effective and efficient global minimization[J]. Journal of optimization theory & applications, 1993, 76(3): 501-521.

[3] 李向阳, 程春田, 武新宇, 等. 水文模型模糊多目标 SCE-UA 参数优选方法研究[J]. 中国工程科学, 2007(3): 52-57.

[4] 李致家, 王寿辉, HAPUARACHCHI H A P. SCE-UA 方法在新安江模型参数优化中的应用[J]. 湖泊科学, 2001, 13(4): 304-314.

[5] 张景, 张文婷, 邢宝龙. SCE-UA 算法在水环境系统优化问题中的应用[J]. 水资源保护, 2014(3): 61-64.

[6] WAGENER T, GUPTA H V. Model identification for hydrological forecasting under uncertainty[J]. Stochastic environmental research and risk assessment, 2005, 19(6): 378-387.

[7] MONTZKA C, PAUWELS V, FRANSSEN H, et al. Multivariate and multiscale data assimilation in terrestrial systems: a review[J]. Sensors, 2012, 12(12): 16291-16333.

[8] LIU S, SHAO Y, YANG C, et al. Improved regional hydrologic modelling by assimilation of streamflow data into a regional hydrologic model[J]. Environmental modelling & software, 2012, 31: 141-149.

[9] REICHLE R H. Data assimilation methods in the earth sciences[J]. Advances in water resources, 2008, 31(11): 1411-1418.

[10] CLARK M P, RUPP D E, WOODS R A, et al. Hydrological data assimilation with the ensemble Kalman filter: use of streamflow observations to update states in a distributed hydrological model[J]. Advances in water resources, 2008, 31(10): 1309-1324.

第 6 章

预报调度集成的实时水位预报技术

6.1 引 言

在水库防洪兴利决策中，对库区洪水位做出及时准确的预报是调度运行的前提。目前水库水位预报的主要方法有[1-2]：①采用水库调洪演算原理和水库特征曲线推求水位；②基于圣维南方程的水动力学方法；③采用智能算法进行水库水位预报，如人工神经网络等。其中，水动力学方法计算复杂，而且需要详细的水库水文地质资料；人工神经网络虽然具有较高的精度，但结构具有不唯一性，收敛较慢。对于第①种方法，存在的主要问题是入库流量必须由水库水量平衡方程反推，易呈现较大幅度的振荡，甚至出现负值。针对该方法存在的问题，可以集成水文模型和水库调洪演算方程[3-4]，以水位的确定性系数为主要评价指标，建立水库水位预报模型，开展水库水位预报研究。

水文预报具有许多不确定性，水文水库调度整合（integration hydrological and reservoir routing，IHRR）模型除了具有模型输入、结构、参数方面的不确定性外，还存在如下问题：连续使用调洪演算方程，过去的库容误差会不断积累至将来的库容，使水位误差越来越大。而实时校正方法可在一定程度上减少这些误差[5-6]。实时校正就是在实时洪水预报系统中，每次做出预报之前，根据当时的实测信息（新息），对预报模型的参数、状态变量、输入向量或预报值进行某种校正，使其更符合客观实际，以提高预报精度[7]。实时校正的方法有多种，主要与选用的预报模型有关，如卡尔曼滤波、误差自回归校正算法、递推最小二乘法等。其中，误差自回归校正算法结构简单，应用方便，具有广泛的适应性[8-9]，是本章研究的重点。实时校正通常采用后处理这种模式[10]，即先率定水文模型，再用自回归模型估计误差，两者叠加起来即最终的校正值。另一种模式是联合率定，即将水文模型和自回归模型看作一个系统，用优化算法得到整个系统的最优值[11]。一般而言，联合率定模式的结果要好于后处理模式，但联合率定模式也存在两个问题：①整体优化得到的水文模型的精度会明显下降；②水文模型的参数与自回归模型的参数在率定过程中会互相干扰，产生异常值。因此，可采用一种新的联合率定模式。在基于 back-fitting 算法[12]的实时校正技术中，对误差序列首先进行平稳化处理，使之满足自回归模型模拟的适用条件后再构建误差自回归模型，接着利用反向拟合的思想，以实测流量减去误差的估计作为水文模型的拟合目标再次率定水文模型的参数，循环这个操作直至预报精度满足某一条件。

另外，水文预报是指根据前期或现时的水文气象资料，对未来一定时间内的水文情况做出科学预测并发布预报的技术与作业[13]。水文模拟是对复杂的水文现象及其各要素间因果关系加以概化，据此建立具有一定物理意义的数学物理模型的仿流域水文现象[14]。水文模拟是水文预报的基础，但水文预报不同于水文模拟。如图 6.1 所示，水文模拟针对的是当前时刻之前的模拟流量过程与流域实测流量过程的拟合程度，旨在通过提高对流域水文特性的模拟精度来提高水文预报精度。然而，水文预报针对的是当前时刻之后预见期长度内预报流量过程的预测精度，具有逐时滚动和动态更新的特征。在每一时段，水文预报模型结合该时段已有的降水观测、流域蓄水量、降水预报等水文信息对未来一定预见期内的径流进行预报；在后续时段，径流预报将结合更新的水文信息进行动态更新[15-17]。

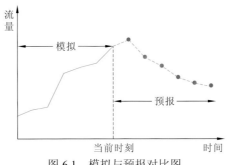

图 6.1   模拟与预报对比图

传统的洪水预报方法依赖于水文模拟技术，水文模拟精度的高低直接影响着洪水预报的精度，因此水文工作者针对流域水文模型模拟精度的提高做了很多工作。此外，传统的洪水预报方法大多是单个预见期的水文预报，主要基于实测降水及流量资料来对洪水进行预报，受制于落地雨的时效性，致使有效预见期长度很短，其洪水预见期的延长则主要依托于降水预报。但对于资料缺乏地区，或者在降水预报本身不准确的情况下，未必比不做任何改动更奏效。就防洪减灾而言，流域水文模型仍是洪水预报调度的核心部分，模型自身预测能力的提高是洪水预报精度提高和延长预见期的关键[18]。传统方法主要进行水文模拟，利用降水蒸发资料，通过水文模型得到匹配历史观测流量的模拟流量，进而利用优化算法进行参数优选，得到反映流域特征的参数，以此为基础进行预见期内的流量预报。考虑预见期的预报方法则是通过水文模型产生预见期内各个预报时刻的预报流量，将各预报时刻预报流量和实测流量的吻合程度作为目标函数进行参数优选，得到考虑预见期的流域参数。

预报调度集成的实时水位预报技术结合水文模型和水库调洪演算方程、基于 back-fitting 算法的实时校正方法、考虑多预见期的预报方法建立实时水位预报模型，能够更好地发挥各自的优势，为流域洪水预报和防洪决策提供支持。

6.2   研 究 方 法

6.2.1   考虑多预见期的预报调度集成方法

1. 构建水库水位预报模型

本章利用三水源新安江模型[14]和水量平衡方程，建立水库水位预报模型。模型的输入为流域面平均降水量和流域平均蒸发量，输出为水库水位，水位预报模型的流程见图 6.2。

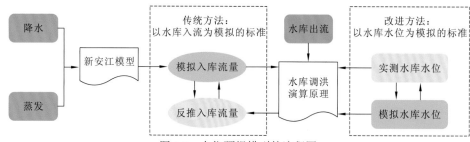

图 6.2　水位预报模型的流程图

自赵人俊教授等于 1973 年提出新安江模型至今，此模型多年来广泛应用于我国湿润和半湿润地区并取得了成功，目前在国内洪水预报中得到了普遍的应用[19]。新安江模型是一个分散性、概念性的降水径流模型，它把全流域分成若干个单元流域，对每个单元流域分别进行产汇流计算，得出各单元流域的出口流量过程，叠加起来即整个流域的预报流量过程[19-20]。三水源新安江模型由四个模块组成，分别为蒸散发计算、蓄满产流计算、三水源划分、汇流计算。模型各层次的参数及含义见表 6.1。

表 6.1　三水源新安江模型各层次参数表

层次	参数符号	参数物理含义
第一层次　（蒸散发计算）	WM	流域平均张力水容量
	WUM	上层张力水容量
	WLM	下层张力水容量
	KE	蒸散发折算系数
	C_{XAT}	深层蒸散发折算系数
第二层次　（蓄满产流计算）	B_{XAT}	流域蓄水容量-面积分配曲线指数
	IMP	不透水面积比例
第三层次　（三水源划分）	SM	流域自由水蓄容量
	EX	流域自由水蓄容量-面积分配曲线的方次
	KG	自由水对地下水的日出流系数
	KI	自由水对壤中流的日出流系数
第四层次　（汇流计算）	N_{XAT}	瞬时单位线参数，线性水库个数
	NK	瞬时单位线参数，线性水库的调蓄系数
	CG	地下水消退系数
	CI	壤中流消退系数

水库调度采用连续时段递推的方法进行计算，主要是求解由水量平衡方程和水库蓄泄方程所组成的方程组[21-22]：

$$\begin{cases} V_{t+1} = V_t + (I_t - Q_t)\Delta t - L_t \\ Z_t = f(V_t) \end{cases} \tag{6.1}$$

式中：V_t、V_{t+1} 为 Δt 时段始、末时刻的水库库容；I_t 为 Δt 时段内的平均入库流量；Q_t 为 Δt 时段内的平均出库流量；Δt 为计算时间步长；L_t 为损失的水量；Z_t 为 t 时段水库水位；$f(\cdot)$ 为水库水位库容曲线。对于水库出库流量，其一般由几部分组成，如发电流量、农业灌溉或生活用水供水流量、水库弃水下泄流量，具体由水库的功能和运用情况而定。

2. 目标函数

水位预报预见期就是水位能提前被预测的时间，即预报发布时刻与预报要素出现时刻之间的时距。从洪水特征及信息获取、利用角度考虑，预见期的预报时段长取得越短精度越高。

传统的水位预报方法以模拟技术为基础，通过建立具有一定物理意义的流域数学物理模型，以模型模拟出的水位过程与历史实测的水位过程的吻合程度为参数率定的目标，得到反映流域水文特性的模型参数，据此将气象、降水资料作为模型的未来输入，对未来一定时期的流量过程进行定量预测。按照传统水文模拟思路，根据流域出口断面水位的模拟过程与实测过程的吻合程度，构建优化目标，进行参数率定。其目标函数为

$$\min F_{con} = \sum_{t=1}^{N} (Z_t - \hat{Z}_t)^2 \tag{6.2}$$

式中：$\hat{Z}_t$ 为预报水位值；Z_t 为实测值，其中 $t = 1, 2, \cdots, N$，N 为实测水文资料系列长度。

考虑预见期的预报方案根据预见期内流域出口断面水位的多个预报时刻的预报过程与实测过程的吻合程度构建优化目标，进行参数率定。其目标函数为

$$\min F_{pro} = \sum_{t=1}^{N} [(Z_{t+k} - \hat{Z}_{t+k}^t)^2 + (Z_{t+k} - \hat{Z}_{t+k}^{t+1})^2 + \cdots + (Z_{t+k} - \hat{Z}_{t+k}^{t+k-1})^2] \tag{6.3}$$

式中：$\hat{Z}_{t+k}^t$ 为提前预报时刻长度为 k 时的预报流量，k 为预见期长度；Z_{t+k} 为实测值，其中 $t = 1, 2, \cdots, N$，N 为实测水文资料系列长度。

6.2.2　基于误差自回归的实时洪水预报方法

1. 构建误差自回归模型

概念性流域水文预报模型使得水文模型呈现复杂的隐式结构，很难用实测数据实时修正模型参数，成为定常参数的流域水文模型。目前在利用定常参数的流域水文模型进行洪水实时预报时，采用的有效方法是用确定性流域水文模型加上实时校正处理算法进行洪水实时校正预报。

t 时刻误差的表达式为[9,23-24]

$$e(t) = b_1 e(t-1) + b_2 e(t-2) + \cdots + b_n e(t-n) = \sum_{i=1}^{n} b_i e(t-i) \qquad (6.4)$$

洪水实时预报校正模型为

$$Q(t) = Q(t-1) + e(t) = Q(t-1) + b_1 e(t-1) + b_2 e(t-2) + \cdots + b_n e(t-n)$$
$$= Q(t-1) + \sum_{i=1}^{n} b_i e(t-i) \qquad (6.5)$$

自回归模型在应用时需要确定合适的阶数，在实际应用的研究中发现，一般采用 1阶、2 阶或 3 阶即可满足需求[25]。回归系数根据 n 个误差序列采用普通的最小二乘法确定，其中 n 通过以 n 为自变量、以预报精度为因变量的实验得出。

利用流域水文模型的预报流量序列 $\{Q_s(j), j=1,2,\cdots,t\}$ 与实时观测的流量序列 $\{Q_o(j), j=1,2,\cdots,t\}$ 的误差序列 $\{e(j), j=1,2,\cdots,t\}$ 建立误差预报模型，将预报的误差 $\{e(j), j=t+1,t+2,\cdots\}$ 叠加到预报流量 $\{Q_s(j), j=1,2,\cdots,t\}$ 上，完成流域洪水预报校正，从而提高洪水的预报精度。

一小时前发布的预见期为 k 小时的预报误差与当前时刻发布的预见期为 k 小时的预报误差有很强的相关性。然而，一小时前发布的预见期为 k 小时的预报误差是很难获得的，因为其对应的实测水位还未知。一种可行的替代方案是利用预报误差的估计值，如一小时前发布的预见期为 k 小时的预报误差的估计值，通过自回归方程计算当前时刻发布的预见期为 k 小时的预报误差。但是估计的预报误差与实测值之间的偏差是不可避免的，而且随着预见期的增长，偏差会逐渐显著。另一个可行的替代方案是，使用 k 小时前发布的预见期为 k 小时的预报误差直接估计当前时刻发布的预见期为 k 小时的预报误差。k 小时前发布的预见期为 k 小时的预报误差和当前时刻发布的预见期为 k 小时的预报误差的相关性并不是最强的，但是前者是实测值，可以消除部分误差。值得注意的是，两种误差估计方法所利用的误差不同，故方程中的自回归参数也不同。这两种误差估计方法的描述如下。

2. 利用最新已知的误差对多预见期预报误差的校正

利用最新已知的实测值（k 小时前发布的预见期为 k 小时的预报误差等）进行预报，考虑多预见期的自回归模型可以表示为

$$\widehat{\varepsilon}_{t+k}^{t} = \phi_{k,1} \varepsilon_t^{t-k} + \phi_{k,2} \varepsilon_{t-k}^{t-2k} + \cdots + \phi_{k,p} \varepsilon_{t-(p-1)k}^{t-pk} \qquad (6.6)$$

式中：$\widehat{\varepsilon}_{t+k}^{t}$ 为预报 $\widehat{Z}_{t+k}^{t}$ 误差的估计值；ε_t^{t-k} 为前期预测水位 Z_t^{t-k} 的实际误差；$\phi_{k,1}, \phi_{k,2}, \cdots, \phi_{k,p}$ 为自回归模型的参数，p 为自回归模型的阶，低阶自回归模型更适用于短期预测[24,26]。因此，p 假设为 1 阶。

如图 6.3（a）所示，当前时刻设置为 t^*，$\varepsilon_{t^*+k}^{t^*}$ 为当前时刻发布的预见期为 k 的预报误差。图中已知的误差用灰色表示，未知的误差用白色表示。这种误差估计方式不采用估计值，而是利用最新已知的误差 $\varepsilon_{t^*}^{t^*-1}, \varepsilon_{t^*}^{t^*-2}, \cdots, \varepsilon_{t^*}^{t^*-k}$，即实际误差。采用最新已知的误差

估计 $\widehat{\varepsilon}^t_{t+k}$，加上模拟水位即可得到校正（预测）的水位。

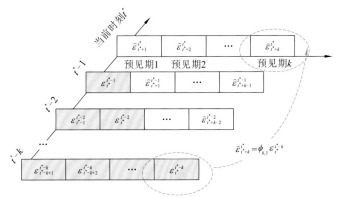

（a）利用最新已知的误差对多预见期预报误差的校正

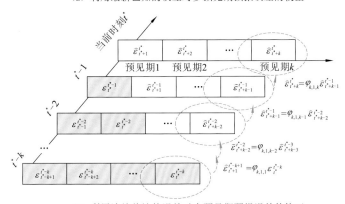

（b）利用连续估计的误差对多预见期预报误差的校正

图 6.3　参数估计示意图

3. 利用连续估计的误差对多预见期预报误差的校正

由于缺乏实时观测水位值，自回归模型（自回归阶数大于 1 时）使用误差的估计值估计误差，可以表达为

$$\widehat{\varepsilon}^t_{t+k} = \varphi_{k,1,k}\widehat{\varepsilon}^{t-1}_{t+k-1} + \varphi_{k,2,k}\widehat{\varepsilon}^{t-2}_{t+k-2} + \cdots + \varphi_{k,p,k}\widehat{\varepsilon}^{t-p}_{t+k-p} \tag{6.7}$$

式中：$\widehat{\varepsilon}^t_{t+k}$ 为预报 $\widehat{Z}^t_{t+k}$ 误差的估计值；$\widehat{\varepsilon}^{t-1}_{t+k-1}$ 为前期预测水位 Z^{t-k}_t 的估计误差；$\varphi_{k,1,k}, \varphi_{k,2,k}, \cdots, \varphi_{k,p,k}$ 分别为 $\widehat{\varepsilon}^{t-1}_{t+k-1}, \widehat{\varepsilon}^{t-2}_{t+k-2}, \cdots, \widehat{\varepsilon}^{t-p}_{t+k-p}$ 的自回归系数，p 为自回归模型的阶，同样，p 假设为 1 阶。$\widehat{\varepsilon}^{t-2}_{t+k-2}, \widehat{\varepsilon}^{t-3}_{t+k-3}, \cdots, \widehat{\varepsilon}^{t-p-1}_{t+k-p-1}$ 可以用与式（6.7）相同的形式求得。

在图 6.3(b)中，将误差 $\widehat{\varepsilon}^{t*-2}_{t*+k-2}$ 的估计值作为输入求得下一时间步长的误差估计值 $\widehat{\varepsilon}^{t*-1}_{t*+k-1}$，以此类推。每次估计预见期为 k 的误差，都用一个自回归模型去估计相邻列的误差。

自回归参数可以通过最小二乘法进行率定，还有 Yule-Walker 法和最大似然估计法。根据文献，最小二乘法简单且有效[10]，故选取最小二乘法进行率定。然而，在一些应用中，离线率定无法根据实际误差的获得而调整参数[27]，因此不能应用于实时预测模型。

4. 基于 back-fitting 算法的实时校正技术

在传统的校正过程中，先以观测流量率定水文模型，然后将模拟流量和实测流量的差值输入自回归模型。然而，估计出的误差和模拟流量的和与实测流量并不是最接近的。解决这一问题的方法是联合率定，即将水文模型和自回归模型看成一个系统，率定其全局最优参数[28-29]。而为了减少额外的参数带来的计算负担，引入 back-fitting 算法率定水文模型和自回归模型。

back-fitting 算法[30-31]是可以减少计算负担的一个迭代过程。当 back-fitting 算法用于加法模型时，对于某一个组分，其他组分固定，单独率定这一个组分。back-fitting 算法轮流率定每一个组分，最后达到收敛后结束[32]。水库水位预测模型有两个组成部分：由 IHRR 模型进行水位模拟，并通过自回归模型进行误差估计（加法系统）。因此，利用 back-fitting 算法率定水文模型和自回归模型。程序需要一个初值，初值可以设置为 IHRR 模型第一次率定值。

基于 back-fitting 算法的实时校正技术包括如下两个步骤。

（1）水文模型再校正。假设多个预见期的估计误差是固定的，但水文参数是未知的，实测水位和估计误差之间的差异可以作为新安江模型的率定数据。然后通过重新率定新安江模型得到多预见期的模拟水位。

（2）自回归模型的再校正。固定模拟水位的值，则实测水位和模拟水位的差值是确定的。将差值输入自回归模型，得到估计的误差。将估计的误差固定，重复步骤（1）。两个步骤轮流进行，直到达到一定的迭代次数（如 50）。

6.2.3　评价指标选取

水文要素的预报值与实测值之间往往存在一定的误差，这也是客观存在的。因此，水文预报结果的准确率与可信程度是衡量水文预报质量的前提，必须对水文预报精度的可靠性和有效性进行评定与检验。为了评价模型的精度，使用了以下指标：均方根误差 RMSE[33-34]、平均绝对误差 MAE[34-35]，最小的 RMSE 和 MAE 都表明模拟值对实测值的最佳逼近；误差超出阈值的概率 $P_{k,\alpha}$[24, 36]，其值越接近于 1，表明模型的效果越好。三个指标分别按照如下公式计算。

1）均方根误差（RMSE）

均方根误差用来评价预报流量过程与实测流量过程的离散程度，尤其对高水位的误差更敏感，按式（6.8）计算：

$$\text{RMSE}(k) = \sqrt{\frac{1}{N}\sum_{t=1}^{N}(Z_t - \hat{Z}_t^{t-k})^2} \tag{6.8}$$

式中：$\hat{Z}_t^{t-k}$ 为 t 时刻发布的预见期为 k 的预报水位；Z_t 为实测水位，其中 $t=1, 2, \cdots, N$，N 为实测水文资料系列长度。

2）平均绝对误差（MAE）

平均绝对误差用来反映模拟值相对于实测值的偏离程度，相较于 RMSE，其对低水位的误差更敏感，按式（6.9）计算：

$$\text{MAE}(k) = \frac{1}{N}\sum_{t=1}^{N}\left| Z_t - \widehat{Z}_t^{t-k} \right| \tag{6.9}$$

3）误差超出阈值的概率（$P_{k,\alpha}$）

误差超出阈值的概率用来反映预测的稳健性，按式（6.10）计算：

$$P_{k,\alpha} = P_k(|Z_t - \widehat{Z}_t^{t-k}| < \alpha) = \frac{1}{N}\sum_{t=1}^{N}\varphi(|Z_t - \widehat{Z}_t^{t-k}| < \alpha) \times 100\% \tag{6.10}$$

其中：当 $|Z_t - \widehat{Z}_t^{t-k}| < \alpha$ 为真时，$\varphi(|Z_t - \widehat{Z}_t^{t-k}| < \alpha) = 1$；否则，$\varphi(|Z_t - \widehat{Z}_t^{t-k}| < \alpha) = 0$。

6.3　水布垭水库案例

6.3.1　流域水文资料

水布垭水库是清江流域梯级开发的龙头水库，坝址位于湖北省巴东县境内，集水面积为 10 860 km$^{2[37-38]}$。水库正常蓄水位为 400 m，对应的库容为 43.12×10^8 m^3，总库容为 45.8×10^8 m^3，装机容量为 1 600 MW，是以发电、防洪、航运为主，兼顾其他功能的水利枢纽工程。水布垭水库显著增加了清江下游隔河岩水库和高坝洲水库的调频调峰能力，也是长江中下游防洪体系的重要组成部分。因此，开展水布垭水库水位预报能够为水库的正常运用和防洪提供保障。

以水布垭水库以上的集水区为研究区域，计算过程中使用的资料如下：①清江流域水布垭水库断面以上 14 个雨量站 2011～2012 年的 1 h 降水资料；②流域 4 个蒸发站 2011～2012 年的逐小时蒸发资料；③水布垭水库 2011～2012 年的 1 h 水库运行资料；④水布垭水库水位库容特征曲线。

6.3.2　方案设置

图 6.4 列出了在案例研究中考虑的七种方案。除了传统模型（IHRR）外，还有改进方案 IHRROF、IHRR&BF-1、IHRR&BF-2、IHRROF&BF-1、IHRROF&BF-2 和 IHRROF&JI-1 用于比较。在这些模型中，"OF" 表示改进了目标函数，"BF-1" 和 "BF-2" 分别表示使用了最新已知的误差[图 6.3（a）]和连续估计的误差[图 6.3（b）]的 back-fitting 算法实时校正技术，并且 "JI-1" 表示使用了最新已知的误差的联合率定实时校正技术。七个方案中的每一个都有 16 个参数，包括新安江模型中的 15 个参数和自回归模型中的 1 个参数。

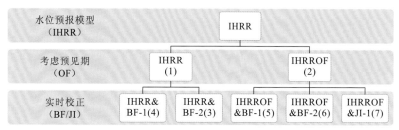

图 6.4 方案设置

首先，比较 IHRR 和 IHRROF（或 IHRR&BF-1 与 IHRROF&BF-1、IHRR&BF-2 与 IHRROF&BF-2），可研究改进目标函数对多预见期预报精度的影响。其次，通过比较 IHRR&BF-1 和 IHRR&BF-2（或 IHRROF&BF-1 与 IHRROF&BF-2）可知采用最新已知的误差与连续估计的误差的效果。最后，比较 IHRROF&BF-1 和 IHRROF&JI-1 可知基于 back-fitting 算法再率定与联合率定方式的优劣。

6.3.3 方案比较

图 6.5～图 6.8 比较了七种方案在 1～6 h 预见期内的率定期和验证期的结果。在没有实时校正的方案（IHRR 和 IHRROF）中，将给定阈值设置为 0.1 m 或 1 m，而在有实时校正的方案（IHRR&BF-1、IHRROF&BF-1、IHRR&BF-2、IHRROF&BF-2 和 IHRROF&JI-1）中，将其设置为 0.01 m 或 0.05 m。

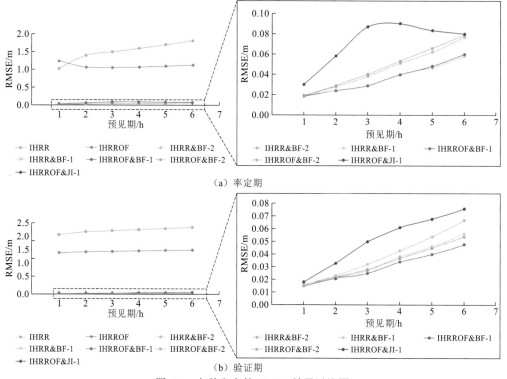

图 6.5 七种方案的 RMSE 结果对比图

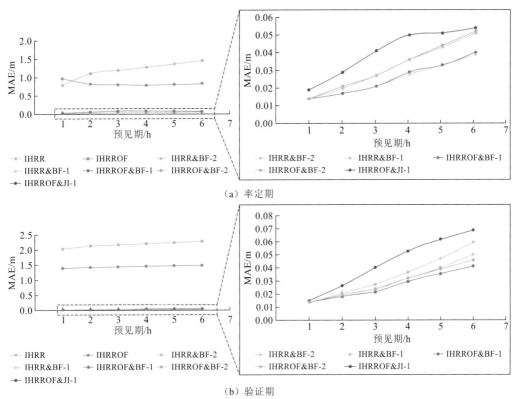

（a）率定期

（b）验证期

图 6.6　七种方案的 MAE 结果对比图

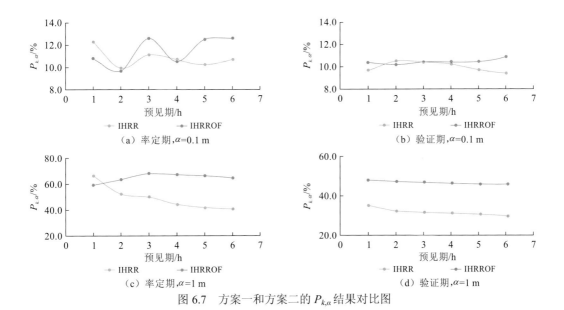

（a）率定期，$\alpha=0.1$ m

（b）验证期，$\alpha=0.1$ m

（c）率定期，$\alpha=1$ m

（d）验证期，$\alpha=1$ m

图 6.7　方案一和方案二的 $P_{k,\alpha}$ 结果对比图

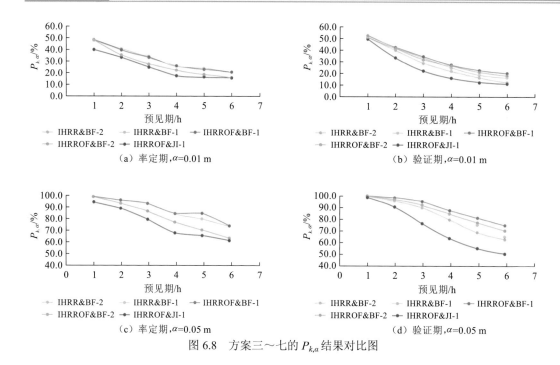

图 6.8　方案三～七的 $P_{k,\alpha}$ 结果对比图

1）比较 IHRR 与 IHRROF：改进目标函数对多预见期预报精度的影响

在率定期，IHRR 在 1 h 预见期的表现优于 IHRROF，但它在 2～6 h 的预报精度不如 IHRROF。这是因为 IHRROF 的目标函数纳入了 2～6 h 预见期的预报水位，而 IHRR 仅考虑 1 h 预见期的预报水位。然而，在验证期的比较中没有观察到相同的结果。从图 6.5、图 6.6 及图 6.7 中的结果来看，IHRROF 在 1～6 h 预见期均优于 IHRR，它具有更小的 RMSE(k)、MAE(k) 和更高的 $P_{k,\alpha}$。这个结果显示，改进的目标函数在验证期的效果更为显著。绘制 IHRR 和 IHRROF 预报的水位过程于图 6.9。图 6.9（a）展示了率定期 IHRR 和 IHRROF 在 1 h 预见期的预报水位图，可以看出 IHRROF 倾向于高估水位。在验证期内，IHRROF 的预测水位高于 IHRR［图 6.9（b）］，两者均低于实测水位，这是因为假设未来降水为 0 使库容计算出现累计误差，而 IHRR 考虑到无雨情况补偿了这些误差。

2）IHRR&BF-1 与 IHRR&BF-2：采用最新已知的误差与连续估计的误差的比较

由于预报误差具有很强的自相关性，经过实时校正的方案较未经过实时校正的方案精度有了显著提升，证明了实时校正的必要性。相比而言，IHRR&BF-1 与 IHRR&BF-2 之间的差异很小。比较两者（图 6.5 和图 6.6）可以看出，IHRR&BF-1 总体上优于 IHRR&BF-2，除了 1 h 预见期之外。这是因为，在 1 h 预见期内，IHRR&BF-1 和 IHRR&BF-2 都是以实际误差为自回归模型的输入，而并非估计的误差。此外，IHRR&BF-1 和 IHRR&BF-2 的差异随着预见期的增长而变大，表明 IHRR&BF-2 采用连续估计的误差推求误差的方式会积累不小的误差，比 IHRR&BF-1 更快。在 IHRROF&BF-1 与 IHRROF&BF-2 的比较中可以得出类似的结论，这进一步表明采用最新已知的误差作为自回归模型的输入要优于采用连续估计的误差。

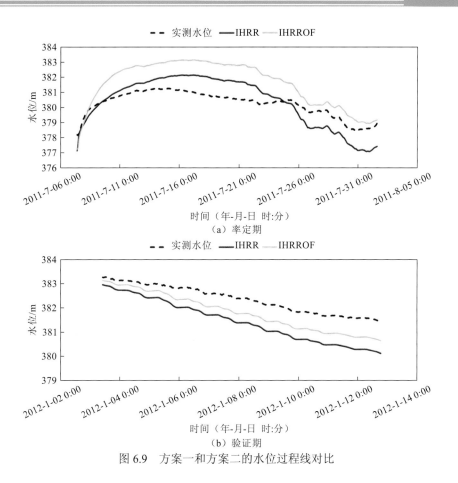

图 6.9　方案一和方案二的水位过程线对比

3）IHRROF&BF-1 与 IHRR&BF-1：改进目标函数与基于 back-fitting 算法实时校正的影响

在率定期可以看出，IHRROF&BF-1 的 RMSE(k) 和 MAE(k) 都要比 IHRR&BF-1 的大（图 6.5 和图 6.6）。这个结果和 1）中 IHRROF 与 IHRR 的比较结果相反。对比 IHRR&BF-2 和 IHRROF&BF-2 也可以看出，IHRROF&BF-2 在率定期要劣于 IHRR&BF-2。$P_{k,\alpha}$ 的结果也呈现相似的趋势，但随着预见期的增长，IHRROF&BF-1 和 IHRROF&BF-2 在 4～6 h 预见期的预报逐渐出现优势，显示出稳健性。然而在验证期，IHRROF&BF-1 在 1～6 h 预见期均优于 IHRR&BF-1（IHRROF&BF-2 在 1～6 h 预见期也均优于 IHRR&BF-2），表明改进的目标函数在多预见期的预报方面是有效的。可以推测出和 1）中相同的结论，利用目标函数考虑多预见期的预报，率定适用于无雨情况的参数，减少 IHRR 的固有误差。

4）IHRROF&BF-1 与 IHRROF&JI-1：基于 back-fitting 算法的再率定和联合率定参数方法的比较

由图 6.8 可以看出，IHRROF&BF-1 在率定期和验证期的 1～6 h 预见期均优于 IHRROF&JI-1。IHRROF&BF-1 和 IHRROF&JI-1 的区别在于它们的参数估计方法不同。

IHRROF&JI-1 采用的是联合率定方法，即同时率定新安江模型和自回归模型的参数；而 IHRROF&BF-1 则轮流率定新安江模型和自回归模型的参数，减小了随参数增加而增大的计算负担。从结果来看，应用 back-fitting 算法的重复率定为参数接近全局最优提供了更多机会。

6.4 本 章 小 结

本章提出了一种基于误差校正的多预见期水库水位预报方法。该方法包括：①IHRR 模型模拟水位，使用准确的实测水位率定模型；②改进 IHRR 的目标函数，考虑多预见期的预报水位；③将最近已知的误差作为自回归模型的输入，引入 back-fitting 算法轮流率定新安江模型和自回归模型的参数，并进行实时校正。主要结论如下。

（1）考虑多预见期的目标函数可以最小化多预见期的预报误差，提高多预见期的预报精度。

（2）在利用自回归模型估计误差时，将最新已知的误差作为自回归模型的输入优于连续估计的误差。

（3）基于 back-fitting 算法的方案的精度高于传统联合率定方式，back-fitting 算法再率定得到的参数更优。

参 考 文 献

[1] 罗时朋, 徐学军, 王乘. 清江隔河岩库区水位预报[J]. 人民长江, 2003, 34(2): 8-9.

[2] BAZARTSEREN B, HILDEBRANDT G, HOLZ K P. Short-term water level prediction using neural networks and neuro-fuzzy approach[J]. Neurocomputing, 2003, 55(3/4): 439-450.

[3] DENG C, LIU P, LIU Y, et al. Integrated hydrologic and reservoir routing model for real-time water level forecasts[J]. Journal of hydrologic engineering, 2015, 20(9): 1-8.

[4] 邓超, 刘攀, 伍朝晖, 等. 水库水位预报模型研究[J]. 水资源研究, 2014, 3(1): 62-65.

[5] VAN STEENBERGEN N, RONSYN J, WILLEMS P. A non-parametric data-based approach for probabilistic flood forecasting in support of uncertainty communication[J]. Environmental modelling & software, 2012, 33: 92-105.

[6] YAN J, LIAO G Y, GEBREMICHAEL M, et al. Characterizing the uncertainty in river stage forecasts conditional on point forecast values[J]. Water resources research, 2012, 48 (12): 1-11.

[7] 杨朝晖, 李兰. 新安江模型中实时校正技术的比较研究[J]. 中国农村水利水电, 2008 (8): 18-21.

[8] 焦伟杰, 龙海峰. 基于自回归模型的分布式水文模型预报校正[J]. 水资源与水工程学报, 2015(2): 103-108.

[9] XIONG L H, O'CONNOR K M. Comparison of four updating models for real-time river flow forecasting[J]. Hydrological sciences journal, 2002, 47(4): 621-639.

[10] LIU Z, GUO S, ZHANG H, et al. Comparative study of three updating procedures for real-time flood forecasting[J]. Water resources management, 2016, 30(7): 2111-2126.

[11] LI M, WANG Q J, BENNETT J C, et al. Error reduction and representation in stages (ERRIS) in hydrological modelling for ensemble streamflow forecasting[J]. Hydrology and earth system sciences, 2016, 20(9): 3561-3579.

[12] SOROKINA D, CARUANA R, RIEDEWALD M. Additive groves of regression trees[C]// KOK J N, KORONACKI J, DEMANTARAS R L, et al. European conference on machine learning. Berlin, Heidelberg: Springer, 2007: 323-334.

[13] 包为民. 水文预报[M]. 北京：中国水利水电出版社, 2009.

[14] 赵人俊. 流域水文模拟：新安江模型与陕北模型[M]. 北京：中国水利电力出版社, 1984.

[15] MAURER E P, LETTENMAIER D P. Predictability of seasonal runoff in the Mississippi River basin[J]. Journal of geophysical research-atmospheres, 2003, 108(D16): 1-13.

[16] MAURER E P, LETTENMAIER D P. Potential effects of long-lead hydrologic predictability on Missouri River main-stem reservoirs[J]. Journal of climate, 2004, 17(1): 174-186.

[17] 赵铜铁钢. 考虑水文预报不确定性的水库优化调度研究[D]. 北京：清华大学, 2013.

[18] 包红军, 王莉莉, 沈学顺, 等. 气象水文耦合的洪水预报研究进展[J]. 气象, 2016, 42(9): 1045-1057.

[19] JAYAWARDENA A W, ZHOU M C. A modified spatial soil moisture storage capacity distribution curve for the Xinanjiang model[J]. Journal of hydrology, 2000, 227(1/2/3/4): 93-113.

[20] YAO C, ZHANG K, YU Z, et al. Improving the flood prediction capability of the Xinanjiang model in ungauged nested catchments by coupling it with the geomorphologic instantaneous unit hydrograph[J]. Journal of hydrology, 2014, 517: 1035-1048.

[21] ZHANG W, LIU P, CHEN X, et al. Optimal operation of multi-reservoir systems considering time-lags of flood routing[J]. Water resources management, 2016, 30(2): 523-540.

[22] ZHANG J, WANG X, LIU P, et al. Assessing the weighted multi-objective adaptive surrogate model optimization to derive large-scale reservoir operating rules with sensitivity analysis[J]. Journal of hydrology, 2017, 544: 613-627.

[23] CHEN L, ZHANG Y, ZHOU J, et al. Real-time error correction method combined with combination flood forecasting technique for improving the accuracy of flood forecasting[J]. Journal of hydrology, 2015, 521: 157-169.

[24] WU S J, LIEN H C, CHANG C H, et al. Real-time correction of water stage forecast during rainstorm events using combination of forecast errors[J]. Stochastic environmental research and risk assessment, 2012, 26(4): 519-531.

[25] SCHAEFLI B, VAN DER ENT R J, WOODS R, et al. An analytical model for soil-atmosphere feedback[J]. Hydrology and earth system sciences, 2012, 16(7): 1863-1878.

[26] LUNDBERG A. Combination of a conceptual-model and an autoregressive error model for improving short-time forecasting[J]. Nordic hydrology, 1982, 13(4): 233-246.

[27] PHUOC KHAC-TIEN N, CHUA L H C. The data-driven approach as an operational real-time flood

forecasting model[J]. Hydrological processes, 2012, 26(19): 2878-2893.

[28] PRAKASH O, SUDHEER K P, SRINIVASAN K. Improved higher lead time river flow forecasts using sequential neural network with error updating[J]. Journal of hydrology and hydromechanics, 2014, 62(1): 60-74.

[29] LI M, WANG Q J, BENNETT J C, et al. A strategy to overcome adverse effects of autoregressive updating of streamflow forecasts[J]. Hydrology and earth system sciences, 2015, 19(1): 1-15.

[30] BUJA A, HASTIE T, TIBSHIRANI R. Linear smoothers and additive-models[J]. Annals of statistics, 1989, 17(2): 453-510.

[31] HASTIE T J, TIBSHIRANI R J. Generalized additive models[M]. London: Chapman and Hall, 1990: 590-606.

[32] ANSLEY C F, KOHN R. Convergence of the backfitting algorithm for additive-models[J]. Journal of the Australian mathematical society series a-pure mathematics and statistics, 1994, 57: 316-329.

[33] LIN G F, WU M C. An RBF network with a two-step learning algorithm for developing a reservoir inflow forecasting model[J]. Journal of hydrology, 2011, 405(3/4): 439-450.

[34] LIN G F, CHEN G R, HUANG P Y, et al. Support vector machine-based models for hourly reservoir inflow forecasting during typhoon-warning periods[J]. Journal of hydrology, 2009, 372(1/2/3/4): 17-29.

[35] BUDU K. Comparison of wavelet-based ANN and regression models for reservoir inflow forecasting[J]. Journal of hydrologic engineering, 2014, 19(7): 1385-1400.

[36] SHEN J C, CHANG C H, WU S J, et al. Real-time correction of water stage forecast using combination of forecasted errors by time series models and Kalman filter method[J]. Stochastic environmental research and risk assessment, 2015, 29(7): 1903-1920.

[37] LIU P, GUO S, XU X, et al. Derivation of aggregation-based joint operating rule curves for cascade hydropower reservoirs[J]. Water resources management, 2011, 25(13): 3177-3200.

[38] LI L, LIU P, RHEINHEIMER D E, et al. Identifying explicit formulation of operating rules for multi-reservoir systems using genetic programming[J]. Water resources management, 2014, 28(6): 1545-1565.

水库群风险评估

第 7 章

基于两阶段的水库群实时防洪风险评估

7.1 引　言

　　洪水预报可以提高水库的防洪兴利效益，但也因为存在误差而带来风险。本章拟提出可应用于水库群系统的两阶段洪水风险识别方法，但由于水库群间各水库的水文预报信息精度不同、预见期长短不匹配、水库间河道洪水演进滞时、水库调节性能和水面线特性等存在差异，水库群预报调度信息综合利用有一定的难度。

　　图 7.1 为两水库组成的梯级水库群系统，两水库的预见期长短不匹配，因此，在这种情景下如何应用基于两阶段的洪水风险识别方法是本章所关注的关键问题。

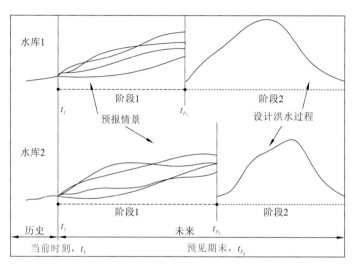

图 7.1　基于两阶段的两水库洪水风险识别示意图

　　预见期以内（阶段 1）可通过统计若干组径流预报过程中水库发生洪水风险的次数所占的比例来计算风险率[1-2]，预见期以外（阶段 2）的防洪风险则通过对水库设计洪水进行调洪演算来推求[3-4]，而水库总防洪风险则由这两个阶段的风险耦合计算。该研究思路的创新点在于，不仅考虑了预见期以内的防洪风险，而且考虑了预见期以外的防洪风险。需要说明的是，针对水库群系统中各水库预见期长度不匹配的问题，已有研究[5-9]采用的做法是取短，即依据预见期长度最短的水库，截取使用其他水库的部分预报信息，以使各水库实际利用的预报信息长度一致，但该研究思路存在部分水库的预报信息未能得到完全利用的局限性。本章所提出的水库群两阶段风险率计算方法，根据存在水力联系的相邻水库之间预见期长度的差异，选择相应的不同起始时刻的典型设计洪水过程，也就是相邻水库设计洪水过程开始的时间间隔应与预见期长度的差异相匹配，从而实现各水库不同预见期长度信息的充分利用。

7.2　水库群防洪风险数值计算方法

7.2.1　预见期以内防洪风险

若水库出库流量超过下游允许泄量这一阈值，或者水库上游水位超过水位阈值，则可将此事件定义为水库防洪有风险。因此，定义预见期以内水库防洪风险率有两种方式，将下游允许泄量作为判别条件或将水库上游水位阈值作为判别条件。基于若干组径流预报情景，预见期以内水库群防洪风险的计算如式（7.1）所示。

$$R_{S1} = P\left\{ \bigcup_{k=1}^{n} (r^k > \text{threshold}_k) \right\}$$

$$= P\left\{ \bigcup_{k=1}^{n} \left[\frac{\sum_{i_k=1}^{M_k} \#(r_{i_k,t}^k > \text{threshold}_k, \forall t = t_1, t_2, \cdots, t_{F_k})}{M_k} \right] \right\} \tag{7.1}$$

$$\#\left(r_{i_k,t}^k > \text{threshold}_k, \forall t = t_1, t_2, \cdots, t_{F_k} \right) = \begin{cases} 1, & r_{i_k,t}^k > \text{threshold}_k, \forall t = t_1, t_2, \cdots, t_{F_k} \\ 0, & \text{其他} \end{cases} \tag{7.2}$$

式中：n 为水库群系统中的水库个数；M_k 为第 k 个水库径流预报过程的情景个数（$k=1,2,\cdots,n$）；threshold_k 为第 k 个水库风险事件发生与否的判断阈值（水库下游允许泄量值 Q_{ck} 或者水库上游水位阈值 Z_{ck}）；t_{F_k} 为水库预见期长度。$\#(r_{i_k,t}^k > \text{threshold}_k, \forall t = t_1, t_2, \cdots, t_{F_k})$ 为第 i_k 个情景的二项式分布[式（7.2）]，即如果第 k 个水库的第 i_k 个径流预报情景在任意时刻的 $r_{i_k,t}^k$（水库下游泄量 $Q_{i_k,t}^k$ 或者水库上游水位 $Z_{i_k,t}^k$）超过相应的阈值，该式的值取为 1，否则该式的值取为 0（即使同一情景内洪水风险事件的发生次数多于 1 次，该式的值仍取为 1）。$\sum_{i_k=1}^{M_k} \#(r_{i_k,t}^k > \text{threshold}_k, \forall t = t_1, t_2, \cdots, t_{F_k})$ 用来统计 $r_{i_k,t}^k$ 超过阈值 threshold_k 的情景数。

7.2.2　预见期以外防洪风险

为了充分利用各个水库不同长度预见期的信息，可以依据存在水力联系的相邻水库间预见期长度的差异，选择相应的不同起始时刻的典型设计洪水过程，也就是相邻水库设计洪水过程开始的时间间隔应与预见期长度的差异相匹配。这种水库群系统风险识别方法较好地利用了水库的预报信息，提高了水库防洪风险评估的准确性。

本章采用对设计洪水进行调洪演算的方法来计算预见期以外的水库群防洪风险。假设第 k 个水库在预见期末 t_{F_k} 时刻的水库水位 $Z_{i_k,t_{F_k}}^k$ 与预见期以外调度时段内即将发生的洪水事件独立。预见期以外的水库群防洪风险率如式（7.3）所示：

$$R_{S2} = \sum_{i_n=1}^{M_n} \sum_{i_{n-1}=1}^{M_{n-1}} \cdots \sum_{i_1=1}^{M_1} R(Z_{i_1,t_{F_1}}^1, Z_{i_2,t_{F_2}}^2, \cdots, Z_{i_n,t_{F_n}}^n) P(Z_{i_1,t_{F_1}}^1, Z_{i_2,t_{F_2}}^2, \cdots, Z_{i_n,t_{F_n}}^n)$$

$$= \frac{\sum_{i_n=1}^{M_n} \sum_{i_{n-1}=1}^{M_{n-1}} \cdots \sum_{i_1=1}^{M_1} R(Z_{i_1,t_{F_1}}^1, Z_{i_2,t_{F_2}}^2, \cdots, Z_{i_n,t_{F_n}}^n)}{\prod_{k=1}^{n} M_k} \tag{7.3}$$

式中：$Z_{i_k,t_{F_k}}^k$ 为第 k 个水库在第 i_k 个径流预报情景的预见期末 t_{F_k} 时刻的水库水位；$P(Z_{i_1,t_{F_1}}^1, Z_{i_2,t_{F_2}}^2, \cdots, Z_{i_n,t_{F_n}}^n)$ 为系统中各水库预见期末水位组合为 $Z_{i_1,t_{F_1}}^1, Z_{i_2,t_{F_2}}^2, \cdots, Z_{i_n,t_{F_n}}^n$ 的概率，且 $P(Z_{i_1,t_{F_1}}^1, Z_{i_2,t_{F_2}}^2, \cdots, Z_{i_n,t_{F_n}}^n)$ 的取值通常可取为等概率 $1 / \prod_{k=1}^{n} M_k$，即将各水库预见期末水位组合情景均视为等概率事件；$R(Z_{i_1,t_{F_1}}^1, Z_{i_2,t_{F_2}}^2, \cdots, Z_{i_n,t_{F_n}}^n)$ 为以水库水位组合 $Z_{i_1,t_{F_1}}^1, Z_{i_2,t_{F_2}}^2, \cdots, Z_{i_n,t_{F_n}}^n$ 起调、水库群恰好发生防洪风险事件的洪水概率，可通过水库调洪演算获得。

7.2.3 水库群总防洪风险

水库群总防洪风险率为预见期以内和预见期以外两阶段防洪风险率的耦合，则水库群总防洪风险率如式（7.4）所示。

$$R_{TS} = R_{S1} + P(R_{S2} \mid \bar{R}_{S1})$$

$$= P\left\{ \bigcup_{k=1}^{n} \left[\frac{\sum_{i_k=1, i_k \in T_k}^{M_k} \#(r_{i_k,t}^k > \text{threshold}_k, \forall t = t_1, t_2, \cdots, t_{F_k})}{M_k} \right] \right\} \tag{7.4}$$

$$+ \frac{\sum_{i_n=1, i_n \notin T_n}^{M_n} \sum_{i_{n-1}=1, i_{n-1} \notin T_{n-1}}^{M_{n-1}} \cdots \sum_{i_1=1, i_1 \notin T_1}^{M_1} R(Z_{i_1,t_{F_1}}^1, Z_{i_2,t_{F_2}}^2, \cdots, Z_{i_n,t_{F_n}}^n)}{\prod_{k=1}^{n} M_k}$$

式中：T_k 为第 k 个水库在预见期以内发生防洪风险事件（水库下游泄量 $Q_{i_k,t}^k$ 或者水库上游水位 $Z_{i_k,t}^k$ 超过相应的阈值）的径流预报情景集合。

需要说明的是，上述所提出的水库群两阶段防洪风险率是年尺度内防洪风险事件的概率，且与水库自身的防洪标准有关（如预见期以外的水库防洪风险计算）。因此，将上述水库群总防洪风险率的计算方法应用于水库调度过程中应以水库群自身的防洪标准为水库群防洪风险率的约束上限值。

7.3 水库群防洪风险解析计算方法

7.3.1 预见期以内防洪风险

预见期以内的风险评估从当前时刻开始，到不同的预见期末结束。首先需要考虑的是预报信息的收集。本方法采用多元自回归模型，同时考虑了不同水库空间和时间的相关性。用多元自回归模型的另一个好处在于，可建立不同入流之间的解析关系，便于后续的风险评估。防洪风险指标可以以上游临界库容或下游临界流量为界，对防洪风险进行估算。下面以临界库容为例进行介绍，用临界流量时方法类似。

对于水库群，考虑各水库入流相关性，采用多元自回归模型建立入流自回归关系。在 i 时刻有 j 个水库的入流一阶多元自回归模型如下：

$$Q_{i+1} = A_{i+1}Q_i + B_{i+1}E_{i+1} \tag{7.5}$$

其中，

$$Q_i = [Q_{i,1}, Q_{i,2}, \cdots, Q_{i,j}]^{\mathrm{T}} \tag{7.6}$$

$$E_i = [\varepsilon_{i,1}, \varepsilon_{i,2}, \cdots, \varepsilon_{i,j}]^{\mathrm{T}} \tag{7.7}$$

$$A_i = \begin{bmatrix} a_{1,1}^i & a_{1,2}^i & \cdots & a_{1,j}^i \\ a_{2,1}^i & a_{2,2}^i & \cdots & a_{2,j}^i \\ \vdots & \vdots & & \vdots \\ a_{j,1}^i & a_{j,2}^i & \cdots & a_{j,j}^i \end{bmatrix} \tag{7.8}$$

$$B_i = \begin{bmatrix} b_{1,1}^i & b_{1,2}^i & \cdots & b_{1,j}^i \\ b_{2,1}^i & b_{2,2}^i & \cdots & b_{2,j}^i \\ \vdots & \vdots & & \vdots \\ b_{j,1}^i & b_{j,2}^i & \cdots & b_{j,j}^i \end{bmatrix} \tag{7.9}$$

式中：Q_i 为入流向量，$Q_{i,j}$ 为 i 时刻 j 水库入流；E_i 为自回归误差向量，$\varepsilon_{i,n}(\forall n \in \{1,2,\cdots,j\})$ 为随机误差；A_i 和 B_i 为自回归系数矩阵，$a_{u,v}^i$ 和 $b_{u,v}^i(\forall u \in \{1,2,\cdots,j\}, \forall v \in \{1,2,\cdots,j\})$ 为自回归系数。

依据自回归模型，可得预见期以内多库库容联合分布，预见期以内风险可进行如下积分：

$$R_1 = 1 - \int_0^{V_{c,1}}\int_0^{V_{c,1}}\cdots\int_0^{V_{c,1}}\int_0^{V_{c,2}}\int_0^{V_{c,2}}\cdots\int_0^{V_{c,2}}\cdots\int_0^{V_{c,n}}\int_0^{V_{c,n}}\cdots\int_0^{V_{c,n}} g(V_{1,1}\,V_{2,1}\cdots V_{H_1,1}\,V_{1,2}\,V_{2,2}\cdots V_{H_2,2}\cdots V_{1,n}\,V_{2,n}\cdots V_{H_n,n})$$
$$\mathrm{d}V_{1,1}\,\mathrm{d}V_{2,1}\cdots\mathrm{d}V_{H_1,1}\,\mathrm{d}V_{1,2}\,\mathrm{d}V_{2,2}\cdots\mathrm{d}V_{H_2,2}\cdots\mathrm{d}V_{1,n}\,\mathrm{d}V_{2,n}\cdots\mathrm{d}V_{H_n,n} \tag{7.10}$$

式中：$g(\cdot)$ 为预见期内多库库容联合分布；$V_{c,j}(\forall j \in \{1,2,\cdots,n\})$ 为临界库容。式（7.10）通过建立不同水库群在不同预见期以内的库容的联合分布，考虑不同的临界库容，估计了预见期以内水库群考虑各个水库不同长度预见期的风险。由此，不同长度预报信息得到了充分利用。然而，预见期以内不同的末水位会严重影响预见期以外的风险，尤其是预见期以外来大洪水时，因此，下一步将对预见期以外的风险进行评估。

7.3.2　预见期以外防洪风险

预见期以外防洪风险可由调洪演算得到。通过不同的起调库容或者起调水位，利用水库群防洪调度规则进行调洪演算，可在不同频率下对预见期以外防洪风险进行估计。通过多次调洪演算，可以求得预见期以外风险的均值。因此，预见期以外风险与预见期以外起调库容的数值关系可以被模拟。建立预见期以外风险 R_2 与预见期以外起调库容 $V_{H_1,1,i_1}, V_{H_2,2,i_2}, \cdots, V_{H_j,j,i_j}, \cdots, V_{H_N,n,i_N}$ 的数值关系，计算式如下：

$$R_2 = \sum_{i_1=1}^{s_1}\sum_{i_2=1}^{s_2}\cdots\sum_{i_j=1}^{s_j}\cdots\sum_{i_n=1}^{s_n} R(V_{H_1,1,i_1}, V_{H_2,2,i_2}, \cdots, V_{H_j,j,i_j}, \cdots, V_{H_n,n,i_n}) P(V_{H_1,1,i_1}, V_{H_2,2,i_2}, \cdots, V_{H_j,j,i_j}, \cdots, V_{H_n,n,i_n})$$

$$= \frac{\sum_{i_1=1}^{s_1}\sum_{i_2=2}^{s_2}\cdots\sum_{i_n=2}^{s_n} R(V_{H_1,1,i_1}, V_{H_2,2,i_2}, \cdots, V_{H_j,j,i_j}, \cdots, V_{H_n,n,i_n})}{\prod_{j=1}^{n} s_j}$$

$$(7.11)$$

式中：s_j 为第 j 个水库的情景数量；V_{H_j,j,i_j} 为第 j 个水库的预见期末库容；$R(V_{H_1,1,i_1}, V_{H_2,2,i_2}, \cdots, V_{H_j,j,i_j}, \cdots, V_{H_n})$ 为对应预见期末库容的洪水频率，可由调洪演算得到；$P(V_{H_1,1,i_1}, V_{H_2,2,i_2}, \cdots, V_{H_j,j,i_j}, \cdots, V_{H_n,n,i_n})$ 为情景的概率，设置为等概率 $\frac{1}{\prod_{j=1}^{n} s_j}$。计算式中考虑了不同的对应预见期末库容的洪水频率，并加入了情景的概率，由此可以对预见期以外风险进行估算。需要说明的是，由于各个水库预见期长度不同，预见期以外风险计算又是由预见期末开始的，在实际计算过程中应当根据预见期的差别对防洪调度开始的时间进行区分，由此可以更好地反映实际情况。

7.3.3　水库群总防洪风险

总防洪风险为从当前时刻到调度期末的风险。总防洪风险可以由预见期以内风险（从当前时刻到不同的预见期末）和预见期以外风险（从不同的预见期末到调度期末）推求。如果假设预见期以内、以外风险独立，总防洪风险可计算如下：

$$R = R_1 \bigcup R_2 = R_1 + R_2 - R_1 R_2 \qquad (7.12)$$

应当指出，预见期以内、以外风险相互独立的假设偏于保守，因为预见期以内、以外风险通常有一定的相关性。在实际调度中，预见期以内风险和预见期以外风险已可以为决策者提供一定的信息，总防洪风险可作为参考。

7.4 安康-丹江口两库系统案例

蒙特卡罗方法简单、易操作，被广泛用于在数值实验中生成大量的随机输入样本数据[5]。本节基于蒙特卡罗方法提出验证水库群两阶段风险率计算方法可行性的研究思路，如图 7.2 所示。研究思路具体可分为以下两个步骤：①水库群系统随机入库径流情景的产生；②与传统风险统计方法对比验证水库群两阶段风险率计算方法的可行性。

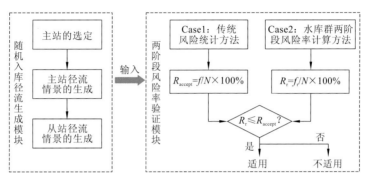

图 7.2　基于蒙特卡罗方法验证水库群两阶段风险率计算方法可行性的研究思路

7.4.1　随机入库径流情景的产生

针对水库群系统，采用一种多站径流随机模拟的方法产生各水库的入库径流情景[6-8]，具体思路如下。

（1）主站的选定。对于需要开展多站径流随机模拟的系统，主站是需要首先确定的，而主站一般应选取水库群系统中具有较大流域控制面积的站点，通常是水库群系统下游的主要防洪控制站点[9]；水库群系统中除主站以外的站点统称为从站。

（2）主站径流情景的生成。具体的步骤为：首先根据主站的频率分布特征参数，随机生成 N 组洪峰或者洪量设计值；然后从主站的历史径流中随机抽取相应的 N 组典型洪水过程，根据给定的 N 组洪峰或者洪量设计值生成设计洪水过程情景，作为主站的 N 组径流情景。

主站的 N 组径流情景的生成方法与推求设计洪水过程的思路相似，本小节采用常用的同倍比放大方法。主站在第 j 个情景中的放大倍比系数 $K_{\text{main},j}$ 为

$$K_{\text{main},j} = \frac{W_j^{\text{D}}}{W_j^{\text{O}}} \tag{7.13}$$

式中：W_j^{D} 为第 j 个情景最大 x 日设计洪量值；W_j^{O} 为第 j 个情景最大 x 日典型洪量值。x 可取为 1、3、5、7 等。

（3）从站径流情景的生成。为考虑水库群系统中各水库入库径流之间的遭遇关系，

从站选取的径流情景相应于主站抽取的 N 组典型洪水过程，如主站若抽取出 1978 年洪水过程，则从站也相应挑选 1978 年的径流资料作为径流输入情景，然后采用相同的方法推求设计洪水径流情景过程。

7.4.2 两阶段水库群风险率的验证思路

设置两个对比方案用于验证上述提出的水库群两阶段风险率计算方法。

（1）Case 1：传统风险统计方法。径流情景为 N 组，常规调度过程中水库因防洪风险失事的次数为 f 次。因此，传统风险统计方法计算的洪水风险率为 f/N。需要说明的是，该风险率应该与水库群系统的防洪标准相匹配，记为 $R_{accept}=f/N\times100\%$。

（2）Case 2：水库群两阶段风险率计算方法。根据式（7.1）～式（7.4）可计算基于两阶段的水库群洪水风险率，若将根据两阶段洪水风险率约束开展的调度过程（如以两阶段洪水风险率为约束推求水库调度决策，即构建如 4.3 节所描述的水库群实时防洪调度模型）中水库因防洪风险失事的次数记为 f_r 次，则水库群调度实际洪水风险率为 $R_r=f_r/N\times100\%$。

（3）若 $R_r\leqslant R_{accept}$，则所提出的水库群两阶段风险率计算方法是适用的，因为依据水库群两阶段洪水风险率约束所做出的调度决策没有增加水库群系统的风险，换言之，基于两阶段的水库群风险率计算方法没有低估风险。

7.4.3 验证结果

在安康-丹江口两库系统中，选取流域下游防洪控制点皇庄站为主站，安康水库和丹江口水库则分别命名为从站 1 和从站 2[7.4.1 小节步骤（1）]。随机模拟的径流情景数设置为 $N=10\,000$，从皇庄站的频率曲线中随机抽取典型年洪水过程，选取最大 7 日洪量值推求放大倍比系数[7.4.1 小节步骤（2）]。然后，以皇庄站最大 7 日洪量值为放大倍比系数的基准，以流域面积比确定从站安康水库、丹江口水库及丹江口水库-皇庄站区间径流的放大倍比系数[式（7.14）]，推求水库群系统各从站的设计洪水过程[7.4.1 小节步骤（3）]。表 7.1 为径流情景随机模拟的统计参数和相对误差结果。

$$K_j=K_{HZ}\cdot\frac{A_j}{A_{HZ}}\qquad(7.14)$$

式中：K_{HZ} 为皇庄站最大 7 日洪量值放大倍比系数；A_{HZ} 为皇庄站对应的流域控制面积；A_j 为从站 j 对应的流域控制面积；K_j 为从站 j 对应的放大倍比系数。

表 7.1　径流情景随机模拟的统计参数和相对误差

站点	统计参数	实测系列	模拟系列	相对误差/%
皇庄站（主站）	均值/$(10^8\ m^3)$	60.4	56.0	-7.28
	C_V	0.600	0.595	-0.83
	C_S	1.200	1.186	-1.17
安康水库	均值/$(10^8\ m^3)$	16.0	14.8	-7.50
	C_V	0.770	0.760	-1.30
	C_S	1.848	1.580	-14.50
丹江口水库	均值/$(10^8\ m^3)$	37.5	33.6	-10.40
	C_V	0.720	0.643	-10.69
	C_S	1.440	1.460	1.39
丹江口水库-皇庄站区间径流	均值/$(10^8\ m^3)$	13.0	11.1	-14.62
	C_V	0.980	0.969	-1.12
	C_S	1.960	2.050	4.59

在传统风险统计方法（Case 1）中，R_{accept} 经统计为 $f/N\times100\% =100/10\,000\times100\%=1\%$ [7.4.2 小节步骤（1），本章中依据安康-丹江口两库系统防洪标准选取的可接受洪水风险为 1%]；而基于水库群两阶段风险率计算方法（Case 2）可推求得到 $R_r = f_r/N\times100\%=97/10\,000\times100\% = 0.97\%$ [7.4.2 小节步骤（2）]。因此，$R_r \leqslant R_{accept}$，说明将水库群两阶段风险率计算方法作为约束条件所做出的调度决策并没有增加系统的洪水风险[7.4.2 小节步骤（3）]。

7.5　溪洛渡-三峡两库系统案例

图 7.3 中每一时刻的初始水位均为汛限水位上界，每一时刻的计算风险为假设从这一时刻进行预泄-防洪调度，得到的调度期内的防洪风险。红线为第一阶段风险（当前时刻到预见期末），黄线为第二阶段风险（预见期末到调度期末），绿线为总防洪风险（当前时刻到调度期末），可以看出即使当前时刻风险接近于 0（如 0~50 时段），第二阶段防洪风险仍有可能较大，进而导致总防洪风险较大。从图 7.3 中也能看到第一阶段和第二阶段防洪风险曲线通常为正相关。

在第一时刻进行数值实验可得，溪洛渡水库和三峡水库均取 48 h 预见期时，风险最小。图 7.4 为以 1998 年 7 月、8 月洪水为例，计算的溪洛渡-三峡两库系统总防洪风险。采用数值实验的方式，采集有效预见期。分别罗列了三种方案：①溪洛渡水库预见期取定值，改变三峡水库预见期；②三峡水库预见期取定值，改变溪洛渡水库预见期；③同时改变溪洛渡水库及三峡水库的预见期。从图 7.4 中的阴影区域可以看出，在某些时段，预见期不是取最大值，也不是取最小值，而是取中间值，可以使防洪风险最小。

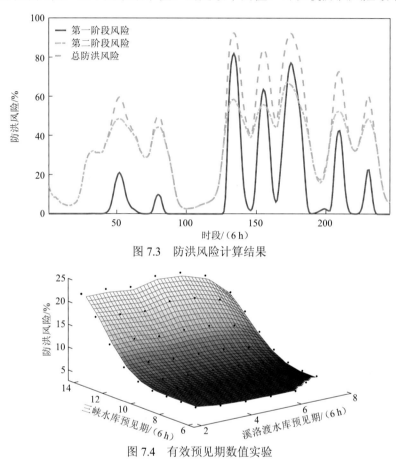

图 7.3　防洪风险计算结果

图 7.4　有效预见期数值实验

7.6　本章小结

本章针对水库群的防洪风险评估进行探究。将未来汛期调度时段以预见期末为节点划分为预见期以内和预见期以外两个阶段，由此提出一种水库群两阶段风险率计算方法。研究结论如下。

水库群两阶段风险率计算方法将未来调度期划分为预见期以内和预见期以外，预见期以内的风险率计算是统计多组预报径流情景在预见期以内的失事概率，预见期以外的风险率利用历史设计洪水信息通过调洪演算推求得来。因此，水库群两阶段风险率计算方法既评估了预见期以内径流预报不确定性所引起的风险，又考虑了预见期末水位过高难以应对后续洪水的潜在风险。采用蒙特卡罗方法验证了所提出的水库群两阶段风险率计算方法的准确性。

参 考 文 献

[1] BOURDIN D R, NIPEN T N, STULL R B. Reliable probabilistic forecasts from an ensemble reservoir inflow forecasting system[J]. Water resources research, 2014, 50(4): 3108-3130.

[2] WANG F, WANG L, ZHOU H, et al. Ensemble hydrological prediction-based real-time optimization of a multiobjective reservoir during flood season in a semiarid basin with global numerical weather predictions[J]. Water resources research, 2012, 48(7): 1-13.

[3] DENG C, LIU P, LIU Y, et al. Integrated hydrologic and reservoir routing model for real-time water level forecasts[J]. Journal of hydrologic engineering, 2015, 20(9): 1-8.

[4] LIU P, LI L, CHEN G, et al. Parameter uncertainty analysis of reservoir operating rules based on implicit stochastic optimization[J]. Journal of hydrology, 2014, 514: 102-113.

[5] CHEN J, ZHONG P, AN R, et al. Risk analysis for real-time flood control operation of a multi-reservoir system using a dynamic Bayesian network[J]. Environmental modelling & software, 2019, 111: 409-420.

[6] KUMAR D N, LALL U, PETERSEN M R. Multisite disaggregation of monthly to daily streamflow[J]. Water resources research, 2000, 36(7): 1823-1833.

[7] MEJIA J M, ROUSSELLE J. Disaggregation models in hydrology revisited[J]. Water resources research, 1976, 12(2): 185-186.

[8] CHEN L, SINGH V P, GUO S, et al. Copula-based method for multisite monthly and daily streamflow simulation[J]. Journal of hydrology, 2015, 528: 369-384.

[9] WANG W, DING J. A multivariate non-parametric model for synthetic generation of daily streamflow[J]. Hydrological processes, 2007, 21(13): 1764-1771.

第四篇

水位动态控制

第 8 章

基于风险分析的水库群汛期
运行水位动态控制域推求

8.1 引 言

目前，确定水库汛期运行水位动态控制域的方法主要有预报调度规划设计方法、考虑年内洪水时序变化规律的统计法[1]、改进的预泄能力约束法[2]、库容补偿法[3-4]、大暴雨条件概率法[5]等，其中防洪预报调度方式选择累计净雨量、洪峰流量、晴雨预报信息等前期信息作为水库遭遇洪水量级、改变泄流量的判断指标，提前均匀泄流。汛期运行水位动态控制属于风险调度的范畴[6]，根据风险分析理念，绝对安全可靠属于理想情况，利用预报在洪水来临前将水库水位降低至原设计汛限水位以下存在多种不确定性，难以做到万无一失。不确定性因素是洪水风险产生的根源，防洪调度中不确定性因素包括泄流能力不确定性、水位库容关系不确定性和入库洪水预报误差等，其中入库洪水预报误差是影响防洪调度风险的最重要的因素[7-8]。

基于水文预报及水库群防洪风险识别，建立水库群汛期运行水位动态控制模型，该模型主要包括聚合模块、库容分解模块和模拟调度模块。聚合模块利用预蓄预泄思想确定预报期内聚合水库在满足系统防洪条件下的最大预蓄水量；库容分解模块就是各水库根据库容状态和预报期内的来水情况，在满足各水库防洪约束的要求下，建立上、下游水库汛限水位关系，并确定各水库允许动态调整的范围；模拟调度模块是在聚合模块和库容分解模块确定的控制域中，基于水库防洪调度规则和闸门控泄要求，根据预报信息滚动优化推求水库汛限水位的最优组合，使梯级水库的兴利效益最大。以两串联水库为例说明聚合-分解方法，如图 8.1 所示。A、B 分别为上、下游梯级水库，F_1、F_2 分别为水库 A、水库 B 下游的防洪控制点，其允许最大下泄流量分别为 $Q_{max,A}$ 和 $Q_{max,B}$，Q_A 和 Q_B 分别为水库 A 和水库 B 的入库流量，Q_{qj} 为旁侧入流流量。

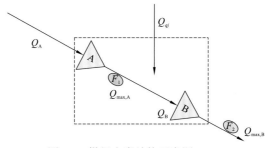

图 8.1 梯级水库结构示意图

1）聚合模块

将梯级水库当成一个聚合水库，设 T_e 为聚合水库的有效预见期，按预蓄预泄法的思想，要求水库以 Z' 水位起调时，经过洪水有效预见期 T_e 的预泄，能使水库的水位降低至原汛限水位 Z_{xx}，水库能够提供不少于原调度方式的防洪库容。若预报流域将有大洪水发生时，各水库在预泄期内腾空防洪库容，使原设计方案的防洪标准不降低。

2）库容分解模块

上、下游水库之间存在水力联系，各水库允许的最高起调水位均受其他水库当前库容状态的影响，因此各水库之间存在一种相互制约的关系。库容分解模块是根据水力联系推求出各水库之间的内在联系，并在保证各防洪控制点安全的前提下，计算各水库在时段初的允许最高起调水位。也就是，当水库 B 在 t 时段初起调水位 $Z_{B(t)}$ 确定时，也可以推导出水库 A 在 t 时段初的最高起调水位 $Z'_{A(t)}$；当水库 B 的可能起调水位在可行域内取值时，可以推求出水库 A 在 t 时段初的一系列最高起调水位 $Z'_{A(t)}$，因此可确定一个动态控制域。

由于其他变量均为已知，故当上游水库的起调水位确定时，由下游水库预报的来水、当前库容状况和防洪约束等信息，可在有效预报期内确定下游水库的最高起调水位。同理，若确定了下游水库的起调水位，则上游水库的最高起调水位也可确定，两水库预留的防洪库容之间存在一种相互协调、相互制约的关系。寻优区间下限为原设计汛限水位，上限为梯级水库汛限水位动态控制关系确定的上限值，梯级水库联合运用汛限水位的寻优区间如图 8.2 所示。

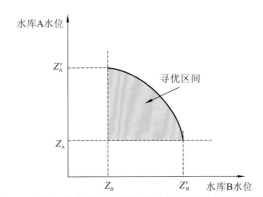

图 8.2　梯级水库联合运用汛限水位的寻优区间示意图

8.2　水库风险分析与调度方法

8.2.1　单库风险分析

在预泄调度中，忽略预报误差，一旦预见到发生超过安全泄量 Q_s 的入库流量，立即按照安全流量下泄（假定预报准确，不会人造洪峰），此时在预见期长度 T_c 的时间内可预泄至固定汛限水位以下，考虑调度末水位的不确定性，采用概率方式描述。该水位是后续调度的起调水位，对应的防洪风险率可采用固定汛限水位的调洪方式获得。

假定水库下泄安全泄量为 Q_s，有效预见期长度为 T_c，根据预泄能力约束法，在有效预见期内水库可由上限水位对应的库容 V_u 降低至调度末库容 V_e。

$$V_e = V_u + \int_t^{t+T_c} I_{(t_i)} \mathrm{d}t - Q_s \cdot T_c = V_u + \sum_t^{t+T_c} I_{(t_i)} \times \Delta t - Q_s \cdot T_c$$

式中：$I_{(t_i)}$ 为第 i 时段的入库流量；Δt 为计算时间长。洪水的起涨规律对预泄能力约束法确定动态控制域上限影响很大，因此考虑其不确定性，给定某一个 V_u，分别计算各次历史实测洪水条件下的水库预泄调度末库容 V_e，对其进行排序，然后进行经验频率分析，可得到以 V_u 为上限的水库预泄调度末库容 V_e 的经验频率曲线 $P(V_e)$。

假定预泄调度末发生标准洪水，即由调度末库容 V_e 起调，即在假定调度末水位与发生标准洪水相互独立的情形下，设此时水库由调度末库容 V_e 对应的水位起调，遇频率 P 洪水的风险率为 $R_P(V_e)$，则相应的防洪风险率为

$$R_P = \int R_P(V_e)P(V_e)\mathrm{d}V_e = \sum_{i=1}^n P[V_{e(i)}]R_P[V_{e(i)}] \tag{8.1}$$

式中：$V_{e(i)}$ 为实测洪水的第 i 次调度末水位；n 为场次洪水个数。

由于预泄过程可能已经包括标准洪水的部分，该估计偏于保守和安全。

设原设计汛限水位遇频率 P 洪水的风险率为 R_P^0，以不降低水库防洪标准为条件，可得

$$R_P \leqslant R_P^0 \tag{8.2}$$

式（8.2）即水库汛限水位上限的约束方程，可保证对于各防洪设计标准，其防洪风险率的期望值不增加。以式（8.2）为控制条件，可采用试算法确定单库汛期运行水位动态控制域的上限。

8.2.2 水库群风险分析

由于串联水库的调蓄作用，单库风险分析模型可扩展到串联水库。若对于串联水库，第一个水库和每一个聚合水库均满足防洪标准 F_{fh}，则串联水库中的单库均满足防洪标准 F，如式（8.3）所示。

$$\begin{cases} R_p \leqslant F_{fh} \\ RS_1 \leqslant F_{fh} \end{cases} \Rightarrow RS_p \leqslant F_{fh} \quad (p=2,3,\cdots,n) \tag{8.3}$$

式中：R_p 为聚合水库 p 的防洪风险；RS_1 为第一个水库的防洪风险；RS_p 为从第二个水库起任一串联水库的防洪风险。聚合水库的防洪风险 R_p 可由式（8.4）计算得到。

$$R_p = \int P(V_{e,p})R_p(V_{le,p})\mathrm{d}V_{le,p} = \sum_{i=1}^n P(V_{e,p,i})R_p(V_{le,p,i}) \tag{8.4}$$

式中：$V_{e,p}$ 为聚合水库 p 末库容；$P(V_{e,p})$ 为聚合水库容为 p 的概率；$R_p(V_{le,p})$ 为聚合水库 p 以末库容 $V_{le,p}$ 起调在预见期外的风险；$V_{e,p,i}$ 为聚合水库 p 第 i 次调度末库容；$R_p(V_{le,p,i})$ 为聚合水库 p 以末库容 $V_{le,p,i}$ 起调在预见期外的风险。

8.2.3　模拟调度

1）目标函数

在实时洪水调度过程中，未来长系列入库流量是未知的，决策者仅能根据有限的预报信息确定预报期内的入库流量，因此梯级水库汛限水位联合运用并对实时洪水进行动态控制只能是在有效预报期内根据预报径流、面临库容、防洪要求等状态信息确定各水库最优蓄放水策略（或防洪库容分配最优策略）。库容补偿优化调度是一个预报—优化—预报的实时动态滚动过程，其目标函数就是在有效预见期内寻求最优策略使梯级水库的兴利效益最大，即

$$\max E = \frac{1}{n} \sum_{i=1}^{n} \sum_{t=1}^{T} N_t(V_{s,i}^u) \Delta t \tag{8.5}$$

式中：E 为多年平均发电量；n 为年数；T 为一年内的计算时段；$V_{s,i}^u$ 为汛期运行水位上界对应的库容；$N_t(V_{s,i}^u)$ 为梯级水库在 t 时段的发电量；Δt 为计算时间步长。

2）约束条件

（1）风险约束：

$$\mathrm{RS}_p \leqslant F_{\mathrm{fh}} \tag{8.6}$$

（2）水量平衡约束：

$$V_{i(t)} = V_{i(t-1)} + [Q_{i(t)} - Q_{\mathrm{out},i(t)} - \mathrm{EP}_{i(t)}] \cdot \Delta t \tag{8.7}$$

式中：$V_{i(t)}$ 为 i 水库在第 t 时段初的蓄水容积；$Q_{i(t)}$ 为 i 水库在第 t 时段初的入库流量；$Q_{\mathrm{out},i(t)}$ 为 i 水库在第 t 时段的平均出库流量；$\mathrm{EP}_{i(t)}$ 为第 t 时段 i 水库蒸发、渗漏等流量损失；Δt 为计算时间步长。

（3）水库水位约束：

$$\mathrm{ZL}_{i(t)} \leqslant Z_{i(t)} \leqslant \mathrm{ZU}_{i(t)} \tag{8.8}$$

式中：$\mathrm{ZL}_{i(t)}$ 为 i 水库允许的最低蓄水位；$\mathrm{ZU}_{i(t)}$ 为 i 水库允许的最高蓄水位，取允许汛限水位的上限。

（4）出库流量限制：

$$\mathrm{QL}_{i(t)} \leqslant Q_{\mathrm{out},i(t)} \leqslant \mathrm{QU}_{i(t)} \tag{8.9}$$

式中：$\mathrm{QL}_{i(t)}$、$\mathrm{QU}_{i(t)}$ 分别为最小和最大下泄流量。

（5）水电站出力约束：

$$\begin{cases} N_{i(t)} \leqslant \mathrm{NX}_{i(t)} \\ \mathrm{PL}_{i(t)} \leqslant N_{i(t)} \leqslant \mathrm{PU}_{i(t)} \end{cases} \tag{8.10}$$

式中：$N_{i(t)}$ 为 i 水库第 t 时段初的出力；$\mathrm{NX}_{i(t)}$ 为 i 水库第 t 时段初的预想出力；$\mathrm{PL}_{i(t)}$ 为 i 水库第 t 时段初的最小出力；$\mathrm{PU}_{i(t)}$ 为 i 水库第 t 时段初的最大出力，受机组出力及调峰等要求的限制。

8.3 溪洛渡–三峡两库系统案例

对溪洛渡–向家坝–三峡三库系统、溪洛渡–向家坝两库系统分别进行预泄调度,可得超蓄库容排频,如图 8.3 所示。为确保各聚合水库承担相近的防洪压力,不同聚合水库的预泄风险差别不宜显著,本节设各聚合水库有相同的预泄风险。

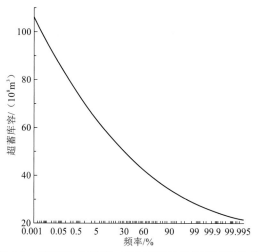

图 8.3 溪洛渡–向家坝–三峡三库系统超蓄库容排频

以年均发电量最大为约束进行优化,计算可得不同预泄风险下各水库的汛限水位上限值。

对聚合水库主汛期选取不同的汛限水位,进行调洪演算,以不超过聚合水库年防洪设计标准为依据,可得超蓄库容与防洪风险率的关系,如图 8.4 所示。其中,梯级水库的防洪风险率随其防洪库容的分配发生变化,在关系图中取最保守的防洪风险率为结果。主汛期聚合水库超年防洪标准 5%的防洪风险率关系如图 8.4 所示。可以看出,随超蓄库容的增加,防洪风险率单调不减。

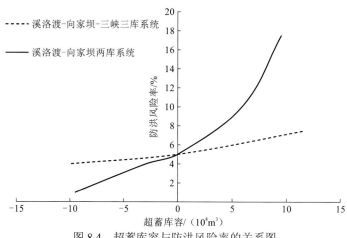

图 8.4 超蓄库容与防洪风险率的关系图

两阶段风险分析理论可扩展到聚合水库。预泄末库容与初期预蓄总库容分配相关，本章中选取已确定的上限值作为输入决策变量。汛期水位动态控制通常应用于中小洪水，重现期小于 20 年，防洪风险率不超过 5%。对于串联水库，由于上游水库的调蓄作用，可由所有形式的聚合水库的防洪风险不超过 5% 推知各单库的防洪风险也不超过 5%。由表 8.1 可知，梯级水库预泄风险选为 5% 时，防洪风险率恰不超过 5%。

表 8.1　预泄风险与防洪风险率试算结果

内容	单位	溪洛渡-向家坝两库系统				溪洛渡-向家坝-三峡三库系统							
		考虑槽蓄量		不考虑槽蓄量		考虑槽蓄量				不考虑槽蓄量			
最大超蓄库容	$10^9\,\text{m}^3$	0.78		0.77		2.19				1.69			
可接受风险	%	5.00	2.00	5.00	2.00	5.00	2.00	1.00	0.10	5.00	2.00	1.00	0.10
实际风险	%	4.99	2.00	4.96	2.00	5.00	1.94	0.99	0.10	5.00	1.95	0.99	0.10

预泄调度情况如图 8.5 所示，在预泄开始后，部分梯级水库先预泄至低于汛限水位处，之后根据库容补偿情况进行回充，以达到水库群不增加防洪风险的目的。

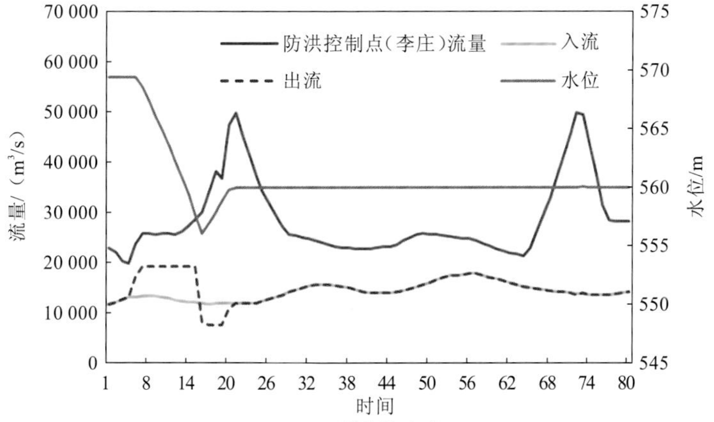

（a）溪洛渡水库

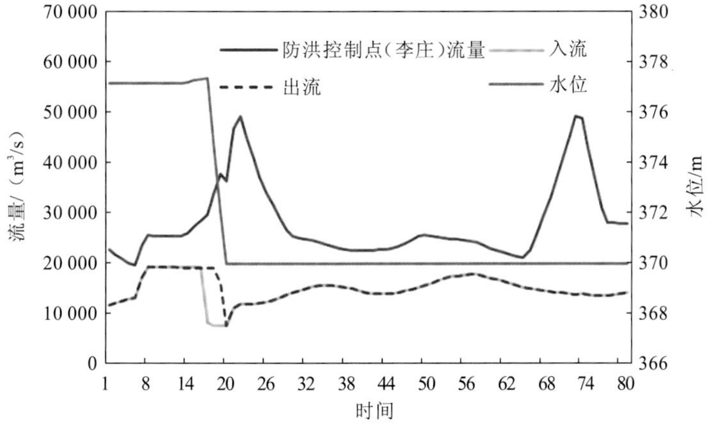

（b）向家坝水库

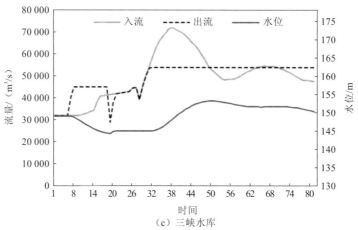

图 8.5　2009 年洪水预泄调度图（计算单位时长为 6 h）

对比是否考虑梯级水库间库容补偿、是否考虑槽蓄量，罗列以下五种方案，如表 8.2 所示，进行多年平均发电量对比。多年平均发电量采用简化运行策略，以汛期运行水位上界为边界求得，采用的资料为 1966～2013 年日资料。

表 8.2　方案对比结果

方案	汛期运行水位上界/m			多年平均发电量/（10^9 kW·h）
	溪洛渡水库	向家坝水库	三峡水库	
一	560.0	370.0	145.0	175.40
二	560.0	370.0	148.8	176.99
三	562.5	370.2	147.9	177.05
四	560.0	370.0	149.4	177.44
五	562.8	370.8	148.8	177.53

方案一为汛限水位下设计方案；方案二为不考虑梯级水库间库容补偿、不考虑槽蓄量的设计方案；方案三为不考虑梯级水库间库容补偿、考虑槽蓄量的设计方案；方案四为考虑梯级水库间库容补偿、不考虑槽蓄量的设计方案；方案五为考虑梯级水库间库容补偿、考虑槽蓄量的设计方案。经过对比可知，考虑梯级水库间库容补偿、考虑槽蓄量均对提升多年平均发电量有作用。

8.4　本 章 小 结

本章针对水库群汛期运行水位动态控制域上界问题进行探究。考虑槽蓄量，采用聚合-分解思想进行研究：聚合模块利用预蓄预泄思想确定预报期内聚合水库在满足系统防洪要求条件下的最大预蓄水量；库容分解模块就是各水库根据库容状态和预报期内的来水情况，在满足各水库防洪约束的要求下，建立上、下游水库汛限水位关系，并确定各水库允许动态调整的范围；模拟调度模块是在聚合模块和库容分解模块确定的控制域中，根据长系列径流数据，采用简化运行策略推求水库汛限水位上界的最优组合，使梯级水库的兴利效益最大。最后，以溪洛渡-向家坝两库系统为例开展实例研究，求解了水库群汛期运行水位动态控制域上界。研究结论如下。

（1）采用聚合-分解方法，可有效降低求解汛期运行水位动态控制域上界过程中的维数灾问题。聚合-分解方法考虑了梯级水库调度过程中的槽蓄量，即槽蓄水库，槽蓄量的加入可在梯级水库预泄调度过程中更精准地评估梯级水库的防洪风险。

（2）经过方案对比可知，考虑梯级水库间库容补偿、考虑槽蓄量均对提升多年平均发电量有作用。

参 考 文 献

[1] 曹永强. 汛限水位动态控制方法研究及其风险分析[D]. 大连: 大连理工大学, 2003.

[2] 李玮, 郭生练, 刘攀, 等.基于预报及库容补偿的水库汛限水位动态控制研究[J].水文, 2006(6): 11-16.

[3] 王国利, 袁晶瑄, 梁国华, 等.蓂窝水库汛限水位动态控制域研究与应用[J].大连理工大学学报, 2008 (6): 892-896.

[4] YUN R, SINGH V P.Multiple duration limited water level and dynamic limited water level for flood control, with implications on water supply[J].Journal of hydrology, 2008, 354 (1/2/3/4): 160-170.

[5] 刘攀, 郭生练, 王才君, 等.水库汛限水位实时动态控制模型研究[J].水力发电, 2005 (1): 8-11, 21.

[6] 朱元甡, 沈福新, 黄振平, 等.长江防洪决策支持系统:防洪决策风险分析[J].水科学进展, 1996(4): 16-25.

[7] 黄振平, 沈福新, 朱元甡, 等.基于雨洪预报信息的防洪决策风险分析方法研究[J].水科学进展, 2001 (4): 499-503.

[8] 王才君, 郭生练, 刘攀, 等.三峡水库汛期调度不确定性分析[J].水电自动化与大坝监测, 2004(2): 71-74.

第 9 章

水库的防洪柔性调度区间推求

9.1 引　言

柔性的引入基于现实生活中广泛存在的不确定事件，为决策提供灵活的变换空间，它广泛应用于 IT、制造、生态学、水资源系统等领域中，并有不同的应用与迁移。柔性最早被应用于 IT 和制造领域，在灵活制造系统中，调度柔性指每个决策阶段拥有可变能力和可交换的设计方式。在 IT 领域，柔性被定义为可接受选项的范围和适应变化所需要的时间组分，即一个柔性 IT 系统可以在四个维度进行评价：效率、响应性、多功能性、鲁棒性，分别对应时间、范围、意图和聚焦维度。水资源系统中，柔性被定义为架构在决策中的适应能力，以考虑和管理不可避免的不确定因素。仅结合多种未来情景的多阶段决策过程不足以完全考虑未来的不确定性，因为所有未来可能发生的情景在有限的研究信息下是无法全部获取的。用三个特征定义柔性系统：适应能力、时间或经济增益、绝对的不需要假定特定扰动的内部特征。柔性相对于水资源系统的其他系统性指标如适应性、脆弱性、回弹性等，需要在一些具体的扰动的基础上测定，柔性的评价不需要任何对未来预测的假定，或者以未来情景为前提，柔性是固有的内系统性指标，即柔性是建立在预测、决策、实施过程中，为不确定因素预设的可容忍范围，它的设立不太需要先验假设，因为先验假设本身就是不确定的。柔性和鲁棒优化、随机优化等不确定研究方法不同，后者要求水文一致性假设和先验概率，而以上两者在变化环境下较难保证和准确获得。

由于 IT、制造、水资源系统具有相同的内部特征：变化多端的动态机制、日益增加的需求、有限的未来情景假设，在水库调度中同样可以应用柔性来增加调度决策的适应性。在气候变化的大背景下，在水库调度领域引入柔性是非常必要的，然而现有的研究并不充分。Liu 等[1]采用了多近似最优解（multiple near-optimal solutions，MNOS）的思路，即用一系列目标值近似最优解的解集来替代唯一的最优解，并采用三种方法，即最短路径法、遗传算法、马尔可夫链-蒙特卡罗（Markov chain- Monte Carlo，MCMC）法推求近似最优解。MNOS 增加了调度决策的灵活性，因为 MNOS 提供了大量备选方案，而传统的优化算法只能提供唯一的最优解。

9.2 研 究 方 法

9.2.1 防洪调度模型

1）防洪补偿调度

本章采用错峰补偿调节，即在符合水库最高运行水位与调度期末水位约束的前提下，使防洪控制断面的最大过水流量最小[2]。

如图 9.1 所示，水库 A 至下游防洪控制点 B 的区间入流为 $q_B(t)$，B 处安全泄量为 Q_B，为使 B 处的流量小于安全泄量，保证防洪安全，水库 A 的放水应满足：

$$Q_A(t) \leqslant Q_B - q_B(t-\tau) \tag{9.1}$$

式中：τ 为区间径流汇集到防洪控制点 B 的汇流时间与水库泄流传播到防洪控制点 B 的传播时间之差。

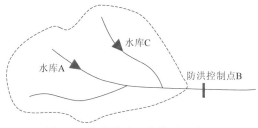

图 9.1   防洪错峰调度模型示意图

2）洪水演进方法

本章采用两种河道洪水演进方法，即直接平移法和马斯京根法，以马斯京根法为主。直接平移法不考虑洪水传播中的展开和变形，可应用于粗略的动态规划（dynamic programming，DP）计算。马斯京根法的具体内容如下。

天然河道里的洪水波会发生展开、扭曲等变形，因此属于非恒定流，其水力要素随时间、空间而变化，水力学上用圣维南方程组描述洪水波演进。

然而直接求解圣维南方程组较为困难，马斯京根法通过简化连续方程和动力方程，即联立水量平衡方程和槽蓄方程，推导马斯京根流量演算方程：

$$\begin{cases} I_{d} - Q_{d} = \dfrac{\mathrm{d}W}{\mathrm{d}t} \\ W = K[xI + (1-x)Q_{d}] = KQ' \end{cases}$$

$$Q_{\mathrm{down},2} = C_{0}Q_{\mathrm{up},2} + C_{1}Q_{\mathrm{up},1} + C_{2}Q_{\mathrm{down},1} \qquad （9.2）$$

式中：Q' 为示储流量，$\mathrm{m}^{3}/\mathrm{s}$；$I_{d}$、$Q_{d}$ 为河段对应上断面入流和下断面出流；W 为体积；K 为蓄量流量关系曲线的坡度；x 为流量比重系数；$Q_{\mathrm{up},1}$、$Q_{\mathrm{down},1}$ 为时段初对应河段上、下断面的流量；$Q_{\mathrm{up},2}$、$Q_{\mathrm{down},2}$ 为时段末对应河段上、下断面的流量；C_{0}、C_{1}、C_{2} 分别为

$$\begin{cases} C_{0} = \dfrac{0.5\Delta t - Kx}{K - Kx + 0.5\Delta t} \\[2mm] C_{1} = \dfrac{0.5\Delta t + Kx}{K - Kx + 0.5\Delta t} \\[2mm] C_{2} = \dfrac{K - Kx - 0.5\Delta t}{K - Kx + 0.5\Delta t} \end{cases} \qquad （9.3）$$

其中，K、x、Δt 在每一个演算河段为统一的常数，Δt 表示计算时间步长，K 表示蓄量流量关系曲线的坡度，数值上等于恒定流在对应河段的传播时间。

9.2.2   防洪柔性调度区间推求模型

1）目标函数

防洪柔性调度区间研究旨在同时最大化区间最劣防洪效益和最大化区间柔性指标，以获取更大的综合效益和调度灵活性。

本章选用最大削峰准则作为防洪调度优化准则，即以下游控制站点削峰量最大为目标准则。在保障目标水库库前最高水位低于设计高水位的基础上，优化水库出库过程，使下游控制断面最大流量最小，即下游控制断面流量平方和最小，实现防洪效益最大化。因此，相应地，最大削峰准则下最劣防洪效益转化为下游控制断面流量平方和最大。

因此，防洪柔性调度区间推求模型有两个目标函数，分别为最大化全局宽度、最小化区间内下游控制断面流量平方和的最大值，具体可分别表示为

$$\max D = \sum_{t=1}^{T}[U_{(t)} - L_{(t)}] \quad (t=1,2,\cdots,T) \tag{9.4}$$

$$\min F_{\mathrm{b}} = \max\left\{\sum_{t=1}^{T}[q_{w(t)}^2]\right\} \quad (t=1,2,\cdots,T) \tag{9.5}$$

其中，防洪调度采用最大削峰准则作为优化准则，防洪效益 F_{b} 是整个防洪调度期的总防洪效益，即下游控制断面流量的平方和，$q_{w(t)}$ 指下游控制断面在 t 时刻的流量。

2）约束条件

（1）水量平衡约束：

$$V_{(t+1)} = V_{(t)} + \left[\frac{I_{(t)} + I_{(t+1)}}{2} - \frac{r_{(t)} + r_{(t+1)}}{2}\right]\Delta t \tag{9.6}$$

式中：$V_{(t)}$ 和 $V_{(t+1)}$ 分别为第 t 时段初、末水库库容；$I_{(t)}$ 和 $r_{(t)}$ 分别为第 t 时段水库入库流量和出库流量；Δt 为计算时间步长。

（2）最高控制水位约束：

$$Z_{(t)} \leqslant Z_{(t)}^{\max} \tag{9.7}$$

式中：$Z_{(t)}^{\max}$ 为 t 时刻水库允许的最高水位，m。

（3）最大泄流能力约束：

$$r_{(t)} \leqslant r_{(t)}^{\max} \tag{9.8}$$

式中：$r_{(t)}^{\max}$ 为 t 时刻水库的最大泄流能力，m^3/s。

（4）调度期末水位约束：

$$Z_{(T+1)} \leqslant Z_{\mathrm{END}} \tag{9.9}$$

式中：$Z_{(T+1)}$ 为调度期末库前水位；Z_{END} 为调度期末允许的最高水位。

（5）有下游防洪任务的相关约束：

$$Q'_{\mathrm{ck}(t)} = f_{\mathrm{hd}}[Q_{\mathrm{ck}(t)}] \tag{9.10}$$

式中：$Q'_{\mathrm{ck}(t)}$ 为下游防洪点的流量过程；$f_{\mathrm{hd}}(\cdot)$ 为上游到下游的演算方程；$Q_{\mathrm{ck}(t)}$ 为水库下泄流量过程。

9.2.3 推求方法

防洪柔性调度区间的推求步骤包括：①搜索区间缩减；②多目标优化模型（嵌套模型）建立；③多目标优化决策。

嵌套模型外层函数初始化种群并优化；内层函数计算区间最劣防洪效益，首先通过精度较低、不考虑后效性的 DP 计算区间较劣防洪调度轨迹，作为初始可行解。在初始可行解基础上，采用逐次优化算法（progressive optimization algorithm，POA）进行两阶段贯序决策，迭代逼近区间最劣防洪调度轨迹。

1. 优化方案设置

嵌套模型设置关键调度节点间隔为 8 h，优化计算时插值为 1 h 尺度进行防洪调度。通过敏感性分析，种群规模为 150，最大迭代次数为 200。

2. 搜索区间缩减

分别取出库流量平方和为 1.12×10^{10} m^6/s^2、1.5×10^{10} m^6/s^2、2.0×10^{10} m^6/s^2 计算近似最优区间，结果如图 9.2 所示。结果显示，取不同松弛比例下的流量平方和进行推算，缩减区间变化不大，因此考虑到实际防洪效益，将最优防洪调度轨迹上、下扩展 0.5～1.0 m 作为柔性调度区间的原始边界。

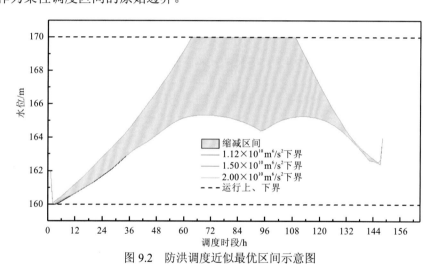

图 9.2　防洪调度近似最优区间示意图

3. 嵌套模型

1）外层函数：多目标布谷鸟搜索算法

外层函数选用多目标布谷鸟搜索（multi-objective cuckoo search，MOCS）算法。考虑到实际防洪效益，外层函数的原始边界为在最优防洪调度轨迹上、下扩展 0.5 m。在原始边界内围绕最优防洪调度轨迹上、下扩展，并将其作为区间上、下界，生成防洪柔性调度区间，初始化种群。向适应度减小的方向进化种群，从而在防洪效益最劣阈值、柔性等多目标间均衡。

最优防洪调度轨迹的求解方法为：由分段试算法生成初始轨迹，由 POA 围绕初始轨迹进行迭代寻优，最终求得区间最优防洪调度轨迹[3-4]。

MOCS 算法采用水库库前水位编码区间上、下界，上、下界组合成一个种群编码。考虑到调度的连贯性，取 8 h 间隔作为关键调度节点，即优化变量步长为 8 h，优化计算时需插值为 1 h 尺度。

2）内层函数：POA

内层函数计算区间防洪效益最劣值和区间宽度，防洪效益最劣值在本章中具体为桃江站流量过程平方和的最大值。考虑到防洪调度决策具有后效性，传统 DP 方法无法兼顾后效性，且难以处理多个约束条件，因此选用不考虑后效性的 DP 结合 POA 计算区间防洪效益的最劣值。

POA 的求解步骤包含两个阶段：一是确定初始可行轨迹；二是两阶段迭代寻优。POA 求解多阶段、多约束问题对初值准确性要求很高，较为精确的初始解在接下来的一维寻优中更容易收敛到全局最优，而初始可行解选择不恰当容易陷入局部最优解。因此，本节利用不考虑后效性的 DP 粗略计算区间最劣效益，并将其作为初始可行解，由 POA 优化至最劣情况。

9.3　柘溪水库案例

资水，又名资江，属洞庭湖水系，是湘、资、沅、澧四水中流程最长的支流。资水流域面积为 28 038 km²，河长约为 653 km，流域地势西南方向高、东北方向低。资水桃江县以下称尾闾。资水尾闾在汛期受洞庭湖高水位顶托，影响桃江站下游流量过程。资水暴雨洪灾频繁，经常发生包括资水下游沿河两岸及尾闾地区的堤垸区洪灾与山丘区的山洪灾害[5]。据资料统计，资水上游约 2.5 年发生一次较大山洪，下游的桃江县山洪灾害平均约 5 年发生一次；尾闾地区平均 3 年发生一次洪水灾害，10 年发生一次较大洪水灾害。据 1980～2013 年灾情资料统计，流域内湖南省多年平均作物受灾面积为 137.78×10⁴ 亩①，成灾面积为 77.56×10⁴ 亩，受灾人口为 181.86×10⁴ 人。

资水流域景色优美但洪灾频繁，给沿岸人民生命和财产带来严重威胁。为了减缓洪涝灾害，专家学者做了丰富的研究，陈杨[6]以柘溪水库年发电量最大为目标函数，以水库综合利用要求为约束条件，建立了柘溪水库调度函数模型，提取了旬最优水位控制方式，实现了水库综合效益最大化。李艳[7]分析了柘溪水库"20160704"暴雨的成因和特点、洪水组成和发展过程。面对 200 年一遇洪水，省防汛抗旱指挥部采用了预蓄预泄的调度方式，提前泄水至 156.78 m，成功削峰 15 400 m³/s，削峰率达 75%。

柘溪水库原设计正常蓄水位为 167.5 m，1990 年经省政府批准，正常蓄水位改为 169 m，相应库容为 29.4×10⁸ m³。水库原设计洪水位为 171.19 m（$P = 0.5\%$），相应库

---

① 1 亩≈666.7 m²。

容为 $32.9 \times 10^8\,\mathrm{m}^3$。最新复核的设计洪水位为 173.11 m（$P = 0.1\%$），相应库容为 36.4 $\times 10^8\,\mathrm{m}^3$。水库原校核洪水位为 172.71 m（$P = 0.1\%$），相应库容为 $35.7 \times 10^8\,\mathrm{m}^3$。最新复核的校核洪水位为 174.21 m（$P = 0.05\%$），相应库容为 $38.8 \times 10^8\,\mathrm{m}^3$。水库死水位为 144.0 m，相应库容为 $7.62 \times 10^8\,\mathrm{m}^3$。汛限水位为 $162 \sim 169$ m，具体为：主汛期汛限水位为 162.0 m（冻结高程）；前汛期汛限水位为 165.0 m（冻结高程）；后汛期汛限水位为 167.5 m（冻结高程）；8 月 1 日以后视来水情况，灵活调度，最高控制水位为 170.0 m（冻结高程），以省防汛抗旱指挥部每年下达的汛限水位为准[8]。

9.3.1　常规、优化调度结果

1）常规调度结果

首先计算 1949 年、1996 年两场典型洪水及设计洪水的常规调度结果。对两场典型洪水考虑按洪峰流量的 1%、0.5%、0.2% 共三个频率进行同频率放大，则有共计 $4 \times 2 = 8$ 场设计洪水参与常规调度调洪演算。时间尺度设为 1 h。1949 年、1996 年典型洪水常规调度结果如图 9.3、图 9.4 所示，常规调度结果总结见表 9.1。

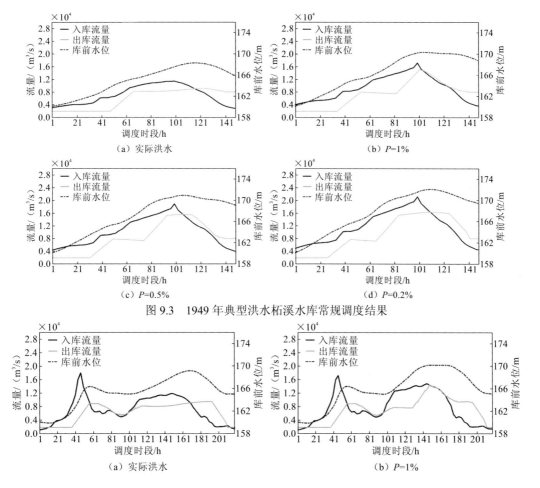

图 9.3　1949 年典型洪水柘溪水库常规调度结果

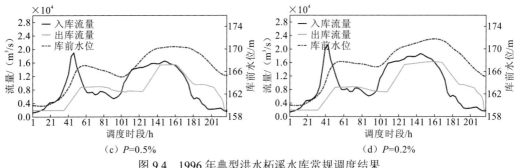

（c）P=0.5%   （d）P=0.2%

图 9.4   1996 年典型洪水柘溪水库常规调度结果

表 9.1   设计洪水不同频率常规调度结果

年份	放大频率	柘溪水库					桃江站		
		入库洪峰流量 /（m³/s）	出库洪峰流量 /（m³/s）	削峰率 /%	最高水位 /m	末水位 /m	调度前流量 /（m³/s）	调度后流量 /（m³/s）	削峰率 /%
1949	实际洪水	11 300	9 100	19.5	168.2	165.7	12 300	9 680	21.3
	1%	17 100	15 100	11.7	170.2	168.7	17 200	15 500	9.9
	0.5%	18 800	15 500	17.6	170.9	169.0	19 000	16 700	12.1
	0.2%	21 100	16 200	23.2	172.0	169.4	21 400	17 500	18.2
1996	实际洪水	17 800	9 410	47.1	169.1	164.9	16 400	9 790	40.3
	1%	17 100	14 300	16.4	170.1	165.0	16 000	14 600	8.8
	0.5%	18 800	15 200	19.1	170.3	165.3	17 800	16 200	9.0
	0.2%	21 100	16 100	23.7	171.7	165.1	20 000	17 600	12.0

由表 9.1 可知，柘溪水库当遭遇 100 年一遇以下洪水时，通过常规调度可保证桃江站流量不高于 9 700 m³/s，且柘溪水库最高运行水位低于 170 m。当遭遇 100 年一遇以上洪水时，通过常规调度可将 100 年一遇洪水降低为 35 年一遇，将 200 年一遇洪水降低为 40 年一遇，将 500 年一遇洪水降低为 60 年一遇。柘溪水库遭遇 100 年一遇设计洪水时，最高水位在防洪高水位附近，调度情况较好。随设计洪水频率的增大，常规调度削峰率提高。

2）优化调度结果

设定防洪优化调度起调水位为 162 m，终止水位为 164 m，以模拟汛中保持一定防洪库容的调度情景，运行最高、最低水位分别为 170 m、160 m，最优防洪调度结果见表 9.2。

表 9.2 设计洪水不同频率优化调度结果（末水位为 164 m）

年份	放大频率	柘溪水库				桃江站		
		入库洪峰流量/（m³/s）	出库洪峰流量/（m³/s）	削峰率/%	最高水位/m	调度前流量/（m³/s）	调度后流量/（m³/s）	削峰率/%
1949	实际洪水	11 300	9 440	16.5	167.2	12 300	9 570	22.2
	1%	17 100	12 400	27.5	167.7	17 200	13 000	24.4
	0.5%	18 800	13 700	27.1	168.0	19 000	14 400	24.2
	0.2%	21 100	15 400	27.0	168.5	21 400	16 200	24.3
1996	实际洪水	17 800	8 760	50.8	169.9	16 400	9 020	45.0
	1%	17 100	11 000	35.7	169.9	16 000	11 800	26.3
	0.5%	18 800	13 000	30.9	169.9	17 800	13 700	23.0
	0.2%	21 100	17 000	19.4	170.3	20 000	17 800	11.0

1949 年典型洪水历时 148 h，最大洪峰流量为 11 300 m³/s，平均入库流量为 7 070 m³/s，采用最优防洪调度，能合理削减洪峰流量 1 860 m³/s，削峰率为 16.5%，优化调度结果如图 9.5 所示。

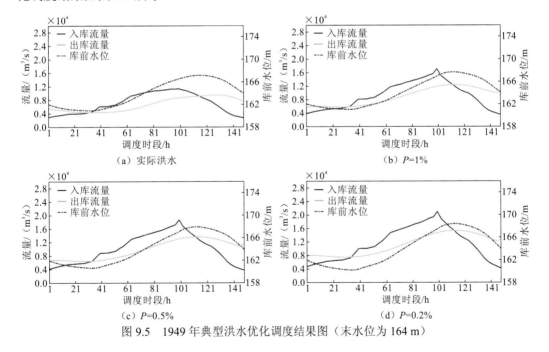

图 9.5 1949 年典型洪水优化调度结果图（末水位为 164 m）

利用分段马斯京根法将柘溪水库出库流量演进至桃江站，考虑区间入流，则 1949 年典型洪水下，控制末水位为 164 m，动用防洪库容，进行柘溪水库防洪调度，使得桃江站流量控制在 12 500 m³/s 的安全泄量下，最大过流从 12 300 m³/s 削减为 9 570 m³/s，削峰量为 2 730 m³/s，削峰率为 22.2%，防洪作用显著。

1996 年典型洪水历时 217 h，最大洪峰流量为 17 800 m³/s，平均入库流量为 7 100 m³/s，来流较大，采用最优调度模式进行防洪调度，结果削减洪峰流量 9 040 m³/s，削峰率为 50.8%，优化调度结果如图 9.6 所示。

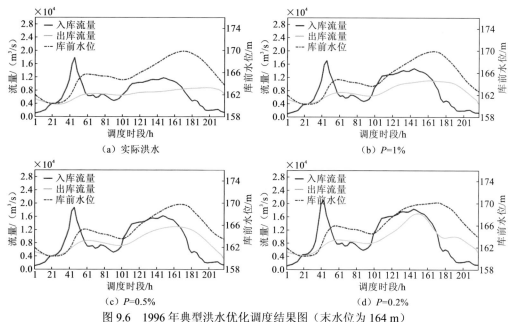

图 9.6　1996 年典型洪水优化调度结果图（末水位为 164 m）

利用分段马斯京根法将柘溪水库出库流量演进至桃江站，考虑区间入流，则 1996 年典型洪水优化调度下，动用防洪库容，桃江站最大过流从 16 400 m³/s 削减为 9 020 m³/s，削峰率为 45%，且流量过程平稳，防洪作用十分显著。因此，在来水较大的情况下，若要通过柘溪水库防洪调度使得桃江站流量控制在 9 700 m³/s 的安全泄量下，调度末水位需接近 164 m，即汛末无法立刻回到汛限水位 162 m。

3）合理性分析

为了比较常规、优化调度的合理性，使 1949 年、1996 年各设计年优化调度末水位等于对应的常规调度末水位，起调水位为 162 m，运行最高、最低水位分别为 170 m、160 m，进行优化调度。常规、优化调度结果对比见表 9.3。表 9.3 显示，遭遇的洪水量级越小，优化调度比常规调度对柘溪水库削峰率的提升越明显。结果表明，在调度期末水位相同，即调度期动用等量防洪库容的情况下，优化调度出库洪峰流量均小于常规调度，且优化调度最高运行水位小于或稍大于常规调度最高运行水位。因此，相比于常规调度，优化调度既保障了下游防洪安全，又减小了水库上游城镇农田的淹没风险，保证大坝能够安全下泄符合其设计标准的洪水，防洪效益更显著，具有合理性和优越性。

表 9.3　常规、优化调度结果对比（常规、优化调度末水位相同）

年份	放大频率	柘溪水库						
		入库洪峰流量 / (m³/s)	常规调度出库洪峰流量 / (m³/s)	优化调度出库洪峰流量 / (m³/s)	优化提升率 /%	常规调度最高运行水位/m	优化调度最高运行水位/m	末水位 /m
1949	实际洪水	11 300	9 100	7 510	17.5	168.2	167.2	165.7
	1%	17 100	15 100	9 800	35.1	170.2	170.1	168.7
	0.5%	18 800	15 500	11 700	24.5	170.9	170.1	169.0
	0.2%	21 100	16 200	14 600	9.9	172.0	170.2	169.4
1996	实际洪水	17 800	9 410	7 940	15.6	169.1	169.7	164.9
	1%	17 100	14 300	9 750	31.8	170.1	170.1	165.0
	0.5%	18 800	15 200	11 900	21.7	170.3	170.3	165.3
	0.2%	21 100	16 100	14 600	9.3	171.7	170.3	165.1

9.3.2　防洪柔性调度区间计算结果

1）1949 年防洪柔性调度区间

为减小调度决策波动，对所有出流结果进行了二次平滑。图 9.7 为 1949 年典型洪水柔性调度区间示意图。嵌套模型运行 10 次，一共求得 33 个非劣解，深蓝色虚线表示最优防洪调度轨迹，橙色虚线表示原始边界，浅蓝色实线表示最劣防洪调度轨迹，其他灰色实线表示柔性调度区间。由图 9.7 可以看出，最劣防洪调度轨迹基本在最优防洪调度轨迹下方，即运行水位较最优调度运行水位低，因此出库洪峰流量比最优出库洪峰流量大，最劣防洪调度轨迹在洪峰附近贴近原始边界下限。

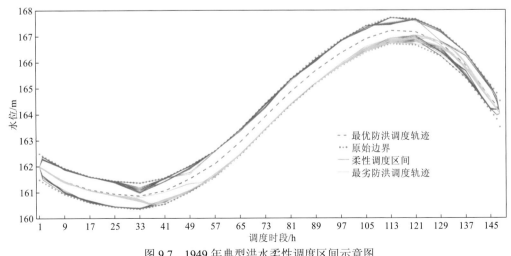

图 9.7　1949 年典型洪水柔性调度区间示意图

按防洪效益递减选取前 10 个非劣解，分别用 DP 和 DP+POA 计算区间最劣防洪效益，结果见表 9.4。结果显示，DP+POA 求解区间最劣防洪效益的效果要优于 DP（防洪效益更劣）。相较于最优防洪调度最大出库流量 9 440 m³/s，柔性调度区间内调度最大出库流量更大，但仍在安全泄量 12 500 m³/s 的范围内，且在防洪效果最好的区间内，最劣防洪效益方案仍削峰 1 800 m³/s，削峰率为 15.9%。

表 9.4 DP、DP+POA 计算非劣解区间各目标结果（1949 年）

非劣解序号	出库洪峰流量/（m³/s）		区间宽度/m
	DP	DP+POA	
1	9 500	9 500	127.04
2	9 590	9 610	127.23
3	9 650	9 660	127.56
4	9 730	9 750	127.69
5	9 820	9 830	128.58
6	9 880	9 880	129.82
7	9 920	9 920	131.14
8	9 950	9 960	132.46
9	9 970	9 990	132.80
10	10 010	10 030	133.03

图 9.8 为将 1949 年典型洪水作为输入，33 个非劣解对应的 DP、DP+POA 计算的目标值形成的散点图，表明大多数情况下 DP 的计算效果不如 DP+POA，DP 的计算结果被 POA 的计算结果支配。图 9.9 是非劣解中区间宽度最大解对应的示意图，该区间宽度为 133.03 m，最大出库洪峰流量为 10 030 m³/s，略大于最优出库洪峰流量 9 440 m³/s。紫色代表最优方案，橙色代表柔性方案，虚线代表出库流量过程，实线表示轨迹，最优出流更平稳，柔性出流波动比最优出流大，以体现较差的防洪效益。

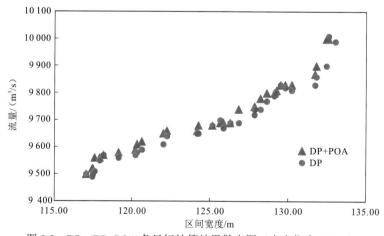

图 9.8 DP、DP+POA 各目标计算结果散点图（末水位为 164 m）

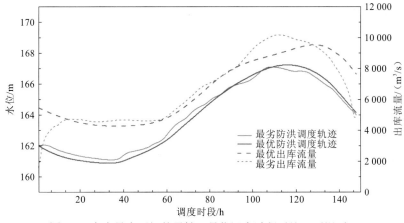

图 9.9　宽度最大区间的柔性、最优调度过程对比（平滑后）

2）1996 年防洪柔性调度区间

以 1996 年典型洪水为模型输入，在最优防洪调度轨迹上、下扩展 1 m，并将其作为原始边界。模型运算 10 次，共求得 35 个非劣解，如图 9.10 所示，最劣防洪调度轨迹在汛末不断接近原始边界的下界，柔性调度区间上界在洪峰处降低。非劣解目标空间散点图如图 9.11 所示。按防洪效益由优到劣取前 10 个解，采用 DP、DP+POA 计算出库洪峰流量和相应的目标值，见表 9.5。非劣解序号 1 表明，对 1996 年典型洪水采用柔性调度，防洪效果最差时出库洪峰流量较最优调度增加 560 m³/s，区间宽度总共可增加 227.96 m，且保证出库流量在 12 500 m³/s 之下。选择防洪效果最优的区间，调度过程对比如图 9.12 所示，同样紫色代表最优方案，橙色代表柔性方案，虚线代表出库流量过程，实线表示轨迹，最优出流较柔性最劣出流波动更小。在防洪效果最优的柔性调度区间内调度，最劣防洪情景仍能削峰 8 480 m³/s，削峰率为 40.4%。

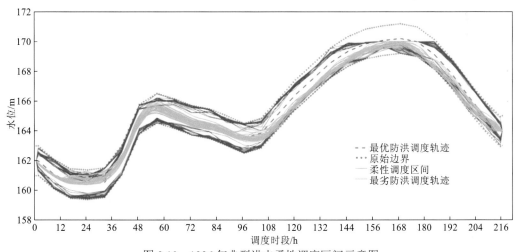

图 9.10　1996 年典型洪水柔性调度区间示意图

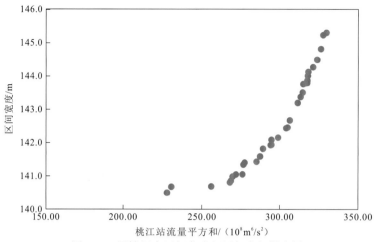

图 9.11　柔性调度区间非劣解目标空间散点图

表 9.5　DP、DP+POA 计算非劣解区间各目标结果（1996 年）

非劣解序号	出库洪峰流量/（m³/s）		区间宽度/m
	DP	DP+POA	
1	9 300	9 320	227.96
2	9 440	9 450	230.63
3	9 570	9 580	255.96
4	9 620	9 630	268.00
5	9 660	9 680	268.64
6	9 810	9 820	269.71
7	9 970	9 970	271.90
8	9 930	9 940	276.11
9	9 890	9 900	276.64
10	10 100	10 200	276.90

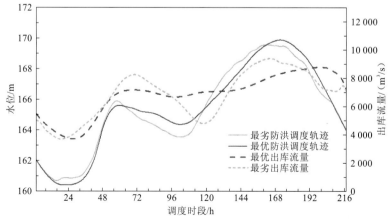

图 9.12　防洪效益最佳方案柔性、最优调度过程对比

对比常规调度、优化调度、柔性调度结果，柔性调度区间可保障在区间内调度，桃江站最劣效益洪峰流量基本小于 9 700 m³/s（防洪标准为 12 500 m³/s），1949 年、1996 年最大出库洪峰流量相比最优调度增高 0.64%、6.39%，但区间宽度可增加 127.04 m、227.96 m，改善了调度决策单一的问题。

9.3.3　防洪柔性调度区间合理性分析

为了平行对比柔性调度区间与常规、优化调度效果，选用 1949 年典型洪水过程作为数据集，设定优化调度末水位等于常规调度末水位，即调度末水位为 165.7 m，起调水位为 162 m，运行最高、最低水位分别为 170 m、160 m，计算最优防洪调度轨迹，并在此基础上推求柔性调度区间。模型运行 5 次，共求得 16 个非劣区间，区间集合示意图见图 9.13。取柔性调度区间非劣解中防洪效益较好的前 10 个解与常规调度、优化调度结果进行对比，见表 9.7。

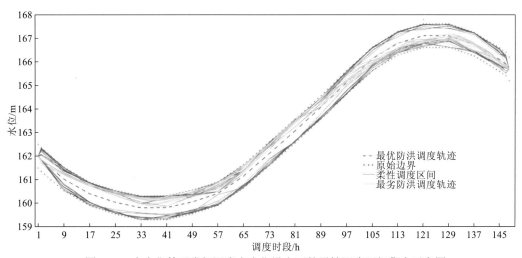

图 9.13　末水位等于常规调度末水位设定下的柔性调度区间集合示意图

表 9.7　柔性、常规、优化调度结果对比（调度末水位相同）

非劣解序号	入库洪峰流量/（m³/s）	出库洪峰流量/（m³/s）	最高水位/m	区间宽度/m
1	11 300	7 560	166.45	101.04
2	11 300	7 690	166.36	105.92
3	11 300	7 730	166.29	113.95
4	11 300	7 750	166.21	115.49
5	11 300	7 780	166.34	116.58
6	11 300	7 790	166.23	121.75
7	11 300	7 830	166.01	122.37

非劣解序号	入库洪峰流量/（m³/s）	出库洪峰流量/（m³/s）	最高水位/m	区间宽度/m
8	11 300	7 860	166.06	123.52
9	11 300	8 090	166.93	124.89
10	11 300	8 240	166.14	124.94
优化调度	11 300	7 510	167.20	0.00
常规调度	11 300	9 100	168.20	0.00

表 9.7 显示，所有柔性调度区间最劣解的出库洪峰流量均大于优化调度，但全部小于常规调度；柔性调度区间最劣解的最高水位均低于常规调度，略低于优化调度。结果表明，在调度期末水位相同，即调度期动用等量防洪库容的情况下，柔性调度区间内调度的最劣情况仍优于常规调度（出库洪峰流量更小、最高水位更低）；柔性调度区间内调度的最劣情况出库洪峰流量略大于优化调度，但调度期最高水位优于优化调度，因此防洪柔性调度区间具有合理性。

9.4　本章小结

本章研究了柔性调度区间在防洪调度中的应用。以资水流域柘溪水库—桃江县防洪河段为研究对象，首先对比常规、优化调度结果，证明了优化调度的合理性。接下来以区间最优防洪调度轨迹为基础，通过在最优防洪调度轨迹上、下扩展初始化柔性调度区间。以优化区间最劣防洪效益最大化、优化区间宽度最大为目标函数建立多目标优化模型，采用外层函数为 MOCS 算法，内层函数为 DP+POA 的双层嵌套模型求解多目标优化模型，可保证在区间内调度，符合约束的可行解的防洪效益一定优于给定的防洪效益阈值。将柔性调度区间最劣解与优化调度、常规调度对比发现，柔性调度区间内最劣调度方案仍优于常规调度，最劣调度方案的最高运行水位低于优化调度，因此防洪柔性调度区间具有合理性。

结果表明，虽然在柔性调度区间内调度相较最优调度方案出库流量增加，但针对 1949 年、1996 年典型洪水决策空间可分别增宽 127.04 m、227.96 m，相较单一的调度轨迹，灵活性和适应性大大增加。

参 考 文 献

[1] LIU P, CAI X, GUO S.Deriving multiple near-optimal solutions to deterministic reservoir operation problems[J]. Water resources research, 2010, 47(8): 2168-2174.

[2] 艾学山, 陈森林, 万飚, 等. 水库群洪水补偿调度的通用模型研究[J]. 武汉大学学报(工学版), 2002(3): 17-19.

[3] 杨斌斌, 孙万光. 改进 POA 算法在流域防洪优化调度中的应用[J]. 水电能源科学, 2010, 28(12): 36-38, 115.

[4] 钟平安, 邹长国, 李伟, 等. 水库防洪调度分段试算法及应用[J]. 水利水电科技进展, 2003(6): 21-23, 56-65.

[5] 潘志德. 资水流域防洪减灾非工程措施分析[D]. 武汉：武汉大学, 2004.

[6] 陈杨. 柘溪水库旬最优水位控制研究[J]. 湖南电力, 2013, 33(S2): 65-68.

[7] 李艳. 柘溪水库"20160704"暴雨洪水分析[J]. 湖南水利水电, 2016(6): 45-46, 54.

[8] 李艳. 柘溪水库分期洪水研究[J]. 人民长江, 2006(9): 102-103.

第 10 章

水库群汛期运行水位动态控制

10.1 引　言

水库群汛期运行水位动态控制研究属于实时调度运行层面的问题,其研究目的在于同时考虑未来预见期内的降水、洪水预报信息和水库当前的库容状态,以不降低水库群系统的防洪标准为前提,以寻求兴利效益最大化为目标函数,构建实时优化调度模型,用于指导未来调度时段内水库库容的变化或出流决策[1-2]。但水文预报信息不确定性的客观存在会导致潜在风险事件的发生(如径流预报低估了实际的入库径流量),因此,水库群汛期运行水位实时优化调度模型的构建必须考虑风险因素的识别、评估、分析[3-5]。目前,由于水库群系统中各水库存在水文水力联系、不同水库滞时情况存在差异、不同水库预见期长度和精度不匹配等问题,复杂水库群实时优化调度模型及其风险分析研究仍存在较大的探索空间。除此之外,已有研究在分析水库群系统汛期运行水位实时调度中的风险因素时仅考虑了预见期以内的不确定性。

针对单库系统,Liu 等[6]提出了一种两阶段水库实时调度风险定量计算方法,该方法将未来调度时期划分为预见期以内和预见期以外两个阶段,既考虑了预见期以内的水文预报不确定性,又考虑了预见期末水位过高所带来的潜在决策风险。并且,两阶段思想由于建立了预见期和整个未来调度时期之间的关联性,在实时调度范畴已得到不少应用[7-8]。本章的研究目的在于,将两阶段思想引入水库群系统的汛期运行水位实时调度及风险分析研究,且考虑了不同水库间预见期长度和精度不匹配的问题。

10.2 两阶段水库群实时优化调度模型

将所提出的水库群两阶段风险率作为防洪约束条件,可用于建立水库群实时优化调度模型。结合预报-滚动思路,在更新预报信息的同时,不断更新水库群的最优调度决策[9-10]:若当前时刻为 t_0,求解所建立的水库群实时优化调度模型可推求水库群系统预见期以内的最优调度决策;当调度时段向前滚动一个单位时间间隔 Δt 而移动到下一时刻 t_1 时,t_0 时刻所推求的最优调度决策被执行了一个步长 Δt,并推求当前时刻对应的未来预见期以内的最优调度决策;依次推进到整个调度期末。

10.2.1 目标函数

水库群实时优化调度模型的目标函数为发电量最大,如式(10.1)所示。

$$\max\ E_{\text{Total}} = \sum_{k=1}^{n} E_k [V_{(t_1)}^k, V_{(t_2)}^k, \cdots, V_{(t_{F_k})}^k] \tag{10.1}$$

式中:$V_{(t)}^k$ 为第 k 个水库在预见期末 t_{F_k} 的水库库容值($t = t_1, t_2, \cdots, t_{F_k}$);$E_k(\cdot)$ 为第 k 个水库在预见期以内的发电量;E_{Total} 为水库群系统的总发电量。

10.2.2　约束条件

（1）两阶段风险率约束：

$$R_{TS} \leqslant R_{accept} \qquad (10.2)$$

式中：R_{TS} 为预见期内外的风险率；R_{accept} 为水库群系统的防洪标准对应风险率。

（2）库容约束：

$$V_{min}^k \leqslant V_{(t)}^k \leqslant V_{max}^k \qquad (10.3)$$

式中：V_{min}^k 和 V_{max}^k 分别为第 k 个水库在汛期调度期内的库容下限和上限。

（3）泄流能力约束：

$$Q_{(t)}^k \leqslant Q_{max}^k[Z_{(t)}^k] \qquad (10.4)$$

式中：$Q_{(t)}^k$ 为第 k 个水库 t 时下泄流量；$Q_{max}^k[Z_{(t)}^k]$ 为第 k 个水库在时刻 t 库水位为 $Z_{(t)}^k$ 时所对应的最大下泄能力。

（4）河道洪水演算：

$$I_{(t)}^k = f[Q_{(t)}^{k-1}] + O_{(t)}^k \qquad (10.5)$$

式中：$f(\cdot)$ 为上、下游间的河道演算方程；$O_{(t)}^k$ 为第 $k-1$ 个水库和第 k 个水库之间的区间入流（$k=2,3,\cdots,n$）。

（5）流量变幅约束：

$$|Q_{(t)}^k - Q_{(t-1)}^k| \leqslant \Delta Q_m^k \qquad (10.6)$$

式中：ΔQ_m^k 为第 k 个水库允许的最大流量变幅。

可接受风险根据各预报设计洪水给出对应的定值。

10.3　安康-丹江口两库系统案例研究

10.3.1　预见期以内径流情景的产生

由于径流资料长度有限、预报模型存在结构误差、参数不确定性等，径流情景预报均存在一定的不确定性，而本章的侧重点在于水库群两阶段风险率思想的提出。因此，预见期以内的径流情景的产生直接采用一种简单的径流情景生成方法，具体思路如下[7-8]：①假设入库径流的预报相对误差为 ε，且 ε 服从正态分布 $\varepsilon \sim N(\mu, \sigma^2)$，通常该分布中的均值 μ 取值为 0，预报相对误差主要取决于方差 σ^2；②在水库群系统的长系列径流资料中随机抽样选取水库的入库实测径流过程并以此为基准，记实测径流量为 Q_{ob}；③预报径流情景则可以通过在实测历史径流过程叠加预报相对误差来生成，即 $Q_f = Q_{ob} \times (1+\varepsilon)$。

以安康-丹江口两库系统为例，安康水库 6 h 入库预报相对误差的方差为 $\sigma_{AK}^2 = 0.038$[11]，丹江口水库 12 h 入库预报相对误差的方差为 $\sigma_{DJK}^2 = 0.021$[12]。

10.3.2 预见期以外风险率的计算

针对安康-丹江口两库系统,预见期以外的风险率计算式可简化为

$$
\begin{aligned}
R_{S2} &= \sum_{i_2=1}^{M_2} \sum_{i_1=1}^{M_1} R(Z^1_{i_1,t_{F_1}}, Z^2_{i_2,t_{F_2}}) P(Z^1_{i_1,t_{F_1}}, Z^2_{i_2,t_{F_2}}) \\
&= \frac{\sum_{i_2=1}^{M_2} \sum_{i_1=1}^{M_1} R(Z^1_{i_1,t_{F_1}}, Z^2_{i_2,t_{F_2}})}{M_1 \times M_2}
\end{aligned}
\tag{10.7}
$$

式中: M_1 为安康水库的径流情景数; M_2 为丹江口水库的径流情景数(本章中设置 $M_1 = M_2 = 100$,即水库群系统的总情景数为 10 000); $Z^1_{i_1,t_{F_1}}$ 和 $Z^2_{i_2,t_{F_2}}$ 分别为安康水库、丹江口水库在预见期末的水库水位。 $R(Z^1_{i_1,t_{F_1}}, Z^2_{i_2,t_{F_2}})$ 可通过对水库群系统的设计洪水进行调洪演算推求得到。

如图 10.1 所示,为了降低实时防洪调度模型的计算量, R_{S2} 与安康水库、丹江口水库预见期末水位组合 $(Z^1_{i_1,t_{F_1}}, Z^2_{i_2,t_{F_2}})$ 的关系是预先计算储存的;安康水库预见期末水位值的变幅范围为 305~330 m,而丹江口水库预见期末水位值的变幅范围为 155~170 m。

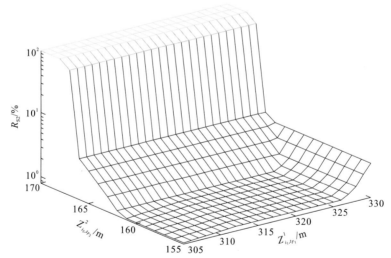

图 10.1 水库群系统预见以外风险率与预见期末水库水位的关系

10.3.3 实时优化调度结果

将所提出的两阶段洪水风险率计算方法应用于水库群汛期运行水位动态控制中,以发电量最大为目标函数,将水库群两阶段风险率计算作为防洪约束条件去优化调度决策。随着预报信息的更新,调度决策可滚动更新,图 10.2 为安康水库在 2010 年 7月 24 日 09:00~16:00 的实时优化调度决策过程。若当前时刻为 08:00,根据所提出的

水库群汛期运行水位实时优化调度模型可给出未来 6 h 时段（09:00～14:00）的优化决策过程（图 10.2 中 $t=09:00$ 系列）；若更新 09:00 为新的当前时刻，实时优化调度模型同样可给出未来 6 h 时段（10:00～15:00）的优化决策过程（图 10.2 中 $t=10:00$ 系列），上一阶段中给出的未来 6 h 时段优化决策过程仅 $t=09:00$ 时刻的决策状态被执行，依次滚动更新。

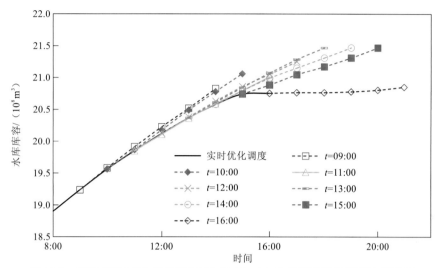

图 10.2　安康水库 2010 年 7 月 24 日 09:00～16:00 的实时优化调度决策过程

　　表 10.1 和图 10.3 为常规调度方案与实时优化调度方案的调度结果对比。如表 10.1 所示，实时优化调度方案可在不增加防洪风险的基础上提高安康-丹江口两库系统夏汛期的发电量。如图 10.3 所示，实时优化调度方案中，当来水量较小时，通过增大出流的调度决策来增加发电量（如 6 月 21 日～7 月 16 日或 7 月 31 日～8 月 20 日）；而当来水量较大时，通过增加水库发电水头（水库水位）的调度决策来增加发电量（如 7 月 16～31 日）。

表 10.1　安康-丹江口两库系统 2010 年洪水的调度方案指标对比

指标	常规调度方案	实时优化调度方案	阈值
发电量/（10^8 kW·h）	13.47	15.73	—
安康水库坝前最高水位/m	326.97	328.46	330.00
安康水库最大下泄流量/（m³/s）	17 000	18 564	33 400
丹江口水库坝前最高水位/m	160.00	161.16	170.60
丹江口水库最大下泄流量/（m³/s）	25 057	15 287	46 800

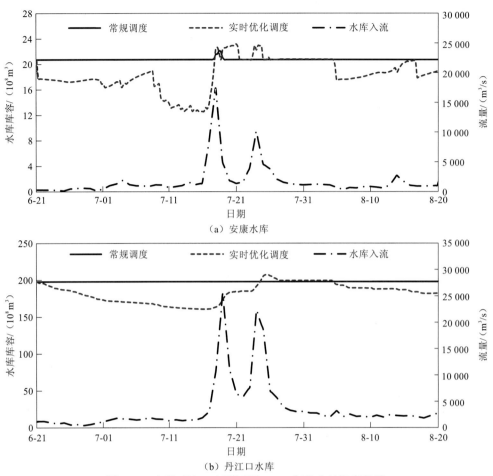

（a）安康水库

（b）丹江口水库

图 10.3　安康-丹江口两库系统 2010 年洪水的调度结果

10.4　汉江流域五库系统案例研究

10.4.1　预见期以内径流情景产生的方案设置

五个水库的预报相对误差采用如下数据：安康水库 6 h 入库预报相对误差的方差为 $\sigma_{AK}^2 = 0.038$ [11]，丹江口水库 12 h 入库预报相对误差的方差为 $\sigma_{DJK}^2 = 0.021$ [12]，潘口水库 6 h 入库预报相对误差的方差为 $\sigma_{PK}^2 = 0.016$ [13]，三里坪水库 6 h 入库预报相对误差的方差为 $\sigma_{SLP}^2 = 0.075$ [14]，鸭河口水库 6 h 入库预报相对误差的方差为 $\sigma_{YHK}^2 = 0.040$ [15-16]。

10.4.2　预见期以外风险率计算的方案设置

针对汉江流域五库系统，预见期以外的风险率可根据式（10.8）进行计算。

$$R_{S2} = \sum_{i_5=1}^{M_5} \sum_{i_4=1}^{M_4} \cdots \sum_{i_1=1}^{M_1} R(Z_{i_1,t_{F_1}}^1, Z_{i_2,t_{F_2}}^2, \cdots, Z_{i_5,t_{F_5}}^5) P(Z_{i_1,t_{F_1}}^1, Z_{i_2,t_{F_2}}^2, \cdots, Z_{i_5,t_{F_5}}^5)$$

$$= \frac{\sum_{i_5=1}^{M_5} \sum_{i_4=1}^{M_4} \cdots \sum_{i_1=1}^{M_1} R(Z_{i_1,t_{F_1}}^1, Z_{i_2,t_{F_2}}^2, \cdots, Z_{i_5,t_{F_5}}^5)}{M_1 \times M_2 \times M_3 \times M_4 \times M_5}$$

（10.8）

式中：M_1 为安康水库的径流情景数；M_2 为丹江口水库的径流情景数；M_3 为潘口水库的径流情景数；M_4 为三里坪水库的径流情景数；M_5 为鸭河口水库的径流情景数（本章中设置 $M_1 = M_2 = M_3 = M_4 = M_5 = 10$，即水库群系统的总情景数为 10^5）；$Z_{i_1,t_{F_1}}^1$、$Z_{i_2,t_{F_2}}^2$、$Z_{i_4,t_{F_3}}^3$、$Z_{i_4,t_{F_4}}^4$、$Z_{i_5,t_{F_5}}^5$ 依次为安康水库、丹江口水库、潘口水库、三里坪水库和鸭河口水库在预见期末的水库水位。$R(Z_{i_1,t_{F_1}}^1, Z_{i_2,t_{F_2}}^2, \cdots, Z_{i_5,t_{F_5}}^5)$ 可通过对水库群系统的设计洪水进行调洪演算推求得到。

为了降低实时防洪调度模型的计算量，R_{S2} 与汉江流域五库系统中五个水库的预见期末水位组合 $(Z_{i_1,t_{F_1}}^1, Z_{i_2,t_{F_2}}^2, \cdots, Z_{i_5,t_{F_5}}^5)$ 的关系是预先计算储存的；安康水库预见期末水位值的变幅范围为 305～330 m，丹江口水库预见期末水位值的变幅范围为 155～170 m，潘口水库预见期末水位值的变幅范围为 330～355 m，三里坪水库预见期末水位值的变幅范围为 392～416 m，鸭河口水库预见期末水位值的变幅范围为 160～177 m。

10.4.3 水库群系统实时优化调度结果

将所提出的水库群两阶段洪水风险率计算作为防洪约束条件，以发电量最大为目标函数，构建汉江流域五库系统汛期运行水位实时优化调度模型（如 3.6 节）。表 10.2 和图 10.4 为常规调度方案和实时优化调度方案的调度结果对比。

表 10.2 汉江流域五库系统 2010 年洪水的调度方案指标对比

指标		常规调度方案	实时优化调度方案	阈值
水库群系统总发电量/$(10^8\ \mathrm{kW \cdot h})$		16.07	18.37	—
安康水库	坝前最高水位/m	326.97	329.95	330.00
	最大下泄流量/$(\mathrm{m}^3/\mathrm{s})$	17 000	21 138	33 400
丹江口水库	坝前最高水位/m	160.00	161.40	170.60
	最大下泄流量/$(\mathrm{m}^3/\mathrm{s})$	25 057	18 931	46 830
潘口水库	坝前最高水位/m	347.60	347.60	356.65
	最大下泄流量/$(\mathrm{m}^3/\mathrm{s})$	3 100	4 677	12 130
三里坪水库	坝前最高水位/m	403.00	403.00	420.00
	最大下泄流量/$(\mathrm{m}^3/\mathrm{s})$	426	1 151	5 261
鸭河口水库	坝前最高水位/m	175.70	175.70	179.10
	最大下泄流量/$(\mathrm{m}^3/\mathrm{s})$	1 240	3 004	6 063

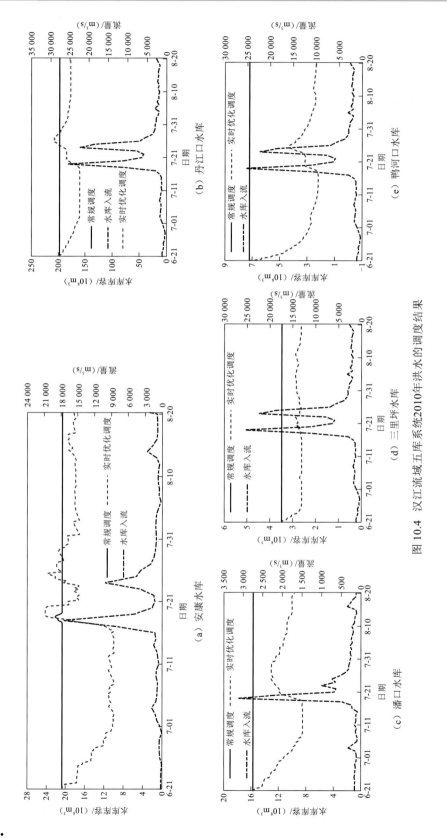

图 10.4 汉江流域五库系统2010年洪水的调度结果

如表 10.2 所示，实时优化调度方案可在不增加防洪风险的基础上提高汉江流域五库系统夏汛期调度时段的总发电量，且五个水库的坝前最高水位、最大下泄流量在优化调度方案下均未超过相应的阈值。

如图 10.4 所示，实时优化调度方案中各水库的决策表现呈现出如下规律：当来水量较小时，各水库通过增大出流的调度决策来增加发电量（如 6 月 21 日～7 月 16 日或 7 月 31 日～8 月 20 日）；而当来水量较大时，各水库通过增加水库发电水头（水库水位）的调度决策来增加发电量（如 7 月 16～31 日）。

10.5　本 章 小 结

本章对水库群汛期运行水位动态风险控制问题进行探究，构建了以发电量最大为目标函数，以识别的两阶段风险率为防洪约束条件的水库群实时优化调度模型。以安康-丹江口两库系统、汉江流域五库系统为例开展实例研究，应用所构建的水库群汛期运行水位实时优化调度模型求解水库群系统调度时期的动态最优决策过程，实现了水库群汛期运行水位的动态控制。研究结论如下。

结合安康-丹江口两库系统和汉江流域五库系统的应用结果，根据所构建的基于两阶段风险分析的实时优化调度模型，可求解得出水库群系统库容的动态最优决策过程，且该实时优化调度模型可在不增加汛期防洪风险的基础上提高水库群系统的发电效益。

以安康-丹江口两库系统 2010 年夏汛期实测径流为例，在不降低防洪标准的前提下，该实时优化调度模型可提高发电量 2.26×10^8 kW·h。以汉江流域五库系统 2010 年夏汛期实测径流为例，在不降低防洪标准的前提下，该实时优化调度模型可提高发电量 2.30×10^8 kW·h；且相比于安康-丹江口两库系统，汉江流域五库系统发电量的提高空间更大。

参 考 文 献

[1] MESBAH S M, KERACHIAN R, NIKOO M R. Developing real time operating rules for trading discharge permits in rivers: application of Bayesian networks[J]. Environmental modelling & software, 2009, 24(2): 238-246.

[2] DIAO Y, WANG B. Scheme optimum selection for dynamic control of reservoir limited water level[J]. Science China technological sciences, 2011, 54(10): 2605-2610.

[3] ZHU F, ZHONG P, SUN Y, et al. Real-time optimal flood control decision making and risk propagation under multiple uncertainties[J]. Water resources research, 2017, 53(12): 10635-10654.

[4] BECKER L, YEH W W. Optimization of real time operation of a multiple-reservoir system[J]. Water resources research, 1974, 10(6): 1107-1112.

[5] YAZDI J, TORSHIZI A D, ZAHRAIE B. Risk based optimal design of detention dams considering uncertain inflows[J]. Stochastic environmental research and risk assessment, 2016, 30(5): 1457-1471.

[6] LIU P, LIN K, WEI X. A two-stage method of quantitative flood risk analysis for reservoir real-time operation using ensemble-based hydrologic forecasts[J]. Stochastic environmental research and risk assessment, 2015, 29(3): 803-813.

[7] LI H, LIU P, GUO S, et al. Hybrid two-stage stochastic methods using scenario-based forecasts for reservoir refill operations[J]. Journal of water resources planning and management, 2018, 144(12): 1-11.

[8] ZHAO T, CAI X, YANG D. Effect of streamflow forecast uncertainty on real-time reservoir operation[J]. Advances in water resources, 2011, 34(4): 495-504.

[9] SIMONOVIC S P, BURN D H. An improved methodology for short-term operation of a single multipurpose reservoir[J]. Water resources research, 1989, 25(1): 1-8.

[10] ZHAO T, YANG D, CAI X, et al. Identifying effective forecast horizon for real-time reservoir operation under a limited inflow forecast[J]. Water resources research, 2012, 48(1): 1-13.

[11] 刘招, 黄强, 于兴杰, 等. 基于6h预报径流深的安康水库防洪预报调度方案研究[J]. 水力发电学报, 2011, 30(2): 4-10.

[12] 段唯鑫, 郭生练, 张俊, 等. 丹江口水库汛期水位动态控制方案研究[J]. 人民长江, 2018, 49(1): 7-12.

[13] 尹家波, 刘松, 胡永光, 等. 潘口水库汛期水位动态控制研究[J]. 水资源研究, 2014, 3(5): 386-394.

[14] 余蔚卿, 饶光辉, 孟明星. 三里坪水利水电枢纽防洪效果分析[J]. 人民长江, 2012, 43(6): 20-22.

[15] 刘德波. 鸭河口水库兴利水位设计与运用分析[J]. 人民长江, 2012, 43(S1): 11-15.

[16] 邱天珍. 鸭河口水库雨洪资源利用与效益分析[J]. 河南水利与南水北调, 2011(2): 16-18.

第 11 章

水库汛限水位优化设计
及防洪基金构建

11.1 引　言

随着洪水资源化这一治水新理念的提出，众多学者在从控制洪水向洪水管理的转变上做出了探索。将工程措施与非工程措施相结合，充分利用预报信息来优化水库的调度模式，可以在确保风险可控的前提下提高水库的供水保证率和洪水资源的利用率。但目前多数研究仅以水库为核心，忽略了流域众多蓄滞洪区的作用。一方面，没有充分发挥蓄滞洪区滞纳洪水的作用，限制了水库效益的提升；另一方面，蓄滞洪区一直处于野蛮生长状态，缺乏管理和约束，一旦分洪，会对流域的经济发展产生较大的冲击。

我国的蓄滞洪区大多位于七大江河中下游平原地区，是江河防洪系统的重要组成部分。长期以来，蓄滞洪区的建设和管理滞后，启用困难，分蓄洪水时居民生命财产安全得不到保障。与此同时，蓄滞洪区内居民灾害意识薄弱，蓄滞洪区遭到过度开发，人水争地现象日渐加剧，致使蓄滞洪区分洪与保障区内居民生命财产安全、经济发展间的矛盾日益突出，严重影响了蓄滞洪区作用的发挥[1]。并且，蓄滞洪区的灾后重建工作基本依靠政府，区内建设和管理的落后最终导致国家财政负担加重[2-3]。

有研究学者提出，蓄滞洪区需要改变发展模式，基于蓄滞洪区的多目标利用制订新的管理目标，走可持续发展道路。针对不同蓄滞洪区启用频率的不同，优化蓄滞洪区的管理模式，通过部分湿地化、部分水库化等方式为生态文明建设做出贡献。因此，通过优化蓄滞洪区的管理和使用模式，重视蓄滞洪区的灾后重建问题，可以充分发挥其在流域防洪系统中的作用，促进流域的自我管理及可持续发展。

另外，随着洪水保险在美国等国家的实施，国内学者也开始重视洪水保险的研究与应用。申屠善[4]就洪水保险政策、保险对象及增强保险效果提出了一系列建议。吴容舫等[5]结合淮河流域的情况，就非工程措施在我国的利用给出建议，呼吁国家支持洪水保险的开展。刘金清[6]总结国外非工程防洪措施的经验，强调了国家在防洪保险事业中的重要性。施国庆等[7]就合理的防洪保险费收取标准这一关键问题展开研究，对现行计算防洪保险费的危险区域法、洪灾损失法、期望损失法进行了分析讨论，提出了改进的危险区域法，并应用到淮河支流沙颍河泥河洼滞洪区，进行了保险费计算的实例分析研究。方劲松等[8]着重研究了防洪保险中的两个核心问题，即洪灾风险分析及防洪保险费率的制订。华家鹏等[9]选取浙江省兰溪市为典型地区，提出了三种洪水保险费率的计算模式及三种经营风险的评价指标，并给出了四种方案以确保防洪保险经营的稳定性。付湘等[10-11]通过建立保险损失风险模型来预测洪水保险损失，计算蓄滞洪区的洪水保险费，采用洪水保险基金积累模式推导盈余过程的分布规律，检验保险人的偿付能力；并运用保险精算学原理，对保险对象的分洪损失、蓄滞洪区的运用概率进行了定量分析，对比分析了个别风险模型与聚合风险模型之间的关系。

11.2 研 究 方 法

11.2.1 联合调度下汛限水位模拟—优化模型构建

基于多年日径流资料，结合水库调度图及调度规则，通过兴利调度得到水库多年平均发电量、供水量；基于多组设计洪水资料，采用马斯京根法得到蓄滞洪区的多年平均分洪量。将供水量、发电量、分洪量转化为对应的效益或损失值，构建汛限水位模拟—优化模型。模型以多年平均综合效益（发电、供水效益减去分洪损失）最大为目标函数，包括水库、水电站、河道等约束条件。模型构建的思路如图11.1所示。

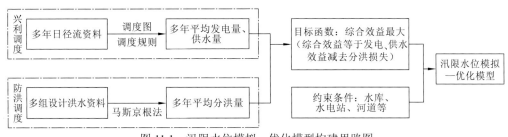

图 11.1 汛限水位模拟—优化模型构建思路图

1. 目标函数

水库在水资源开发利用中，一般发挥着多重作用，如防洪、供水、发电等。通常可采用权重法，将多目标问题转化为单目标问题，本章以多年平均综合效益最大为目标函数：

$$\max B_{ene} = \alpha E + \beta S_{up} - \gamma L_{ag} \tag{11.1}$$

式中：B_{ene} 为多年平均综合效益；E 为多年平均发电量，kW·h；S_{up} 为多年平均供水量，m³；L_{ag} 为蓄滞洪区多年平均分洪量，m³；α、β、γ 分别为对应于多年平均发电量、供水量及分洪量的单位效益或损失，查阅相关资料及数据，在本计算实例中，分别取为 0.2 元/（kW·h）、2 元/m³、3 元/m³。

目标函数中各变量计算过程如下。

1）多年平均发电量 E

$$E = \sum_{t=1}^{T} [N_{(t)} \times \Delta t] \Big/ Y \tag{11.2}$$
$$N_{(t)} = K \times Q_{pg(t)} \times \overline{H}_{(t)}$$

式中：t 为调度时段；T 为整个调度期；$N_{(t)}$ 为时段 t 的水电站出力，kW；Δt 为计算时间步长，s；Y 为整个调度期对应的总年数；K 为水电站综合出力系数；$Q_{pg(t)}$ 为 t 时段的发电流量，m³/s；$\overline{H}_{(t)}$ 为 t 时段的平均出力水头，m。

2）多年平均供水量 S_{up}

$$S_{up} = \sum_{t=1}^{T} [Q_{d(t)} \times \Delta t] \Big/ Y \qquad (11.3)$$

式中：$Q_{d(t)}$ 为从上游水库中的引水流量，$\mathrm{m^3/s}$。

3）多年平均分洪量 L_{ag}

由于入流的不确定性，选取一系列不同频率的设计洪水过程作为入流，通过调洪演算，计算出水库分到下游蓄滞洪区的分洪量，且当调整水库汛限水位时，同一频率设计洪水所对应的分洪量也会发生变化。基于不同频率设计洪水的分洪量，便可进一步计算出多年平均分洪量。

$$L_{ag} = \frac{\sum_{i=1}^{n-1} \int_{p_i}^{p_{i+1}} f(z,p)\mathrm{d}p}{\sum_{i=1}^{n-1} \int_{p_i}^{p_{i+1}} \mathrm{d}p} \qquad (11.4)$$

式中：n 为洪水场次数；z 为设定的汛限水位，m；p_i 为发生第 i 场洪水时的超越概率；$f(z,p)$ 为汛限水位为 z，洪水频率为 p 时对应的分洪量，$\mathrm{m^3}$。

2. 约束条件

构建的汛限水位模拟—优化模型，需要满足以下约束条件。

1）水量平衡约束

$$V_{(t+1)} = V_{(t)} + [Q_{in(t)} - Q_{out(t)} - Q_{d(t)}] \times \Delta t \qquad (11.5)$$

式中：$V_{(t)}$、$V_{(t+1)}$ 分别为时段初、末的库容，$\mathrm{m^3}$；$Q_{in(t)}$ 为 t 时段的入库流量，$\mathrm{m^3/s}$；$Q_{out(t)}$ 为 t 时段的出库流量，$\mathrm{m^3/s}$，包含发电流量 $Q_{pg(t)}$ 与弃水流量；$Q_{d(t)}$ 为 t 时段从上游水库中的引水流量，$\mathrm{m^3/s}$；Δt 为计算时间步长，在本章中为日。

2）水库水位约束

$$Z_{(t)}^{L} \leqslant Z_{(t)}^{S} \leqslant Z_{(t)}^{U} \qquad (11.6)$$

式中：$Z_{(t)}^{S}$ 为 t 时刻的上游水位，m；$Z_{(t)}^{L}$、$Z_{(t)}^{U}$ 分别为 t 时刻允许的最低、最高水位，m。根据水库调度图，$Z_{(t)}^{L}$ 取为极限消落水位 145.0 m；$Z_{(t)}^{U}$ 在非汛期为正常蓄水位，在汛期为防洪限制水位。

3）水库出库流量约束

$$\begin{cases} Q_{out(t)}^{U} = f_{HQ}[Z_{(t)}^{S}] \\ Q_{out(t)}^{L} \leqslant Q_{out(t)} \leqslant Q_{out(t)}^{U} \end{cases} \qquad (11.7)$$

式中：$Q_{out(t)}^{L}$、$Q_{out(t)}^{U}$ 为 t 时刻出库流量的下、上限，$\mathrm{m^3/s}$；$f_{HQ}(\cdot)$ 为上游水位与出库流量的函数。其中，出库流量下限由下游综合利用如灌溉、航运等要求确定，丹江口水库的最小下泄流量为 490 $\mathrm{m^3/s}$，上限由水库的泄流能力、防洪要求等确定。

4）出库流量尾水位关系约束

$$\overline{Z}_{(t)}^{X} = f_{ZQ}[Q_{\text{out}(t)}] \qquad (11.8)$$

式中：$\overline{Z}_{(t)}^{X}$ 为 t 时刻下游平均水位，m；$f_{ZQ}(\cdot)$ 为出库流量与尾水位的函数。

5）水电站水头约束

$$\begin{cases} \overline{Z}_{(t)}^{S} = \dfrac{Z_{(t)}^{S} + Z_{(t+1)}^{S}}{2} \\ \Delta H_{(t)} = f_{\Delta H}[Q_{\text{pg}(t)}] \\ \overline{H}_{(t)} = \overline{Z}_{(t)}^{S} - \overline{Z}_{(t)}^{X} - \Delta H_{(t)} \end{cases} \qquad (11.9)$$

式中：$Z_{(t)}^{S}$、$Z_{(t+1)}^{S}$ 分别为时段初、末的上游水位，m；$\overline{Z}_{(t)}^{S}$ 为时段的平均上游水位 m；$\Delta H_{(t)}$ 为时段水头损失，m；$Q_{\text{pg}(t)}$ 为时段的发电流量，m³/s；$f_{\Delta H}(\cdot)$ 为水电站水头损失函数；$\overline{H}_{(t)}$ 为时段 Δt 的净水头，m。

6）水电站出力约束

$$\begin{cases} N_{(t)}^{U} = f_{HN}[\overline{H}_{(t)}] \\ N_{(t)}^{L} \leqslant N_{(t)} \leqslant N_{(t)}^{U} \end{cases} \qquad (11.10)$$

式中：$f_{HN}(\cdot)$ 为水电站水头与预想出力的函数；$N_{(t)}^{L}$、$N_{(t)}^{U}$ 为时段出力下限、上限，kW，一般由水电站装机容量、机组额定出力、振动区及调峰要求等综合确定。

7）马斯京根河道演算方程约束

$$\begin{cases} Q_{(t+1)} = C_0 \times I_{(t+1)} + C_1 \times I_{(t)} + C_2 \times Q_{(t)} \\ C_0 + C_1 + C_2 = 1 \end{cases} \qquad (11.11)$$

式中：C_0、C_1、C_2 为河道演算的参数；$Q_{(t)}$、$Q_{(t+1)}$ 为时段初、末的出库流量，m³/s；$I_{(t)}$、$I_{(t+1)}$ 为时段初、末的入库流量，m³/s。

8）非负约束

各变量必须为非负值。

11.2.2　流域防洪基金运行机制构建

流域防洪基金模型（图 11.2）由水库调度模块、蓄滞洪区运行模块、国家扶持的启动资金组建而成。其中，水库调度模块用于得到优化汛限水位方案下水库增加的效益，还可得到蓄滞洪区的分洪量，作为蓄滞洪区运行模块的输入。蓄滞洪区运行模块中，居民风险意识受分洪量的影响；区内人口变化由居民风险意识及分洪量共同决定；人均缴纳的保险费由居民风险意识决定。因此，防洪基金的变化随水库增加的效益、蓄滞洪区居民缴纳的洪水保险费及分洪损失这几者的共同作用而变化；国家扶持的启动资金决定防洪基金的初值。形成的流域防洪基金模型中，各变量随时间而变化，互相关联，是一个动态变化的过程，可以更好地模拟实际情况。

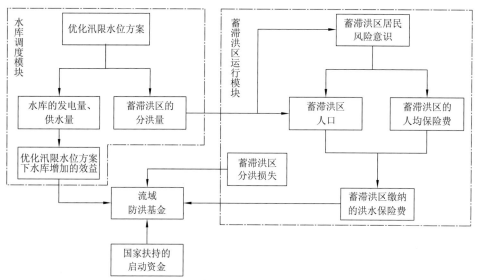

图 11.2　流域防洪基金模型构建思路图

防洪基金的主体包括国家、水库及蓄滞洪区，国家会对发生特大洪灾的区域进行一定的补偿，可提供一定的启动资金；水库管理者将因抬高汛限水位而增加的效益部分用于蓄滞洪区的分洪补偿和维护建设；蓄滞洪区一方面要缴纳洪水保险费，来抑制区内人口、经济的无序增长，另一方面可根据洪灾的破坏程度获得经济补偿，进行灾后重建。因此，防洪基金在上述三个主体的平衡下，具有以下备选方案。

方案 A：防洪基金仅由水库出资建立，国家不进行资助，蓄滞洪区居民不缴纳洪水保险费。

方案 B：防洪基金由水库和蓄滞洪区居民共同出资建立，国家不出资。

方案 C：防洪基金由水库和国家共同出资建立，蓄滞洪区居民不缴纳洪水保险费。

方案 D：防洪基金由水库、国家及蓄滞洪区三者共同出资建立。通过强制蓄滞洪区居民缴纳洪水保险费的形式，提高蓄滞洪区居民的安全意识，避免蓄滞洪区过度开发，实现经济的杠杆作用。

以上四类方案，根据水库增加的效益的投入比例（50%、80%、100%）、国家投入的启动资金（0、10×10^8 元、20×10^8 元）、蓄滞洪区居民是否缴纳洪水保险费，还可分别细分为 3 种、3 种、6 种、6 种情形，共计 18 种情形。

1. 水库调度模块

1）年供水量 W_y、年发电量 P_y

在丹江口水库与蓄滞洪区的联合调度下，丹江口水库的汛限水位抬高，在提高洪水资源利用率的同时，增加了水库的综合效益。水库增加的效益作为防洪基金的主要投入资金，具体包括增加的供水效益及发电效益两部分。

$$\begin{cases} \dfrac{\mathrm{d}V}{\mathrm{d}t} = Q_{\mathrm{in}(t)} - Q_{d(t)} - Q_{\mathrm{out}(t)} \\ Q_{\mathrm{out}(t)} = Q_{pg(t)} + Q_{s(t)} \end{cases} \tag{11.12}$$

式中：V 为水库库容，m^3；$Q_{\mathrm{in}(t)}$、$Q_{d(t)}$、$Q_{\mathrm{out}(t)}$ 分别为入库流量、引水流量及出库流量，m^3/s；$Q_{pg(t)}$、$Q_{s(t)}$ 为水库发电流量及弃水流量，m^3/s。

$$\begin{cases} W_{\mathrm{y}} = \displaystyle\sum_{t=1}^{T} Q_{d(t)} \times \Delta t \\ P_{\mathrm{y}} = \displaystyle\sum_{t=1}^{T} [K \times Q_{pg(t)} \times H_{(t)} \times \Delta t] \end{cases} \tag{11.13}$$

式中：W_{y} 为水库每年的供水量，m^3；P_{y} 为水库每年的发电量，$\mathrm{kW \cdot h}$；t 为调度时段；T 为整个调度期；Δt 为时间间隔，s；K 为水电站综合出力系数；$H_{(t)}$ 为 t 时段的出力水头，m。

2）年分洪量 F_{y}

分洪量计算采用分段马斯京根法，考虑丹江口水库的补偿调度作用，根据皇庄站的安全泄量反馈调节丹江口水库的出流。再从丹江口水库到襄阳站、皇庄站、沙洋站、仙桃站、汉川站各段，分别采用马斯京根法进行河道演算，得到各段的分洪流量。将各河段的分洪量相加，便可得到整个蓄滞洪区的分洪量。

$$\begin{cases} Q_{(t+1)} = C_0 \times I_{(t+1)} + C_1 \times I_{(t)} + C_2 \times Q_{(t)} \\ C_0 + C_1 + C_2 = 1 \\ F_{\mathrm{y}} = \displaystyle\sum_{i=1}^{M} \sum_{t=1}^{T} [Q_{i(t)} - Q_{si}] \times \Delta t \end{cases} \tag{11.14}$$

式中：F_{y} 为水库每年的分洪量，m^3；M 为河段总数；$Q_{i(t)}$ 为各河段每一时段的出流流量，m^3/s；Q_{si} 为各河段的安全泄流流量，m^3/s。

2. 蓄滞洪区运行模块

通过水库调度模块，可以得到蓄滞洪区在防洪中运用时产生的分洪损失。随着社会经济、人口数量的增加，蓄滞洪区不断被开发利用。这在减少蓄滞洪区有效蓄洪容积的同时，还将导致分洪损失的进一步增加，对整个汉江中下游防洪系统具有不利的影响。因此，在本模块中，不仅要考虑对蓄滞洪区的分洪损失进行赔偿，还要考虑让蓄滞洪区内的居民缴纳洪水保险费。通过强制缴纳洪水保险费，来增强区内居民的风险意识，遏制蓄滞洪区内经济与人口的进一步增长，同时也可对防洪基金的构建做出贡献。

1）风险意识 R_{y}

蓄滞洪区内居民的风险意识并不是一个固定不变的值，而是随着每年分洪量的变化而变化的。当分洪量较大时，区内居民会因财物受损等，意识到洪水的灾害性，产生风险意识。但当蓄滞洪区长期没有得到启用，或者分洪量较小并不会影响居民生产、生活时，居民风险意识又会逐年降低。

$$\frac{\mathrm{d}R_y}{\mathrm{d}t} = \begin{cases} k_r \times \left(\dfrac{F_y - F_{\mathrm{crit}}}{F_{\max} - F_{\mathrm{crit}}} \right)^{0.5}, & F_y > F_{\mathrm{crit}} \\ -w, & F_y \leqslant F_{\mathrm{crit}} \end{cases} \quad (11.15)$$

式中：$F_{\max}$ 为蓄滞洪区可以容纳的最大分洪量，m^3；F_{crit} 为触发风险意识的临界分洪量，m^3。当分洪量 F_y 大于 F_{crit} 时，蓄滞洪区内的居民将意识到洪水的灾害性，此时风险意识会增加，k_r 为风险意识增长系数；当分洪量 F_y 小于等于 F_{crit} 时，风险意识又会以 w 的速率逐渐减小。

2）人口数量 N_y

蓄滞洪区内的人口随风险意识的变化而变化，人口变化方程的基本结构参照 Logistic 人口阻滞增长模型。为了模拟蓄滞洪区受灾后人口迁移的情况，对 Logistic 人口阻滞增长模型进行了调整，在人口变化方程中考虑了分洪量的影响。

$$\begin{cases} N(0) = N_0 \\ \dfrac{\mathrm{d}N}{\mathrm{d}t} = k_n(R_y) \times (N_y + 1) \times \left(1 - \dfrac{N_y}{N_{\max}} \right) - 0.1 \times F_y \\ k_n(R_y) = \log_a(R_y + b) \end{cases} \quad (11.16)$$

式中：N_0 为蓄滞洪区的初始人口；$k_n(R_y)$ 为人口增长速率，为一个底数 a 小于 1 的对数函数，当风险意识较低时为正，当风险意识较高时为负，从而影响人口的变化形式；$N_{\max}$ 为蓄滞洪区可容纳人口的上限；b 为人口初始增长速率。

3）人均缴纳的保险费 $f_c(R_y)$

蓄滞洪区居民人均缴纳的保险费也随风险意识的变化而变化，在本章中假定两者线性相关。当风险意识较高时，说明蓄滞洪区近年内遭受了分洪损失，会有更多的居民选择缴纳洪水保险费，相应的保险费率也会较高；当风险意识较低时，保险费率就会相应降低，这更容易被蓄滞洪区居民所接受。

$$f_c(R_y) = k_f \times R_y \quad (11.17)$$

式中：k_f 为人均缴纳的保险费系数。

3. 防洪基金构建

与方案设计中的构想一致，防洪基金累计量的变化来源于水库优化汛限水位后增加的发电、供水效益，蓄滞洪区居民缴纳的洪水保险费，以及蓄滞洪区因分洪产生的人身、财产的损失。国家给予的启动资金决定防洪基金的初值。

$$\begin{cases} \dfrac{\mathrm{d}C_y}{\mathrm{d}t} = u \times (\alpha \times \Delta P + \beta \times \Delta W) + \theta_y \times f_c(R_y) \times N - \gamma \times F_y \times \dfrac{N_y}{N_{\max}} \\ C_0 = C_g \end{cases} \quad (11.18)$$

式中：C_y 为防洪基金的累计量；ΔP、ΔW 分别为增加的发电量和供水量；α、β 为对应的单位效益；u 为水库增加效益投入的比例，且 $0 \leq u \leq 1$；θ_y 的取值决定蓄滞洪区居民是否缴纳洪水保险费，取值为 0 时表示蓄滞洪区居民不参与基金构建，取值为 1 时表示参与基金构建；γ 为单位分洪量对应的损失；C_g 为国家对基金的资金投入，也决定防洪基金的初始值 C_0。

11.3　丹江口水库案例

11.3.1　联合调度下汛限水位优化设计

1. 模拟模型计算结果及分析

基于丹江口水库的调度规则，构建水库运行的模拟模型。将 1954～2010 年共 57 年的径流数据代入构建的模拟模型之中，首先得到丹江口水库现行汛限水位方案下历年的出流过程及年均发电量、供水量等效益指标，选取其中三个典型年，绘制水库出流过程，如图 11.3～图 11.5 所示。

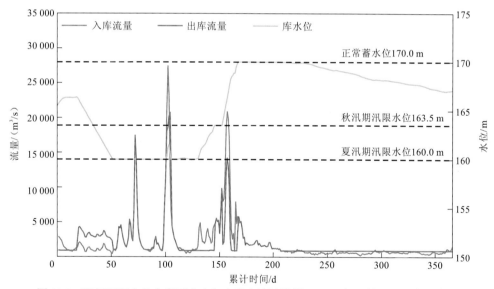

图 11.3　现行汛限水位方案下丰水年水库出流过程图（1975 年 5 月～1976 年 4 月）

图 11.3～图 11.5 分别描述了丰水年（1975 年 5 月～1976 年 4 月）、平水年（1996 年 5 月～1997 年 4 月）、枯水年（2001 年 5 月～2002 年 4 月）三种情况下的水库调度结果。图中横坐标的累计时间按照丹江口水库水文年的划分，从一年的 5 月初累计到次年的 4 月底，第 51～111 天对应夏汛期，第 112～122 天对应过渡期，第 123～152 天对应秋汛期。由图 11.3 可知，丰水年时，库水位基本稳定在汛限水位上，除了夏汛期个别时间段因来流过大，以最大下泄能力出流，仍不能使水位回到汛限水位上，此时只能让库

水位短暂性抬高，待来流量减小时，再让库水位迅速回到汛限水位上；且在汛期结束后，水位可以逐渐回升到正常蓄水位 170.0 m，供水期水库水位下降 2.97 m。对 57 年的日径流计算结果进行筛选分析，共有 7 年（15 天）的夏汛期水位超过汛限水位，包括 1958 年（2 天）、1975 年（4 天）、1982 年（1 天）、1983 年（3 天）、1984 年（1 天）、1989 年（1 天）、2010 年（3 天），最大抬高值为 1.3 m；秋汛期水位在 2003 年（1 天）出现水位超过汛限水位的情况，但汛限水位仅抬高 0.01 m。超过汛限水位的年份都是来流量较大的年份，故属于正常情况。

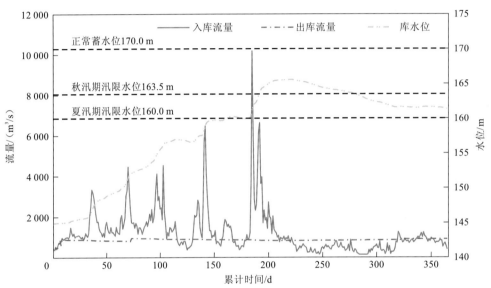

图 11.4 现行汛限水位方案下平水年水库出流过程图（1996 年 5 月～1997 年 4 月）

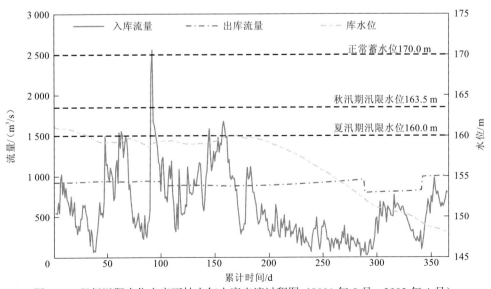

图 11.5 现行汛限水位方案下枯水年水库出流过程图（2001 年 5 月～2002 年 4 月）

由图 11.4 可知，平水年时，水库在汛期的水位都在汛限水位之下，且由于所选的典型年夏汛期来流量较少，水位甚至没有达到夏汛期汛限水位，尽管汛后还有一次小洪峰，但水库的水位也没有回到正常蓄水位，供水期水位下降 4.14 m。整个过程中，出流都比较稳定。

由图 11.5 可知，枯水年时，库水位也基本在汛限水位以下，且水库在供水期的作用非常明显。为了满足汉江中下游用水需求，并尽可能发出保证出力，在供水期水库水位下降 11.86 m，水库的出流过程也比较平稳。

通过以上三个典型年的出流过程的分析可以得出：加高后的丹江口水库由年调节水库变为不完全多年调节水库，调节库容增加了 $116 \times 10^8 \text{ m}^3$，其调蓄作用相当显著。但是平水年、枯水年水库全年的水位都没有回到正常蓄水位，说明丹江口水库现行汛限水位方案设定偏低，蓄满率不足，应当考虑适当抬高汛限水位，这与之前学者的研究相吻合。

得到水库 57 年的日出流过程后，将 5 年一遇、10 年一遇、20 年一遇、50 年一遇、100 年一遇、200 年一遇、1 000 年一遇、10 000 年一遇 8 组不同频率的设计洪水过程输入构建的模拟模型中，同样得到水库的出流过程。再采用分段马斯京根法进行洪水演进，得到不同洪水重现期对应的分洪量。以 0.5 m 为步长，分别调整夏汛期汛限水位、秋汛期汛限水位，可进一步得到不同汛限水位、不同设计洪水频率下蓄滞洪区的分洪量，如图 11.6、图 11.7 所示。

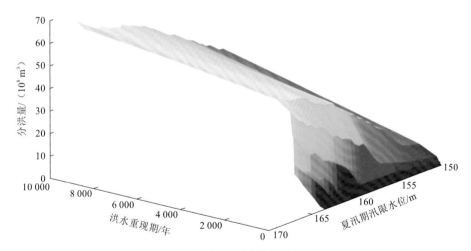

图 11.6　不同夏汛期汛限水位、不同洪水频率下蓄滞洪区的分洪量

由图 11.6 可知，从深蓝色过渡到黄色，表示分洪量逐渐增加。随着夏汛期汛限水位的抬高，图形的颜色变化跨度变大，坡度变陡，说明随着汛限水位的抬高，特别是汛限水位超过 162.0 m 后，下游蓄滞洪区分洪量的增加速度加快。洪水重现期为 5 年情况下，当汛限水位不超过 163.5 m 时，分洪量均为 0；洪水重现期为 10 年情况下，当汛限水位不超过 162.0 m 时，分洪量仍为 0。但汛限水位一旦超过 162.0 m，可以发现不同频率的设计洪水对应的分洪量突然增大，并随着汛限水位的抬高迅速增加，因此可以初步推断出 162.0 m 是夏汛期汛限水位的"天花板"。

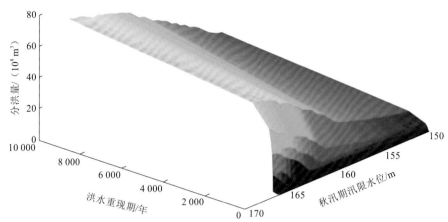

图 11.7　不同秋汛期汛限水位、不同洪水频率下蓄滞洪区的分洪量

由图 11.7 可知，随着秋汛期汛限水位的抬高，蓄滞洪区分洪量增加的速度也变快。洪水重现期为 5 年情况下，当汛限水位不超过 166.0 m 时，分洪量均为 0；洪水重现期为 10 年情况下，当汛限水位不超过 164.5 m 时，分洪量仍为 0。洪水重现期为 20 年时，汛限水位不超过 164.0 m，分洪量均不超过 $0.956×10^8$ m^3，随后随汛限水位的增加，分洪量迅速增加，因此，可以初步推断出 164.0 m 是秋汛期汛限水位的"天花板"。

通过以上分析可以发现，当洪水重现期低于 20 年时，可以在不影响防洪安全的前提下，适当抬高水库的汛限水位，以提高水资源的利用率。当洪水重现期高于 20 年时，就应在充分发挥蓄滞洪区分洪作用的基础上，通过水库与蓄滞洪区的联合调度，保证保护对象的防洪安全。在得到不同洪水重现期及不同汛限水位下的分洪量后，结合式（11.4），就可以分别计算出不同汛限水位下夏汛期、秋汛期的多年平均分洪量。再从偏安全的角度出发，假定夏汛期洪水与秋汛期洪水独立，将两者直接相加，得到不同汛限水位方案下的多年平均分洪量。

2. 优化调度模型计算结果及分析

将同样的数据输入优化调度模型，采用复形调优法寻得最优的汛限水位方案，即夏汛期汛限水位为 162.0 m，秋汛期汛限水位为 164.0 m。可以发现，通过优化算法寻得的最优汛限水位与前面的推断一致。相较于现行的汛限水位方案，汛限水位在夏汛期和秋汛期分别提高了 2.0 m 和 0.5 m。仍采用丰水年、平水年和枯水年来代表长系列的计算结果，为与原汛限水位对比，图 11.8～图 11.10 反映了在优化后的汛限水位方案下丰水年（1975 年 5 月～1976 年 4 月）、平水年（1996 年 5 月～1997 年 4 月）、枯水年（2001 年 5 月～2002 年 4 月）三种情况下的水库出流过程。

由图 11.8 可知，丰水年时，库水位还是可以基本稳定在汛限水位，且来水过大导致库水位抬高的幅度相较于原汛限水位方案明显减小。对 57 年的计算结果进行筛选分析，水库水位最大抬高值为 0.82 m，水库仍有较为充裕的防洪库容，而秋汛期没有出现超过汛限水位的情况。同样，超过汛限水位的年份都是来流量较大的年份，属于正常情况。

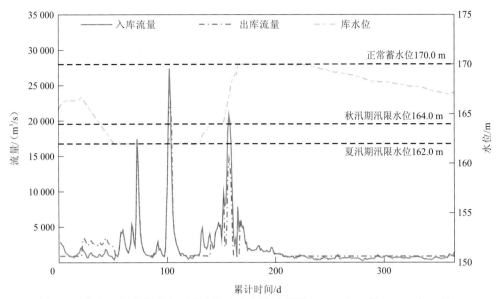

图 11.8　优化汛限水位方案下丰水年水库出流过程图（1975 年 5 月～1976 年 4 月）

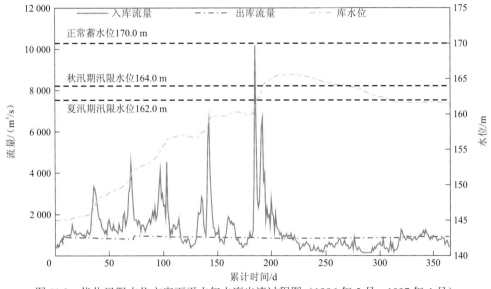

图 11.9　优化汛限水位方案下平水年水库出流过程图（1996 年 5 月～1997 年 4 月）

　　由图 11.9 可知，平水年时，出流依旧较均匀，与原汛限水位方案下的出流过程高度相似，但供水期水位仅下降 3.24 m，比原方案减少 0.9 m，说明优化方案能够更好地满足供水需求。

　　由图 11.10 可知，枯水年时，相较于原汛限水位方案的结果，优化后的汛限水位方案的出库流量明显得到提升，出流过程也更加均匀。水库的时段末水位也能保持在死水位 150.0 m 之上，说明优化方案下水库的调度结果更加稳定可靠。

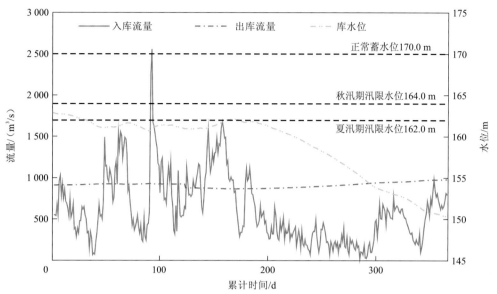

图 11.10　优化汛限水位方案下枯水年水库出流过程图（2001 年 5 月～2002 年 4 月）

对比两种汛限水位方案下的出流过程可以发现，汛限水位的抬高并不会对丰水年及平水年造成太大的影响，两种方案下的出流过程相似；但是对于枯水年，优化后的汛限水位方案能够更好地满足枯水年的水资源需求，由此可以进一步推断，优化后的汛限水位方案可以提高水资源的利用率。

3. 优化后的汛限水位方案与现行汛限水位方案对比

汛限水位变化前后的各项指标具体如表 11.1 所示。多年平均发电量、多年平均引水量增加，多年平均弃水量减少，发电保证率、引水保证率、下游用水保证率及水库蓄满率均得到提高，虽然多年平均分洪量有一定的增加，但多年平均综合效益提高 2.45×10^8 元，说明优化方案可取。

表 11.1　优化后的汛限水位方案（优化方案）与现行汛限水位方案（原方案）结果对比表

指标	原方案	优化方案	变化值
夏汛期汛限水位/m	160.00	162.00	2.00
秋汛期汛限水位/m	163.50	164.00	0.50
多年平均发电量/（10^8 kW·h）	35.70	35.91	0.21
多年平均引水量/（10^8 m³）	94.04	96.85	2.81
多年平均弃水量/（10^8 m³）	74.41	73.48	−0.93
发电保证率/%	95.48	96.53	1.05
引水保证率/%	95.86	96.78	0.92

指标	原方案	优化方案	变化值
下游用水保证率/%	96.53	97.20	0.67
多年平均分洪量/（$10^8 m^3$）	12.24	17.60	5.36
水库蓄满率/%	14.01	15.78	1.77
多年平均综合效益/（10^8元）	187.87	190.32	2.45

将汛限水位优化前后每年的年发电量、年均发电保证率、年引水量、年均引水保证率、年弃水量、年均下游用水保证率进行对比，结果如图11.11~图11.13所示。

由图11.11可知，优化方案相较于原方案的调度结果，每年的年发电量有增加也有减少，总体变化不多。但年均发电保证率的提高较明显，特别是在枯水年时年均发电保证率的提高幅度较大。这说明优化方案下水库更好地发挥了调蓄能力。

由图11.12可知，优化方案相较于原方案的调度结果，基本上每年的年引水量都有一定的增加，年均引水保证率的提高也较明显，且提升幅度在较枯的年份体现得更加明显。这说明优化方案可以更好地完成丹江口水库的供水任务。

由图11.13可知，优化方案相较于原方案的调度结果，每年的年弃水量有增加也有减少，而枯水年的年弃水量基本都在减少。这说明优化方案可以更好地满足枯水年的供水需求，这一点也可以通过年均下游用水保证率的提高得到体现。

综上，通过水库与蓄滞洪区联合调度得到的优化方案较原方案更能实现水资源合理、充分的利用，增加流域的综合经济效益。

11.3.2　流域防洪基金运行的结果

1. 模型输入

保持其他条件不变，仅变化丹江口水库的汛限水位，可分别得到原方案与优化方案下水库的调度结果。对比两种方案的调度结果，相较于原方案，优化方案下的各年供水、发电增加量如图11.14、图11.15所示，分洪增加量及优化方案下的年分洪量如图11.16所示。图11.14~图11.16中，橙色表示增加量为正，浅蓝色表示增加量为负，深蓝色表示优化方案下的年分洪量，将这三组数据作为防洪基金模型的输入。

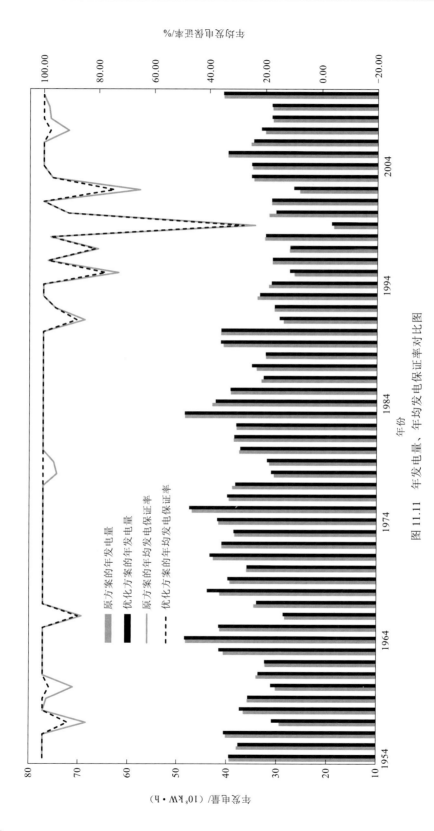

图 11.11　年发电量、年均发电保证率对比图

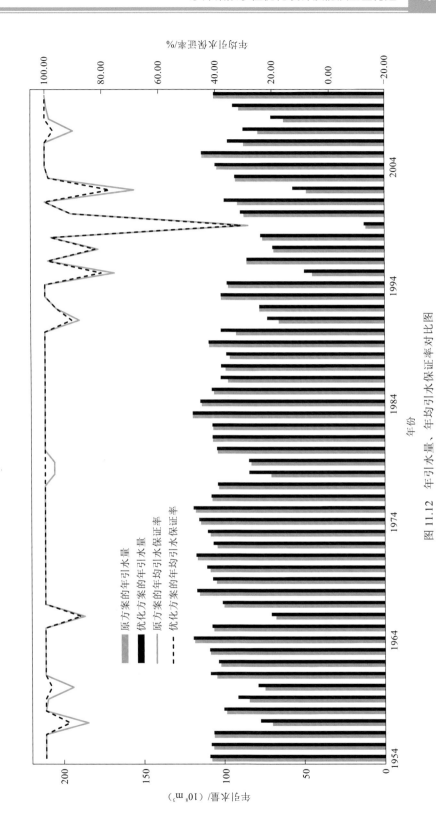

图 11.12　年引水量、年均引水保证率对比图

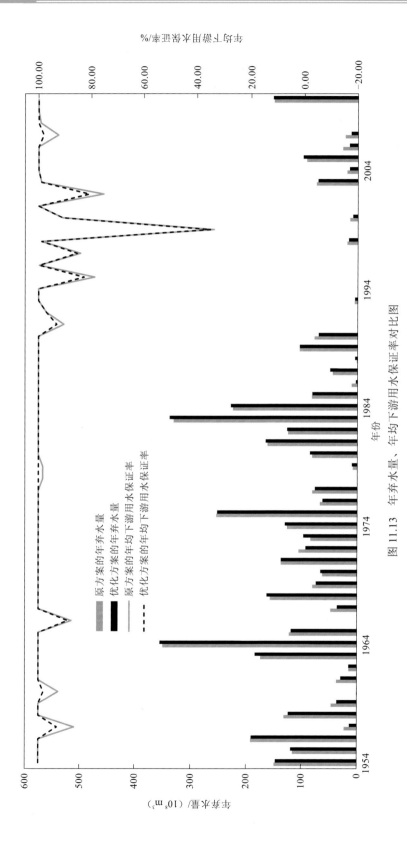

图 11.13 年弃水量、年均下游用水保证率对比图

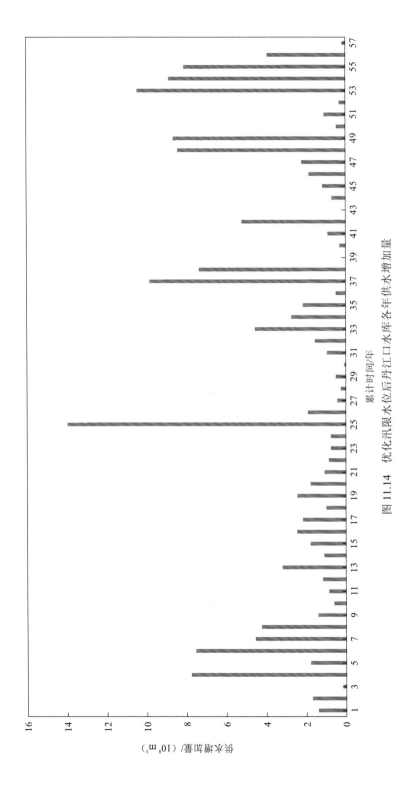

图 11.14 优化汛限水位后丹江口水库各年供水增加量

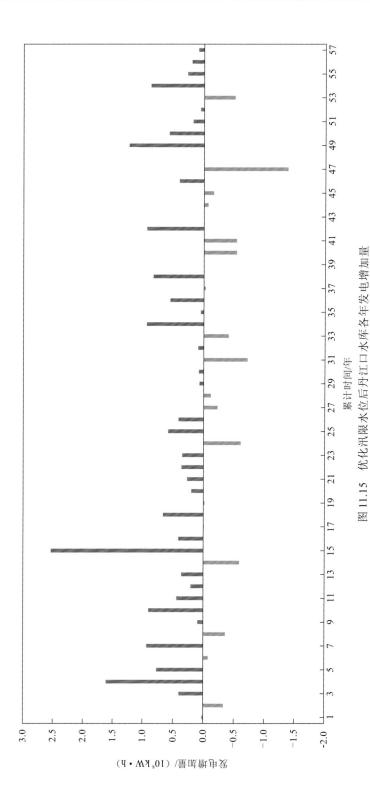

图 11.15　优化汛限水位后丹江口水库各年发电增加量

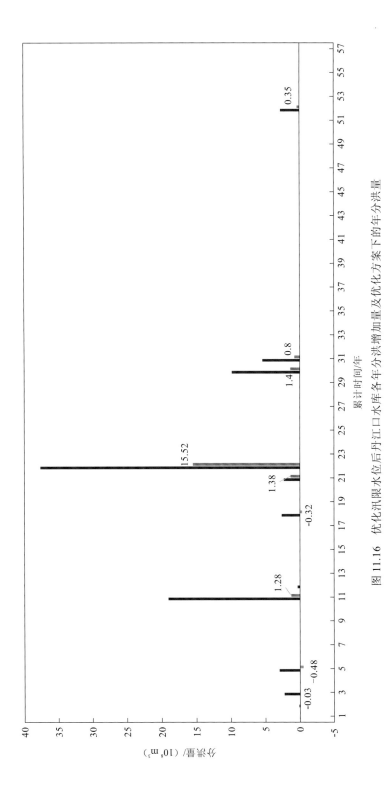

图 11.16　优化汛限水位后丹江口水库各年分洪增加量及优化方案下的年分洪量

由图 11.14 可知,抬高汛限水位后,每一年水库的供水量均有所增加,说明汛限水位的抬高可以使丹江口水库更好地完成供水任务,提高水资源的利用率。

由图 11.15 可知,丹江口水库的发电量呈现有增有减的分布形式,原因是丹江口水库加高后供水任务优先于发电任务。优先供水后,水库上游水位降低,上、下游水位差变小,若发电流量差异不大,发电量就会相应减少,但是多年平均发电增加量依旧为正,为 0.21×10^8 kW·h。

由图 11.16 可知,汛限水位抬高后,对大多数年份的分洪量并没有影响,部分年份甚至出现分洪量减少的情况。究其原因,提出两点猜想:①汛限水位抬高后,水库在供水期对下游的补给量充足;②水位的抬高,导致水库的调水量增加。以上两点均会使水库在下一个调度年开始时水位较低,从而腾出了部分库容。但是当遭遇丰水年,如图 11.16 中第 22 年,即 1975 年时,分洪量的增加还是相对显著的。

2. 模型参数设置

构建的防洪基金模型中各参数的含义及取值如表 11.2 所示。表 11.2 中,蓄滞洪区可以容纳的最大分洪量、初始人口及可容纳人口的上限等参数可根据蓄滞洪区的实际情况确定;单位效益或损失与汛限水位模拟—优化模型中的数值一致;而其他各变量则根据经验,并参考其他学者的研究,采用试错法设定。

表 11.2 防洪基金模型参数设置

所属方程	符号	符号含义	取值	单位
风险意识 $R \in [0,10]$	k_r	风险意识增长系数	10	—
	F_{crit}	临界分洪量	2	10^8 m³
	F_{max}	蓄滞洪区可以容纳的最大分洪量	58	10^8 m³
	w	风险意识递减系数	0.8	—
蓄滞洪区人口数量 $N \in [0,120]$	N_0	蓄滞洪区的初始人口	40	10^4 人
	N_{max}	蓄滞洪区可容纳人口的上限	120	10^4 人
	a	人口增长速率底数	0.000 001	—
	b	人口增长速率参数	0.1	—
人均缴纳保险费 $f_c(R) \in [0,100]$	k_f	人均缴纳的保险费系数	10	—
防洪基金	α	单位发电效益	0.2	元/(kW·h)
	β	单位供水效益	2	元/m³
	γ	单位分洪损失	3	元/m³

用 57 年水库调度结果来模拟防洪基金的运行情况，还不足以充分说明基金运行的可行性。因此，采用蒙特卡罗方法，从 57 年的调度结果中随机抽取并扩展得到 T 年的调度结果，作为 T 年（基金运行期）内防洪基金模型的输入。为了进一步证明基金的可靠性与稳定性，重复以上将 57 年调度结果扩展成 T 年的步骤，以模拟不同的输入情景下基金运行的情况。因此，设定不同的运行期长度及基金重复运行次数，对基金的运行情况进行统计，如图 11.17 所示。

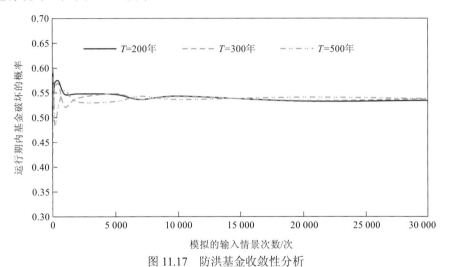

图 11.17　防洪基金收敛性分析

图 11.17 中，选取的基金运行期有 200 年、300 年、500 年三种；对不同运行期下的防洪基金进行重复运算，最高重复次数达 3×10^4 次。尽管基金的运行期不同，但在上万次的重复计算后，基金破坏概率（运行期基金累计量出现负值，则该次运行视为失败）趋于稳定，且不同运行期的基金破坏概率一致。由于一般大中型水利工程的运行年限为 50～100 年，兼顾防洪基金构建的长期性，本章中基金的运行期选定为 200 年，模拟的输入情景次数定为 1.5×10^4 次。

3. 单组输入下模型模拟结果及分析

以 200 年为运行期长度，得到防洪基金运行一次后各变量的变化情况，如图 11.18 所示。由 57 年扩展得到的 200 年运行期数据基本包含了实测 57 年的原始数据，具有较强的代表性。图示运行情形中，防洪基金来源于水库增加的效益及蓄滞洪区居民缴纳的洪水保险费，不含国家提供的启动资金。模拟结果图由 9 幅小图组成，按次序依次表示分洪量[图 11.18（a）]、发电增加量[图 11.18（b）]、供水增加量[图 11.18（c）]、风险意识变化值[图 11.18（d）]、人口变化量[图 11.18（e）]、防洪基金变化量[图 11.18（f）]、风险意识累计值[图 11.18（g）]、人口累计量[图 11.18（h）]、防洪基金累计量[图 11.18（i）]在运行期内的变化过程。由图 11.18（a）可知，最大的洪水出现了 4 次，且分布较为均匀，次大的洪水也出现了 4 次，说明这个 200 年内基金在运行过程中遭遇了较多的洪水，属于较不利的情况。图 11.18（b）、（c）是与分洪量相对应年份的发电增加量和供水增加量。

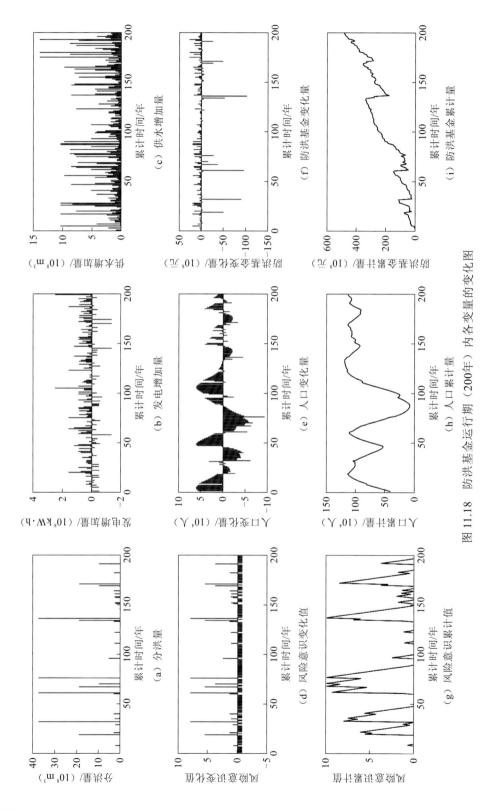

图 11.18　防洪基金运行期（200年）内各变量的变化图

对比图 11.18（a）、（d）可以发现：风险意识变化值的变化基本与分洪量的变化正相关，形状基本一致。当分洪量为 0 时，风险意识变化值都为一个负的定值，表明当蓄滞洪区没有遭遇洪水时，居民的风险意识将以固定速率减小。

对比图 11.18（d）、（g）发现，风险意识累计值与其变化值吻合。当蓄滞洪区遭遇洪水，特别是连续大洪水时，风险意识将急剧地增加，直到达到上限值。但当连续多年不发生洪水时，居民的风险意识又会逐步减小到 0，直到遇到下一次洪水，再发生相应的波动。

图 11.18（e）人口变化量的变化受图 11.18（a）、（g）的影响。分析可知：人口变化量与风险意识累计值呈负相关关系，即风险意识小时，人口处于增长状态；而风险意识大时，人口处于减少状态。同时，人口变化相对风险意识累计值的变化有一定的滞后性。当遭遇大洪水时，人口的减少会加剧，与实际大洪灾中人口紧急迁出的情况相对应。

图 11.18（f）防洪基金变化量受到图 11.18（a）～（c）、（h）的影响。分析可知：当没有遭遇大洪水时，防洪基金变化量为正，因每年供水增加量、发电增加量、分洪量及人口累计量的不同而发生相应的波动。遭遇较大洪水时，防洪基金累计量会有明显的减少。

图 11.18（i）防洪基金累计量的变化表明如果遭遇大洪水的时间比较靠后，那么防洪基金就已经有了一定的积累，能够自行承受洪灾的损失。反之，若前期防洪基金积累不够，防洪基金就存在破产的可能性。从长远的角度来看，防洪基金累计量呈现出稳定递增的趋势，构建的防洪基金模型可取。

图 11.18 展示的仅为一种情形下防洪基金各变量在运行期内的变化情况，即水库增加的效益全部用于防洪基金的构建且蓄滞洪区的居民缴纳洪水保险费，双方共同出力构建防洪基金。方案设计中已提及四类方案还可进一步细化为 18 种情形，具体如表 11.3 所示。

表 11.3 不同情形参数设置及运行结果

情形序号	方案类别	水库增加效益投入比例/%	蓄滞洪区是否参与	国家投入资金/（10^8 元）	防洪基金累计量运行期（200 年）内为负的年数	防洪基金累计量为负的比例/%
1	方案 A：仅水库出资	50	0	0	176	88.00
2		80	0	0	28	14.00
3		100	0	0	0	0.00
4	方案 B：水库与蓄滞洪区共同出资	50	1	0	176	88.00
5		80	1	0	18	9.00
6		100	1	0	0	0.00
7	方案 C：水库与国家共同出资	50	0	10	174	87.00
8		80	0	10	17	8.50
9		100	0	10	0	0.00
10		50	0	20	168	84.00

续表

情形序号	方案类别	水库增加效益投入比例/%	蓄滞洪区是否参与	国家投入资金/（10^8 元）	防洪基金累计量运行期（200 年）内为负的年数	防洪基金累计量为负的比例/%
11	方案 C：水库与国家共同出资	80	0	20	9	4.50
12		100	0	20	0	0.00
13	方案 D：水库、国家、蓄滞洪区共同出资	50	1	10	173	86.00
14		80	1	10	5	2.50
15		100	1	10	0	0.00
16		50	1	20	159	79.50
17		80	1	20	0	0.00
18		100	1	20	0	0.00

注：蓄滞洪区缴纳洪水保险费记为 1，视为参与防洪基金构建；不缴纳洪水保险费记为 0，视为不参与防洪基金构建。

表 11.3 展示了四类共 18 种情形及相应情景下防洪基金的运行结果。这 18 种情形代表着不同主体对防洪基金的贡献，具体包括：水库增加效益的 50%、80% 或 100% 投入防洪基金中这三种情况。蓄滞洪区具有两种情况，缴纳洪水保险费，参与防洪基金构建，记为 1；不缴纳洪水保险费，对防洪基金无贡献，记为 0。国家的启动资金设定有 0、10×10^8 元、20×10^8 元这三种情况。将以上各种情况按四类进行组合，得到了 18 种情形。

对表 11.3 中这 18 种情形的防洪基金累计量进行分析，可以发现：情形 1、情形 4、情形 7、情形 10、情形 13、情形 16 中，水库仅将增加效益的 50% 用于防洪基金的构建时，防洪基金累计量在运行期内为负的比例在 79% 以上，即使加入了蓄滞洪区缴纳的洪水保险费及国家的启动资金，对防洪基金运行结果的改善并不明显。这说明当水库增加效益投入不足时，防洪基金很大概率不能运行。

对比情形 2 与情形 1、情形 5 与情形 4、情形 11 与情形 10、情形 14 与情形 13、情形 17 与情形 16 可以发现：当水库将增加效益的 80% 用于防洪基金的构建时，防洪基金累计量为负的比例大大减小，加上蓄滞洪区缴纳的洪水保险费后，防洪基金累计量为负的比例可以控制到 9% 以内。对比情形 3 与情形 1、情形 6 与情形 4、情形 12 与情形 10、情形 15 与情形 13、情形 18 与情形 16 可以发现：当水库将增加效益的 100% 用于防洪基金的构建时，防洪基金累计量为负的比例为 0。

对比情形 4 与情形 1、情形 5 与情形 2、情形 6 与情形 3 发现，当水库投入不够时，蓄滞洪区缴纳的洪水保险费杯水车薪，并不能起到改善防洪基金运行情况的作用。但是当水库的投入足够时，蓄滞洪区缴纳的洪水保险费对防洪基金仍有一定的贡献。

将情形 16～18 和情形 13～15 分别与情形 4～6 对比可以发现：当国家投入一定的启动资金时，对防洪基金的构建还是有帮扶作用的。当水库增加效益投入足够时，防洪基金累计量为负的比例减少更多，说明帮扶作用更加明显。随着国家投入金额的增大，防洪基金累计量为负的比例进一步降低，但是考虑到边际效用原理，可以推断出当国家的投入超过一定金额时，对防洪基金运行情况的改善作用会逐步减小。

输入同一组水库调度结果，得到 18 种情形的防洪基金累计量在运行期内的分布，绘制在图 11.19 中，其中，同色系或相近色系的箱形图属于同一种类别的方案；每一个渐变色系中，仅水库增加效益的投入比例不同。

由图 11.19 可知，当水库仅投入增加效益的 50% 时，所有情形的防洪基金累计量基本都是负值，说明此种情况下的防洪基金不具有可行性。但当水库投入增加效益的 80% 时，所有情形的防洪基金累计量的平均值都在 100×10^8 元左右。当水库投入增加效益的 100% 时，所有情形的防洪基金累计量的平均值都在 200×10^8 元左右。显然，当水库的投入足够时，防洪基金的构建是可行的。将图 11.19 中的方案 B、方案 C 与方案 A 进行对比，可以发现：以防洪基金累计量为负的比例为指标，方案 B 中加入蓄滞洪区的洪水保险费与方案 C 中国家投入 10×10^8 元启动资金的效力相似。但运行期内防洪基金累计量的分布显示，方案 B 中洪水保险费的投入对运行期内防洪基金累计量分布的提高较方案 C 中国家投入 10×10^8 元启动资金更多，说明蓄滞洪区洪水保险费的作用更多地体现在对防洪基金平时日积月累的贡献；而国家投入的启动资金是一次性的，只是相对提高了防洪基金的起点。当国家投入 20×10^8 元启动资金时，防洪基金累计量在运行期内的分布虽进一步提升，但还是略低于方案 B 中防洪基金累计量的分布。单从防洪基金累计量为负的比例来看，启动资金的增加也可以将防洪基金累计量为负的比例大大减小。这说明洪水保险费对运行期内防洪基金累计量分布的影响显著，而国家投入的启动资金对减少防洪基金累计量负值的作用显著。

4. 多组输入下模型模拟结果及分析

单组输入（水库调度结果）下不同情形的运行情况并不能充分说明防洪基金运行的稳定性及可靠性。因此，还需探讨多组输入下不同情形的防洪基金运行情况，来验证防洪基金在输入不确定的前提下，是否还能运行良好。通过随机重组得到 1.5×10^4 组水库调度结果，在防洪基金 200 年的运行期内，选定 20 年、40 年、60 年、80 年、100 年、150 年、200 年为考核时间。对 1.5×10^4 次重复计算下，各时刻防洪基金累计量的期望值及防洪基金累计量为负的比例进行统计，得到如表 11.4、表 11.5 所示的结果。表 11.4 为不同情形运行 1.5×10^4 次各时刻防洪基金累计量的期望值，表 11.5 为不同情形运行 1.5×10^4 次各时刻防洪基金累计量为负的比例。

由表 11.4 可知，每类方案的变化规律基本一致，随着时间的积累，防洪基金累计量的期望值以显著的速度增长，且增长速度随时间的积累而变快。对于同一类方案，加大水库增加效益的投入比例，防洪基金累计量的年均增率呈倍数增长趋势。

再对表 11.4 中不同类别的方案进行对比，可以发现：加入蓄滞洪区缴纳的洪水保险费时，防洪基金累计量的年均增率提高，但是仅国家投入启动资金，对防洪基金累计量的年均增率无影响。因为国家投入启动资金，只会一次性抬高防洪基金的初始值，对每一年防洪基金的变化量并无贡献。

由表 11.5 可知，当水库增加效益的投入比例仅为 50% 时，防洪基金累计量为负的比例并没有随时间的积累而变小，有增有减，并不稳定，即使加入了蓄滞洪区的洪水保险费

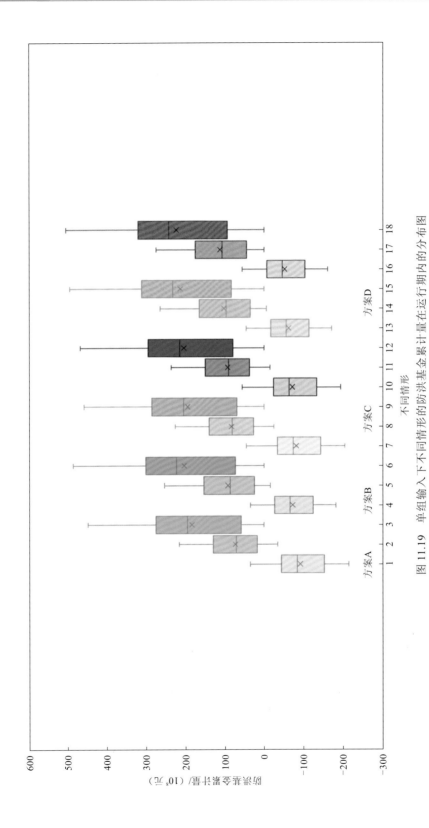

图 11.19 单组输入下不同情形的防洪基金累计量在运行期内的分布图

表 11.4 不同情形运行 1.5×10⁴ 次各时刻防洪基金累计量的期望值

情形序号	方案类别	水库增加效益投入比例	蓄滞洪区是否参与	国家投入资金/(10⁸元)	20年	40年	60年	80年	100年	150年	200年
1	方案 A: 仅水库出资	0.5	0	0	15.74	23.98	33.74	44.86	56.86	90.99	129.62
2		0.8	0	0	50.29	92.85	136.44	182.98	230.21	351.44	476.04
3		1	0	0	73.13	140.12	206.30	273.99	343.71	523.92	705.77
4	方案 B: 水库与蓄滞洪区共同出资	0.5	1	0	17.21	28.31	40.61	54.12	68.89	108.75	153.21
5		0.8	1	0	51.70	96.87	142.63	190.58	240.12	367.73	497.18
6		1	1	0	74.45	141.88	211.15	281.98	354.84	539.10	728.27
7	方案 C: 水库与国家共同出资	0.5	0	10	25.29	33.08	42.65	54.09	66.79	100.73	138.69
8		0.8	0	10	59.74	101.53	145.47	191.67	240.00	360.91	484.49
9		1	0	10	83.28	149.63	218.20	286.35	356.39	535.26	717.06
10		0.5	0	20	35.71	43.13	52.84	63.75	77.05	112.37	150.77
11		0.8	0	20	70.31	113.15	157.43	203.09	249.57	370.03	494.80
12		1	0	20	93.32	158.80	225.51	295.25	365.58	544.30	726.73
13	方案 D: 水库、国家、蓄滞洪区共同出资	0.5	1	10	27.10	38.92	50.19	63.12	78.12	120.37	164.33
14		0.8	1	10	61.94	107.41	154.34	202.40	251.57	377.86	508.54
15		1	1	10	84.82	153.12	221.96	292.80	365.35	550.85	738.05
16		0.5	1	20	36.88	46.81	58.36	71.69	86.86	127.02	172.07
17		0.8	1	20	71.35	116.18	162.90	211.31	261.10	387.46	517.48
18		1	1	20	95.17	163.01	232.11	303.09	375.75	560.29	748.56

各时刻防洪基金累计量的期望值/(10⁸元)

表 11.5　不同情形运行 1.5×10⁴ 次各时刻防洪基金累计量为负的比例

情形序号	方案类别	水库增加效益投入比例	蓄滞洪区是否参与	国家投入资金/(10⁸元)	各时刻防洪基金累计量为负的比例/%						
					20年	40年	60年	80年	100年	150年	200年
1	方案 A: 仅水库出资	0.5	0	0	28.41	30.57	31.69	32.34	31.93	29.29	26.20
2		0.8	0	0	11.65	7.95	5.66	3.79	2.20	0.65	0.23
3		1	0	0	5.95	2.86	1.35	0.45	0.15	0.02	0.00
4	方案 B: 水库与蓄滞洪区共同出资	0.5	1	0	26.63	27.47	27.78	27.70	26.94	23.66	20.19
5		0.8	1	0	10.33	6.55	4.67	2.71	1.52	0.37	0.06
6		1	1	0	5.71	2.35	0.98	0.27	0.07	0.00	0.00
7	方案 C: 水库与国家共同出资	0.5	0	10	21.39	25.64	28.23	28.87	29.23	27.39	24.77
8		0.8	0	10	8.20	6.65	4.58	2.92	1.66	0.59	0.17
9		1	0	10	4.01	2.37	0.98	0.33	0.13	0.00	0.00
10		0.5	0	20	15.64	21.65	24.16	25.99	26.03	24.50	22.53
11		0.8	0	20	5.69	4.67	3.45	2.00	1.39	0.35	0.16
12		1	0	20	2.79	1.82	0.83	0.26	0.09	0.01	0.00
13	方案 D: 水库、国家、蓄滞洪区共同出资	0.5	1	10	20.11	22.27	24.01	24.71	24.65	20.99	18.49
14		0.8	1	10	7.28	5.04	3.34	1.83	1.02	0.30	0.07
15		1	1	10	3.60	1.64	0.75	0.22	0.07	0.01	0.00
16		0.5	1	20	14.90	19.34	21.02	21.62	21.60	19.77	17.12
17		0.8	1	20	5.24	4.19	2.72	1.40	0.74	0.23	0.05
18		1	1	20	2.52	1.33	0.40	0.20	0.07	0.01	0.00

抑或是国家的启动资金，也不能改变这种状况。该状况进一步证明当水库投入不足时，防洪基金不能稳定运行。但当水库增加效益的投入比例为 80%或 100%时，防洪基金累计量为负的比例明显随防洪基金运行时间的增加而变小。防洪基金累计量为负的比例均可控制在 11.7%以内，特别是情形 3、情形 6、情形 9、情形 12、情形 15、情形 18，40年后防洪基金累计量为负的比例均小于 2.9%，且随着时间的积累逐步趋近于零。这说明从长远来看，防洪基金的运行是稳定、可靠的。

由于各方案下防洪基金累计量的期望值及防洪基金累计量为负的比例的变化规律基本一致，所以选择方案 B（水库与蓄滞洪区共同出资构建防洪基金）中的三种情形进行进一步分析，得到图 11.20、图 11.21。

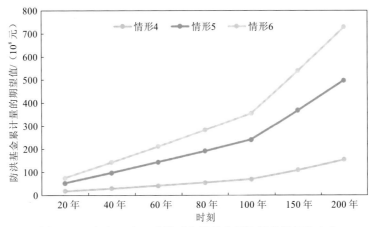

图 11.20　方案 B 中三种情形防洪基金累计量的期望值变化

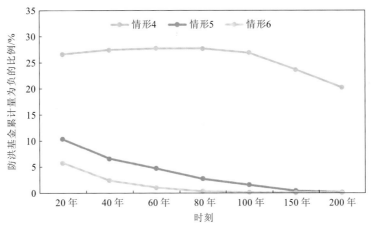

图 11.21　方案 B 中三种情形防洪基金累计量为负的比例变化

由图 11.20 可知，方案 B 中三种情形下，选定时刻防洪基金累计量的期望值均为正，且数值随时间的增加而增加，说明防洪基金具有可行性。情形 5、情形 6 较情形 4 有了明显的增幅，增长速率也在逐步增加，说明加大水库增加效益的投入比例对于防洪基金的增长至关重要。

由图 11.21 可知，情形 4 下防洪基金累计量为负的比例并没有随着时间的增加而减小，但总体有下降的趋势。而从情形 5、情形 6 中可以明显看出：随着时间的积累，防洪基金累计量为负的比例快速降低，说明防洪基金运行的稳定性逐步增强。换言之，风险性随着时间的积累而降低。因此，从长远来看，当水库投入增加效益的 80%及以上时，防洪基金的运行是稳定、可靠的，优化方案可以推行。

5. 对比分析

从前面的分析可以看出，当水库将增加效益的 80%及以上投入防洪基金中时，防洪基金的构建具有可行性及稳定性，对整个流域的自我管理和可持续发展大有裨益。为了优选出最佳方案，将表 11.5 中各时刻防洪基金累计量为负的比例转化为各时刻防洪基金累计量为正的比例，并将所有的情形绘制到图 11.22 中，得到不同情形下各时刻防洪基金累计量的期望值及防洪基金累计量为正的比例的对比图。

图 11.22 中红色虚线左边为防洪基金累计量的期望值，右边为防洪基金累计量为正的比例。防洪基金累计量的期望值明显受水库增加效益投入比例的影响，分为三簇线，从下往上依次代表水库增加效益投入 50%、80%、100%，随水库增加效益投入的增加，防洪基金累计量的增加速率也逐步增加。

单看每一簇线，以 50%那簇线为例，可以发现各情形之间存在交叉。情形 16（水库增加效益投入 50%，有洪水保险费，国家资助 20×10^8 元）无论是期望值还是为正的比例，都处于最优状态。而情形 10（水库增加效益投入 50%，无洪水保险费，国家资助 20×10^8 元）的防洪基金累计量的期望值及防洪基金累计量为正的比例在初期处于较优的位置，但后期不如情形 13（水库增加效益投入 50%，有洪水保险费，国家资助 10×10^8 元）运行得好。情形 7（水库增加效益投入 50%，无洪水保险费，国家资助 10×10^8 元）与情形 4（水库增加效益投入 50%，有洪水保险费，国家不资助）之间的情况同情形 10 与情形 13。究其原因，是因为洪水保险费每年都会投入，而国家资助是一次性投入，仅对初期的影响较大。而情形 1（水库增加效益投入 50%，无洪水保险费，国家不资助）则在各阶段都处于最劣状态。

为了实现风险共担、利益共享的良好局面，综合考虑国家、水库、蓄滞洪区三方利益，选择情形 14（红色实线）作为最优方案，即水库投入增加效益的 80%，有洪水保险费，国家资助 10×10^8 元。此时，防洪基金运行 20 年后的防洪基金累计量的期望值在 61.9×10^8 元以上，且防洪基金累计量为正的比例高于 92.7%。该情形有利于汛限水位优化方案的推行，实现流域的可持续发展。

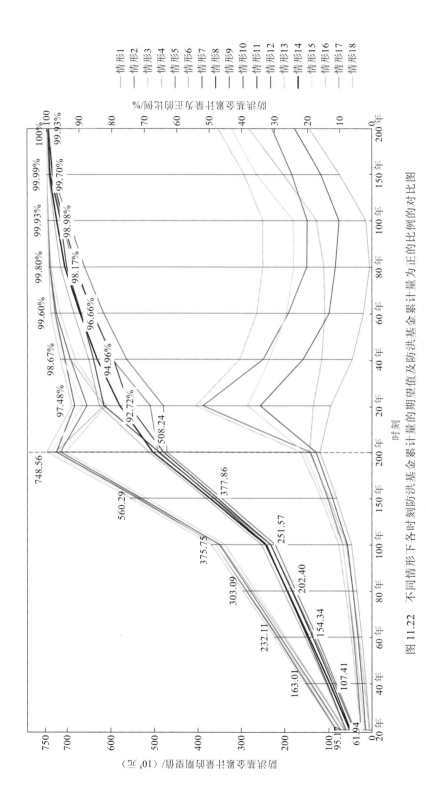

图 11.22　不同情形下各时刻防洪基金累计量的期望值及防洪基金累计量为正的比例的对比图

11.4 本 章 小 结

本章构建了联合蓄滞洪区运用的水库汛限水位模拟—优化模型，并基于汛限水位优化后的结果，构建了流域防洪基金运行机制。本章主要研究内容及结论如下。

（1）优化设计了联合蓄滞洪区运用的水库汛限水位。在保证防洪安全和蓄滞洪区损失可控的前提下，将水库的部分防洪库容转移到下游蓄滞洪区，以获得更大的综合经济效益。基于以上思路，构建联合蓄滞洪区运用的丹江口水库汛限水位模拟—优化模型，采用复形调优法求解，得到丹江口水库优化后的汛限水位方案。结果表明：夏汛期汛限水位 162.0 m（抬高 2.0 m），秋汛期汛限水位 164.0 m（抬高 0.5 m），为丹江口水库最优汛限水位方案。优化方案下，水库的多年平均综合效益可提高 $2.45×10^8$ 元。蓄滞洪区的多年平均分洪量将增加 $5.36×10^8 \mathrm{m}^3$；但水库多年平均发电量、多年平均引水量分别增加 0.59%、2.99%，多年平均弃水量相对减少 1.24%；发电保证率、引水保证率、下游用水保证率和水库蓄满率分别提高 1.1%、0.92%、0.67%和 1.77%。

（2）构建了流域防洪基金运行机制。针对水库汛限水位调整中责权利不对等和蓄滞洪区运行管理存在的问题，以水库、蓄滞洪区、国家三方为主体，将水库调度模块、蓄滞洪区运行模块整合成防洪基金模型。防洪基金的资金来源包括优化水库汛限水位后增加的效益、蓄滞洪区居民缴纳的洪水保险费和国家投入的启动资金。考虑各主体是否投入及投入比例，共设计四类方案，细分为 18 种情形。采用随机抽样将 57 年水库调度结果序列延展，得到 200 年运行期内防洪基金模型的运行结果；再模拟 $1.5×10^4$ 组水库调度结果下防洪基金的运行情况，从中优选出最佳方案。结果表明：水库增加效益的投入比例是模型运行的关键因素，当水库将增加效益的 80%及以上投入防洪基金中时，模型具有可行性；蓄滞洪区洪水保险费的投入有利于运行期内防洪基金累计量整体的提高；国家启动资金的投入有利于减小运行期内防洪基金累计量为负的比例。通过输入多组水库调度结果发现，防洪基金累计量的期望值及其增长速率随运行年限的增加而增加，说明防洪基金具有稳定性。综合考虑水库、蓄滞洪区和国家的利益，最佳方案是将水库增加效益的 80%、蓄滞洪区缴纳的洪水保险费和国家投入的 $10×10^8$ 元启动资金用于防洪基金的构建。防洪基金运行 20 年后防洪基金累计量的期望值在 $61.9×10^8$ 元以上，防洪基金累计量为正的比例高于 92.7%。

参 考 文 献

[1] 侯传河, 沈福新. 我国蓄滞洪区规划与建设的思路[J]. 中国水利, 2010(20): 40-44, 64.

[2] 宋豫秦, 张晓蕾. 中国蓄滞洪区洪水管理与可持续发展途径[J]. 水科学进展, 2014, 25(6): 888-896.

[3] 王薇, 李传奇. 蓄滞洪区的功能、价值与多目标利用[J]. 水利发展研究, 2004(9): 26-28.

[4] 申屠善. 关于洪水保险问题的探讨[J]. 中国水利, 1985(3): 6-7.

[5] 吴容舫, 何国贤. 非工程防洪措施[J]. 治淮, 1985(3): 18-20.

[6] 刘金清. 关于非工程防洪措施的建议[J]. 治淮, 1986(5): 24-27.

[7] 施国庆, 谈为雄, 李秀焕. 防洪保险费计算方法与应用[J]. 水利经济, 1993(4): 25-30.

[8] 方劲松, 方乐润. 洪水保险研究：洪灾风险分析与保险费率制定[J]. 水利经济, 1997(2): 17-23.

[9] 华家鹏, 李国芳, 周毅. 洪水保险研究[J]. 水科学进展, 1997(3): 22-28.

[10] 付湘, 纪昌明. 风险模型在洪水保险理赔中的对比研究[J]. 水电能源科学, 2004(3): 40-43.

[11] 付湘, 王放, 王丽萍, 等. 洪水保险研究现状与发展趋势分析[J]. 武汉大学学报(工学版), 2003(1): 24-28.

AM 推求入库流量

目标函数为

$$\min \quad \alpha\sum_{i=1}^{n-1}(I_{i+1}-I_i)^2+(1-\alpha)\sum_{i=1}^{n+1}(Z_i-Z_i^0)^2 \qquad (A1)$$

采用 $V_{i+1}=V_i+I_i-R_i$ $(i=1,2,\cdots,n)$ 估计变量 I_i，通过方程 $V_i=f(Z_i)$ 将水库蓄水量转换为水库水位，则目标函数改写为

$$\min F=\alpha\sum_{i=1}^{n-1}(2V_{i+1}-V_i-V_{i+2}+R_i-R_{i+1})^2+(1-\alpha)\sum_{i=1}^{n+1}(V_i-V_i^0)^2 \quad (i=1,2,\cdots,n) \qquad (A2)$$

然后采用拉格朗日法求解，式（A2）的一阶偏导数为

$$\begin{aligned}\frac{\partial F}{\partial V_i}=&-2\alpha(2V_{i+1}-V_i-V_{i+2}+R_i-R_{i+1})\\&+2\alpha(2V_i-V_{i-1}-V_{i+1}+R_{i-1}-R_i)\\&-2\alpha(2V_{i-1}-V_{i-2}-V_i+R_{i-2}-R_{i-1})\\&+2(1-\alpha)(V_i-V_i^0)\end{aligned} \qquad (A3)$$

（1）当 $i=1$ 时，

$$\frac{\partial F}{\partial V_1}=2V_1-4\alpha V_2+2\alpha V_3-2\alpha R_1+2\alpha R_2-2(1-\alpha)V_1^0 \qquad (A4)$$

（2）当 $i=2$ 时，

$$\begin{aligned}\frac{\partial F}{\partial V_2}=&-4\alpha V_1+(8\alpha+2)V_2-8\alpha V_3+2\alpha V_4+4\alpha R_1\\&-6\alpha R_2+2\alpha R_3-2(1-\alpha)V_2^0\end{aligned} \qquad (A5)$$

（3）当 $3\leqslant i\leqslant n-1$ 时，

$$\begin{aligned}\frac{\partial F}{\partial V_i}=&2\alpha V_{i-2}-8\alpha V_{i-1}+(10\alpha+2)V_i-8\alpha V_{i+1}+2\alpha V_{i+2}\\&-2\alpha R_{i-2}+6\alpha R_{i-1}-6\alpha R_i+2\alpha R_{i+1}-2(1-\alpha)V_i^0\end{aligned} \qquad (A6)$$

（4）当 $i=n$ 时，

$$\begin{aligned}\frac{\partial F}{\partial V_n}=&2\alpha V_{n-2}-8\alpha V_{n-1}+(8\alpha+2)V_n-4\alpha V_{n+1}-2\alpha R_{n-2}\\&+6\alpha R_{n-1}-4\alpha R_n-2(1-\alpha)V_n^0\end{aligned} \qquad (A7)$$

（5）当 $i=n+1$ 时，

$$\frac{\partial F}{\partial V_{n+1}}=2\alpha V_{n-1}-4\alpha V_n+2V_{n+1}-2\alpha R_{n-1}+2\alpha R_n-2(1-\alpha)V_{n+1}^0 \qquad (A8)$$

令一阶偏导数式（A4）～式（A8）等于 0，可以得到如下方程组：

$$
\begin{cases}
2V_1 - 4\alpha V_2 + 2\alpha V_3 - 2\alpha R_1 + 2\alpha R_2 - 2(1-\alpha)V_1^0 = 0 \\
-4\alpha V_1 + (8\alpha + 2)V_2 - 8\alpha V_3 + 2\alpha V_4 + 4\alpha R_1 - 6\alpha R_2 + 2\alpha R_3 - 2(1-\alpha)V_2^0 = 0 \\
2\alpha V_1 - 8\alpha V_2 + (10\alpha + 2)V_3 - 8\alpha V_4 + 2\alpha V_5 \\
\quad - 2\alpha R_1 + 6\alpha R_2 - 6\alpha R_3 + 2\alpha R_4 - 2(1-\alpha)V_3^0 = 0 \\
\qquad\qquad \cdots\cdots \\
\alpha V_{n-3} - 4\alpha V_{n-2} + (5\alpha + 1)V_{n-1} - 4\alpha V_n + \alpha V_{n+1} - \alpha R_{n-3} \\
\quad + 3\alpha R_{n-2} - 3\alpha R_{n-1} + \alpha R_n - (1-\alpha)V_{n-1}^0 = 0 \\
2\alpha V_{n-2} - 8\alpha V_{n-1} + (8\alpha + 2)V_n - 4\alpha V_{n+1} - 2\alpha R_{n-2} \\
\quad + 6\alpha R_{n-1} - 4\alpha R_n - 2(1-\alpha)V_n^0 = 0 \\
2\alpha V_{n-1} - 4\alpha V_n + 2V_{n+1} - 2\alpha R_{n-1} + 2\alpha R_n - 2(1-\alpha)V_{n+1}^0 = 0
\end{cases}
\tag{A9a}
$$

对该方程组变形可得

$$
\begin{cases}
V_1 - 2\alpha V_2 + \alpha V_3 = \alpha R_1 - \alpha R_2 + (1-\alpha)V_1^0 \\
-2\alpha V_1 + (4\alpha + 1)V_2 - 4\alpha V_3 + \alpha V_4 = -2\alpha R_1 + 3\alpha R_2 - \alpha R_3 + (1-\alpha)V_2^0 \\
\alpha V_1 - 4\alpha V_2 + (5\alpha + 1)V_3 - 4\alpha V_4 + \alpha V_5 = \alpha R_1 - 3\alpha R_2 + 3\alpha R_3 - \alpha R_4 + (1-\alpha)V_3^0 \\
\qquad\qquad \cdots\cdots \\
\alpha V_{n-3} - 4\alpha V_{n-2} + (5\alpha + 1)V_{n-1} - 4\alpha V_n + \alpha V_{n+1} = \alpha R_{n-3} - 3\alpha R_{n-2} + 3\alpha R_{n-1} - \alpha R_n + (1-\alpha)V_{n-1}^0 \\
\alpha V_{n-2} - 4\alpha V_{n-1} + (4\alpha + 1)V_n - 2\alpha V_{n+1} = \alpha R_{n-2} - 3\alpha R_{n-1} + 2\alpha R_n + (1-\alpha)V_n^0 \\
\alpha V_{n-1} - 2\alpha V_n + V_{n+1} = \alpha R_{n-1} - \alpha R_n + (1-\alpha)V_{n+1}^0
\end{cases}
\tag{A9b}
$$

方程组（A9）可以表示为矩阵形式：

$$
\boldsymbol{W}(\alpha)\boldsymbol{V} = \boldsymbol{B}(\alpha, R_i, V_i^0)
\tag{A10a}
$$

其中，系数矩阵为[维数为$(n+1)\times(n+1)$]

$$
\boldsymbol{W}(\alpha) =
\begin{bmatrix}
1 & -2\alpha & \alpha & 0 & 0 & 0 & \cdots & 0 & 0 & 0 & 0 & 0 \\
-2\alpha & 4\alpha+1 & -4\alpha & \alpha & 0 & 0 & \cdots & 0 & 0 & 0 & 0 & 0 \\
\alpha & -4\alpha & 5\alpha+1 & -4\alpha & \alpha & 0 & \cdots & 0 & 0 & 0 & 0 & 0 \\
0 & \alpha & -4\alpha & 5\alpha+1 & -4\alpha & \alpha & \cdots & 0 & 0 & 0 & 0 & 0 \\
\vdots & \vdots & \vdots & \vdots & \vdots & \vdots & & \vdots & \vdots & \vdots & \vdots & \vdots \\
0 & 0 & 0 & 0 & 0 & 0 & \cdots & \alpha & -4\alpha & 5\alpha+1 & -4\alpha & \alpha \\
0 & 0 & 0 & 0 & 0 & 0 & \cdots & 0 & \alpha & -4\alpha & 4\alpha+1 & -2\alpha \\
0 & 0 & 0 & 0 & 0 & 0 & \cdots & 0 & 0 & \alpha & -2\alpha & 1
\end{bmatrix}
\tag{A10b}
$$

常数向量为[维数为$(n+1)\times 1$]

$$
\boldsymbol{B}(\alpha, R_i, V_i^0) = \begin{bmatrix}
\alpha R_1 - \alpha R_2 + (1-\alpha)V_1^0 \\
-2\alpha R_1 + 3\alpha R_2 - \alpha R_3 + (1-\alpha)V_2^0 \\
\alpha R_1 - 3\alpha R_2 + 3\alpha R_3 - \alpha R_4 + (1-\alpha)V_3^0 \\
\alpha R_2 - 3\alpha R_3 + 3\alpha R_4 - \alpha R_5 + (1-\alpha)V_4^0 \\
\vdots \\
\alpha R_{n-3} - 3\alpha R_{n-2} + 3\alpha R_{n-1} - \alpha R_n + (1-\alpha)V_{n-1}^0 \\
\alpha R_{n-2} - 3\alpha R_{n-1} + 2\alpha R_n + (1-\alpha)V_n^0 \\
\alpha R_{n-1} - \alpha R_n + (1-\alpha)V_{n+1}^0
\end{bmatrix}
\tag{A10c}
$$

根据克拉默法则，如果方阵 $\boldsymbol{W}(\alpha)$ 的行列式不为 0，则该方程组有唯一解。容易证明，方阵 $\boldsymbol{W}(\alpha)$ 是非奇异矩阵，其解为水库蓄水量的估计值：

$$
\boldsymbol{V} = \boldsymbol{W}^{-1}(\alpha)\boldsymbol{B}(\alpha, R_i, V_i^0)
\tag{A11}
$$

最终，入库流量可由式（A12）计算：

$$
Q_i = \frac{I_i}{\Delta T} = \frac{V_{i+1} - V_i + R_i}{\Delta T}
\tag{A12}
$$